ものと人間の文化史

120-Ⅰ

捕鯨 Ⅰ

山下渉登

法政大学出版局

はじめに――技術の普遍性・文化の多様性・地球の単一性

人類は誕生以来、さまざまな楽器を作って、いろいろな音を生み出してきた。楽器を音の出るしくみによって分類してみると、ほぼ四種類に分けられる。ものを叩いて音を出すドラム型、薄い舌状のものを震わせて音を出すハーモニカ型、筒状のものに空気を送り込んで音を出す笛型、そして、弦を弾くか擦って音を出すギター型。

ということは、地球上で音を出す――空気を人為的に震わせて音を出す――方法は、どんな素材を用いてどんなに工夫を重ねても、その基本部分はあまり変わらないことを示している。つまり、人体から出る音を除くと、人間が音を作り出す技術は、時代や場所を超えて、いつでもどこでもその基本は同じだといえる。

このように、音を出す基本の技術が、時代や場所にかかわらず一定普遍だとしても、その技術を使って人間が作り出した楽器は種々さまざまであり、それらの楽器で演奏される歌や音楽もまた、実に種々さまざまである。

それは、だれがだれのためにどのように音楽を作り、だれがそれをどのように享受するのかという、音楽を取り巻く人々のあり方の違いによって、音楽にもおのずと差異が生まれてくるのだろう。

本書で取り扱う捕鯨についても、洋の東西を問わず鯨を捕獲する基本の技術は同じだが、どんなメンバーが、どんな楽器を持ち寄り、どんな歌や曲を奏でるかは、時代や場所によっておのずと違っていた。

人間はおそらく、何万年も前から、鯨という動物を目にし、ときには浜に打ち上げられた鯨を、いろいろな形で利用してきたことだろう。しかし、こと捕鯨に関しては、容易な技ではない。広い海の上で、いつ現われるとも知れない鯨をじっと待つ。運よく現われたとしても、相手は、いままで陸上で目にしたどの動物よりも巨大だ。少々の槍や弓矢では歯が立たない。しかも、息をつぐと、すぐまた海中深く潜っていき、つぎはどこに浮かびあがってくるのか、皆目見当さえつかない。よしや、万一仕留めたとしても、自分たちの乗っている刳《く》り舟の何倍、何十倍もある鯨を、どうやって浜まで運ぶのか。

鯨を捕るためには、まずもって鯨のことをよく知らなければならない。いつ頃、どこに、どんな鯨が姿を見せるのか。鯨の種類によって、どんな特徴があるのか。そのためには、どんな捕獲用具が必要なのか。どんなチームを組み、どんな捕獲方法が有効なのか。しかも、それらが、鯨の生態に合致していなくては、せっかく採用した方法も水の泡と化すかもしれない。こうして長いあいだ、試行錯誤が繰り返されたに違いない。

興味深いことに、古今東西、鯨を捕る方法——捕獲技術は、基本的に同じである。まず、鯨が姿を現わすと、舟で近づき、綱を付けた銛《もり》を鯨体に打ち込む。銛は刃にかえしがあり、一度刺さると容易なことでは抜け落ちない。しかも、銛には長い綱が付けられていて、鯨と舟とがこの綱で結ばれている限り、いくら鯨が海中深く潜ったり、逃げたりしても、見失うことはない。やがて、鯨が弱って浮き上がってきたところを、今度は両刃の剣で内臓を抉《えぐ》り、とどめを刺す。これが、鯨を仕留めるために人間が工夫した、基本的な捕獲技術である（江戸時代に開発された日本独自の「網捕り式捕鯨」は、網を鯨体に絡ませて鯨の動きを鈍らせ、銛を打ち込むのを容易にしただけで、網で直接捕獲するわけではない。また、ノルウェー式捕鯨と呼ばれる現代捕鯨では、銛に爆薬が仕込まれていて、その爆発の威力で鯨は即死する）。

だが、多くの鯨は、死ぬと沈んでしまう。せっかく仕留めても、これでは運ぶことができない。したがって、死んでも沈まない種類の鯨――セミ鯨類とマッコウ鯨――が、まず最初に捕獲の対象とされた。

一七世紀、日本では、この不都合を解消するために、「もっそう（持双、左右双）」という方法が開発された。これは、仕留めた鯨を両側から舟で挟《はさ》んで、鯨体と舟とを筏《いかだ》に組んで運ぶ方法である。これによって、捕獲できる鯨の種類が多くなり、捕鯨が産業として大いに発展していく。

このように、鯨を捕獲する技術は、一一世紀頃からはじめられたバスク人によるビスケー湾～大西洋捕鯨においても、一七世紀にはじまったオランダ・イギリスによる北極圏捕鯨においても、一八～一九世紀に大西洋～インド洋～太平洋～ベーリング海と、世界中の海に主にマッコウ鯨を追い求めたアメリカ式捕鯨においても、さらには、二〇世紀の南氷洋捕鯨や、今も続けられている北極海のエスキモーによる捕鯨や、インドネシアのスンダ列島レンバタ島ラマレラ村の捕鯨においても、その基本はなんら変わらない。

それは、海の上で、鯨という巨大な獲物をいかに効率よく捕獲するかということから必然的に編み出された、もっとも合理的な方法だったに違いない。

鯨を捕る基本の捕獲技術が同じでも、ではいったいどのような人が、どのようなチーム構成で、どのような組織のもとでその技術を発揮しているかは、時代により、国・地域により、あるいは捕獲対象の鯨の種類によっても、それぞれ異なっている。また、捕獲した鯨をどのように分配・利用するのか、あるいは鯨体のどの部分をどのように利用するのか、さらには鯨で得た利益をどのように配分するのかといったことも、時代や国・地域によって、それぞれ異なっている。

こうした点にまで目を向けると、それは、捕鯨という一つの活動を問うだけではなく、捕鯨を取り巻く人々やその生活のあり方、あるいは捕鯨という一つの生業（産業）にともなう文化や社会のあり方までを問うことになるだろう。

さらに、捕鯨は、狩猟業のなかで最後に産業化され、近代化と資本主義化が世界中に広がっていくのと軌を一にし、かつ捕獲の対象となった鯨種をつぎつぎに絶滅の危機にまで追い込んでいき、ついには産業としての捕鯨が禁止の事態に追い込まれるという、ある意味でいえば、近代産業の暗部を典型的に示す事例ともなってしまった。

捕鯨が禁止に追い込まれた理由の一つに、環境保護運動や「動物の権利」運動の盛り上がりがある。日本人には今一つ理解しにくい欧米のこうした運動は、近代市民社会を生み出した基本原理である「人間の自然権」（人権）を、人間以外の動物や自然環境にまで拡張していこうという、近代の思想が孕《はら》んだもう一つの流れがあることに気づかされる。

地球が一つの惑星であることが人類の共通認識となった現在、日本の捕鯨文化の独自性だけを主張していくことは、ある面、わがままの誹《そし》りを免れないのは事実だろう。では、多様に存在する文化のなかで、われわれはいったいその文化のどの部分を残し、どのように活《い》かしていけばよいのだろうか。今日からすると、もはや過去のものとなってしまった感のある捕鯨産業の、一七世紀から二〇世紀までの四〇〇年間の歴史を振り返りつつ、世界各地の海で展開されてきた鯨と人間との関わりを、今一度見つめ直していくなかで、その手がかりの一端なりともつかむことができれば幸いである。

以下、各章で展開される内容について、簡単に記しておく。

一章では、鯨と人間との長い接触の歴史のなかから、人間は鯨をいかに見てきたか、そして、鯨に対する知識が増えるにつれて、鯨を利用することをめぐっての人と人との関わり方（つまり鯨文化、捕鯨文化）が、どのように形成されていったのかを、主に日本列島の歴史のなかで見ていくことにする。

二章では、西欧における捕鯨業の誕生を扱う。それは、いわゆる「大航海時代」の一つの副産物としてはじまった。それまでほとんど鯨との接触の歴史を持たなかったオランダ・イギリスが、当時の国策的総合商社のもとで、バスク人から捕鯨技術を取り入れ、北極圏海域で行なった捕鯨についてふれる。

三章では、日本の捕鯨業の誕生を扱う。それは、オランダ・イギリスの北極圏海域での捕鯨開始と同時期にはじまった。大航海時代という言葉は、一般に西洋近代にのみ使われることが多いが、当時、東アジアの海域でも、倭寇《わこう》＝海賊＝水軍＝商人たちが交易で活躍し、「東アジアの大航海時代」を迎えていた。だが、秀吉・家康による国内統一と「平和」がもたらされると、彼らの多くは職を失っていく。従来の研究では、捕鯨業に携わった人々と水軍の関わりを指摘するにとどまり、なぜ、この時期に捕鯨業がはじまったのかが、今一つ追求されてこなかった。私は、洋の東西の海賊＝商人が出会ったこの時期、日本の海賊のみが失職していくという状況そのものに、日本の捕鯨業誕生の下部構造を見る。

四章では、ほぼ三〇〇年の長きにわたって続けられた、日本独自の「突き捕り式捕鯨」「網捕り式捕鯨」を取り上げ、その捕鯨文化の全容に迫ってみたいと思う。鯨組から与えられる給金（給米）を、武士階級と同じように「扶持米《ふちまい》」とも「知行《ちぎょう》」とも呼び、鯨を捕獲するたびに「注進」に及ぶという儀式ばった行為は、おそらく他産業では見ることのできないものだろう。また一方で、史上最大の狩猟業である捕鯨は、古代から海部《かいふ》＝海士《あま》と呼ばれた海民たちによって担われ、そこに漁業と狩猟業の入り混じった、一種独特のメンタリティを生みだし、封建的な風土のなかで発展していった。

五章では、三〇〇～九〇〇人を雇用する近世最大級の産業組織である鯨組は、地域経済にとっても、また、藩にとっても最重要の産業だった。しかし、自然を相手の産業である以上、豊漁・不漁はつきものである。市場経済がかなり発達していたとはいえ、ときに資金不足に陥る鯨組も多かった。しかも、一村丸抱え的な鯨組にあっては、共同体の存亡に関わる重大事でもあった。各地の鯨組の組織形態や経営形態を比較しながら、封建的身分制度が鯨組にとってどのような「功」と「罪」をもっていたかを検討してみたい。

六章では、ハーマン・メルヴィルの『白鯨』で知られるアメリカ式捕鯨を取り上げる。「処女地」アメリカに入植した彼らは、アメリカ大陸を西へ西へと開拓していったように、鯨を求めて世界の海をどこまでも追っていった。その拡張を押しとどめたのは、皮肉にも、鯨の激減と鯨に替わる石油や化学製品の登場だった。しかも、それら捕鯨船＝黒船は、幕末期の日本だけではなく、太平洋の島々にもさまざまな変化をもたらした。この章では、近代の純粋培養ともいえるアメリカが、その開拓のフロンティアで見せた影の部分も取り上げながら、今日の自然保護や環境保護運動に繋がっていく、人間の自然権（基本的人権）思想の発展も、横目で眺められるよう配慮しておいた。

七章では、捕鯨砲を用いたノルウェー式捕鯨、つまり「現代捕鯨」を取り上げる。発達した技術は、鯨と人間の関係をあまりにも非対称にしてしまい、最後で最大の捕鯨場となった南氷洋では、近代捕鯨でも見られた暗部が最大限に拡大された形で現われることになった。その結果が、今日の大型商業捕鯨の全面禁止の措置だった。一九二〇年代に早くも捕鯨の規制・管理の必要性が認識され、一九三〇年代には国際条約が締結され、第二次世界大戦後からは鯨の資源管理と捕鯨業の健全な育成をスローガンに、国際捕鯨委員会が設立されたにもかかわらず、である。

最後まで捕鯨を続け、今も捕鯨再開を願う日本に対して、世界の目は冷たく、厳しい。このことを真摯に受け止めるためには、鯨資源の科学的な管理や、文化の多様性の大切さを力説するだけでは、世界の耳目を動かすことはできないだろうと考える。地球の温暖化や砂漠化、オゾン層の破壊、酸性雨、海洋汚染など自然環境問題がグローバルに論議されはじめた昨今、日本は、捕鯨の問題を捕鯨だけに終わらせるのではなく、これらの問題でも他国に先駆けて対策を講じ、果敢にリーダーシップを発揮しなければ、捕鯨の未来もけっして明るいものとはならないだろう。現在の捕鯨問題は、われわれ日本人がもっとも苦手としている思想の構築、先進的な政策の立案、そしてその実行力をわれわれに問うてもいるのではないだろうか。

なお、本文中の引用・参照箇所は［著者、頁数］で示し、それら文献は巻末に章ごとに挙げておいた。著者不明のものは書名で示し、手書きのもの、絵巻類は基本的に頁数は入れていない。

目　次（I）

第四章　網捕り式捕鯨文化の成立　149

目　次（II）

第一章　人、鯨に出会う

一　驚異に満ちた生き物

小笠原の海で

一九九四年四月四日、私は小笠原ホエールウォッチング協会がチャーターしている小型の漁船に乗り込んだ。ザトウ鯨に出会うためである。前日、小笠原群島の父島に、東京港から一八時間の船の旅でやってきた私は、その日の夕刻、灯台の建つ島の高台から、夏のような夕陽に染まる亜熱帯の海をながめ、はるか眼下に、ときおり潮を噴き上げて悠然と泳ぐ一頭の鯨を見つめていた。明日はその鯨を間近にできる、そう思うと子どものように心が躍った。

だが、予想に反して、その日はさっぱり鯨が姿を見せない。海には五、六隻のホエールウォッチングの船が互いに連絡を取りながら、鯨を求めて北へ南へと進路を幾度も変えたが、二時間ほどのあいだに一度だけ、それも五〇メートルもはなれたところで、息つぎのためにわずかに背中を見せてくれただけだった。少し時期が遅かったかな、心なしかがっかりした表情で船を下りていく人々を見ながら、私はつぶやいた。

ザトウ鯨は、冬になると小笠原の近海に集まって交尾や出産、育児をし、その間ほとんど餌《えさ》を取らない。そして、三月頃からつぎつぎに索餌場《さくじば》であるベーリング海をめざして北上していき、夏のあいだ動物プランクトンである甲殻類のオキアミや魚をたっぷりと食べ、冬にはまた繁殖場である小笠原近海に戻ってくる。こうして、一年に二度、北と南の海を回遊している。

哺乳類のなかでかくも長い季節移動をする動物がいるだろうか。小笠原の海からベーリング海まで、直線でも四〇〇〇キロを超えている。そんな長い旅をするのは、渡り鳥でも魚でもそう多くはない。

つぎの日は、験《げん》を担いでちがう船に乗った。カナダ人の南スタンリー船長の操る「きり丸」。それが効を奏したのか、海に出るとすぐに、近くで潮が噴き上がった。船からもワーッと歓声が上がった。待ちに待ったザトウ鯨との対面である。濃紺の海に黒い巨体が弓なりにしなりながら浮かび上がり、潮を噴いた鼻の孔が二つ、それと背びれのでっぱりがはっきりと見てとれた。黒い巨体が沈む。すると、歓声もおさまり、一瞬固唾《かたず》を飲んでつぎの浮上を待つ。そして、二度目に大きく浮き上がったときは、水平に張った尾びれから海水が玉のしずくとなって滴り落ち、尾びれの白い裏を見せて深く潜水していった（図1）。

そんな光景を四度、五度と見ていると、なんとなく鯨の水中での動きとリズムに慣れたような気になって、つぎはどこに浮かび上がってきそうか、うねる波間を見つめながら予想をしてみる。すると、私が見つめている方向とは反対側から歓声が上がり、つぎからは予想などしないで目を四方八方に走らせていると、皮肉にも、私の真正面に現われるといったありさまだった。

図1　ザトウ鯨（小笠原父島にて）

ザトウ鯨の体長は一〇～一二メートル。浮かび上がったときの背中は小山のようだ。それに、表面がとてもすべすべとしている感じで、すぐに水をはじき落としてしまう。泳ぎは鯨のなかではそれほど速くないらしい。それでも、うかうかしていると、浮き上がってきたところを見逃してしまうことがある。それに、胸びれが長いので小回りがきくらしい。子どもを両側からはさんで泳ぐ二頭の鯨もいた。たぶん、鯨のファミリーだろう。そして、なんといっても圧巻だったのは、遠くはなれてはいたけれど、ザトウ鯨特有のシンクロナイズドスイミングとも言うべき、思いっきり海面から飛び上がる跳躍や空中反転が、何度も何度も繰り返されたことだった。できることならそれがもっと間近であってくれたならと、いまになっても口惜しさが残っているほどだ。

ホエールウォッチングには、バードウォッチングやほかのアニマルウォッチングにはない、何か独特の雰囲気がある。人々の上げる歓声には、見る喜び以上の何かが含まれているような気がする。鯨が巨大だから、めったに目にする機会のない動物だから、という以上のものがそこにはある。たぶん、鯨を見るというのは、単に鯨を目にするだけではなく、われわれがすでに思い描いている鯨に対するさまざまなイメージまでをも、そこに見ることになるのかもしれない。だから、実際に鯨を目にすると、そのイメージがさらに膨らんで、歓声はいやがうえにも大きくなるのではないだろうか。

ホエールウォッチングも一段落した頃、イルカが数頭、近づいてきた。さっそく若い男女が海に飛び込み、イルカとの共泳をしばし楽しんだ。イルカも鯨と同じ仲間で、海に生きる哺乳類だ。つぎは彼らの進化の過程を少し追ってみることにしよう。

海に帰った哺乳類

地球上の生物は海で生まれ、やがて地上へ、空中へと生息圏を拡げていった。動物のなかで最後に進化した哺乳類のなかから、なぜか海へとUターンをしていったものが現われた。アシカ、セイウチ、アザラシなどの鰭脚《ひれあし》類、ジュゴンとマナティーの海牛《かいぎゅう》類、それに鯨とイルカの鯨類である。

鰭脚類は餌を海のなかに求めたものの、交尾や出産、育児といった繁殖行動は、陸上で行なっている。対して海牛類と鯨類は、すべての行動を海のなかで行ない、一生を海で送るが、海牛類は海藻を餌にしているので浅瀬に棲息し、鯨類は外洋、深海は言うにおよばず、世界中の海に棲息している。

哺乳類が地球上に現われ、進化しはじめたのは、それまで繁栄を誇っていた恐竜たちが突如滅びていった、今から約六五〇〇万年前以降のことである。鯨の祖先と考えられる動物には、従来から二つ

図2　ムカシ鯨類ロドセタス・バロキスタネンシスの想像図

の説があげられていた。一つは、絶滅したメソニクス類という肉食性の陸棲哺乳類で、もう一つは、草食性の偶蹄類《ぐうているい》である。

ところで、この論争に決着がつきそうなムカシ鯨類の化石が二体、パキスタンの約四七〇〇万年前の地層から発見された。「アーティオケタス・クラビス」（推定体重四二〇キロ）と「ロドセタス・バロキスタネンシス」（同四五〇キロ）と名づけられたこのムカシ鯨類は、上顎・下顎に歯があり、後肢の骨格が偶蹄類に特有の形をしていて、しかも水をかくのに適した形をしていたという。弱々しい足で水辺をよちよち歩き、海に入って泳いでいたらしい（図2）。

現在の鯨の骨組にさらによく似た化石も、今から約四五〇〇万年前の地層からつぎつぎと発見されている。最初は誤って爬虫類《はちゅうるい》の王様＝パシロサウルスと名づけられたが、今では体長が一五～二〇メートルもある大型の原始鯨と考えられている。前肢はすでに胸びれ状に変形し、後肢も長さがわずか六〇センチにまで退化していた。さらに、体長のわりに頭蓋骨が小さく、首も短く、胸から下の椎骨は大きく、数も多くなり、現在の鯨のからだの特長をほぼ満たしていた。

こうして、地球上に哺乳類が姿を現わしてから約二〇〇〇万年のあいだに、陸棲の偶蹄類のなかから、水陸両棲の動物に分化していき、さらに現生のナガス鯨ほどの大きさの海棲動物へと進化していった様子が、これまでに発見された化石からうかがうことができる。

また、遺伝子DNAの構造から生物相互の系統をさぐる分子系統学などの研究によると、鯨にもっとも近い哺乳動物は、偶蹄類のなかでも食べたものを反芻《はんすう》する、牛や鹿やカバやラクダだと考えられている。鯨とカバの祖先が共通していると言われれば、なるほどとうなずけるし、広い海を悠然と泳ぐ鯨と、広い砂漠をのっそり、のっそりと歩くラクダが近縁関係にあると言われると、これまた、なるほどとうなずける気もする。

現在、鯨類は地球上に七八種が棲息している［神谷、二一〇頁］。歯のある歯鯨類と、歯が退化した代わりに上顎から櫛《くし》の歯のように垂れ下がった「鯨ヒゲ」（ヒゲ板とも呼び、英語ではwhalebone または baleen という）のあるヒゲ鯨類に大別されている。歯鯨類は六七種、そのうち大型の鯨はマッコウ鯨一種のみで、あとはすべてイルカ類である。ヒゲ鯨類は一一種、その多くが捕鯨の対象とされてきた。鯨とイルカの分類は、洋の東西を問わず古くから体長四メートルくらいを目安に慣習的に区別されていて、なんら学問的な区分ではない。

大はシロナガス鯨の体長三〇メートル、確認されている最大体重一三六・四トン。小は南米に棲息するコビトイルカで体長一・四メートル、体重三五キロ。シロナガス鯨は、これまで地球上に棲息した動物のなかでは、体長では恐竜のブラキオサウルスやセイスモサウルスなど「超巨大恐竜」と呼ばれるものとほぼ同じだが、体重はその三〜四倍もあり、史上最大を誇っている（最近、エジプトで体長二七〜三〇メートル、体重七五〜八〇トンと推定される草食恐竜パラリティタンの化石が発見された）。からだが大きくなればなるほど、体重に対する体表面積の割合は小さくなり、そのぶん体温の維持が容易になる。だが、恐竜の場合、からだを支える骨の強度の面からおのずと大きさに限界が生じた。その点、海に帰った鯨は、その制約から解放されたことになる。

海は地球の表面積の約四分の三を占め、そこには豊富な食糧があった。人間が南氷洋でヒゲ鯨類を捕獲する前、南氷洋にヒゲ鯨類がどのくらい棲息していたかは今となっては推定の域を出ないが、シロナガス鯨は約一五万頭、ナガス鯨は約二五万頭、ザトウ鯨は約五万頭という数字があげられている。

シロナガス鯨は海水といっしょにオキアミを口のなかに取り込み、口を半ば閉じ、舌を上に押し上げて、海水を吐き出す。このとき、オキアミは鯨ヒゲにひっかかって口のなかに残る。この方法でシロナガス鯨は、一回に約二トンのオキアミを食べる。一年間で食べるオキアミの量を仮に平均体重八四トンの三倍とすると、二五二トン。シロナガス鯨が索餌場である南氷洋にいる日数を一二〇日とすると、一日あたり二・一トンとなり、一回の食餌量としてあげた二トンにほぼ一致する。平均体重はナガス鯨五〇トン、ザトウ鯨三三トンで計算すると、この三種類の南氷洋にいるヒゲ鯨によって一年間に消費されるオキアミの量は、約八〇〇〇万トンにもなる［大村、一九八頁］。これほど莫大な量の動物性タンパク質を陸上でまかなうことなど、とうていできるはなしではない。ちなみに、一九九九年の世界の年間海面漁獲量は、約八四六〇万トンである。

また、海には鯨の天敵となる動物がいない。生まれたばかりの頃はサメに襲われることもあるが、天敵はもっぱら同属のシャチである。鯨の病気も知られていない。二年に一回、一頭の子を産み、ほぼ一〇年で成熟する。鯨の年齢は、ヒゲ鯨類では年々たまっていく耳垢《みみあか》の縞の数で、歯鯨類では歯によってわかるらしいが、一〇〇歳をかぞえた鯨がいたそうである。雌の排卵回数から鯨の平均寿命を割り出した研究もある。それによると、寿命は約六〇年だという［同前、一〇一頁］。

だが、ずっと後になって人間という天敵が現われ、つぎつぎに絶滅の危機に追い込まれていった過程は、後の章で扱うことにする。今では大型の商業捕鯨が全面的に禁止され、鯨は手厚く保護されてはいるが、産業社会が作り出す汚染が海にも広がり、鯨からも内分泌攪乱《ないぶんぴつかくらん》化学物質、いわゆる「環境ホルモン」が高濃度で検出されている［朝日新聞一九九九年一〇月三〇日付］。しかも、鯨からのPCB（ポリ塩化ビフェニール）検出量は、大半の猛禽類《もうきんるい》のそれの約八倍以上という結果が発表されている。陸上よりも海の方がより汚染されているということだろうか。

つぎに、鯨のからだのしくみと機能が、いかに海の生活に適するように進化しているかをざっとみておこう。

皮は油の貯蔵庫

まず、水中での抵抗を小さくするために、からだの形が流線形になり、体毛は退化して顎のまわりにわずかに残るだけとなり、前肢は胸びれ状に変形し、後肢は痕跡程度に退化して体内に取り込まれてしまった。また、力強くて自在な泳ぎが可能になるよう、腰から尾にかけて強力な骨格筋が発達し、いわゆるドルフィン・キックを可能にし、尾の先を大きな水平尾びれに変形させている。

陸上の哺乳類とちがって、鼻孔は口のはるか後方にあり、海面で呼吸をするのに都合のよいように、頭頂部にある。また、人間は一回の呼吸で肺の空気の約一五パーセントしか交換できないが、鯨ではその交換率が約九〇パーセントにもなる。さらに、鯨の筋肉はミオグロビンと呼ばれる物質をたくさん含んでいて、そのなかに酸素をためておくことができる。そのおかげで、マッコウ鯨のように、深さ一〇〇〇メートル以上の潜水や、一時間近くにもわたる潜水が可能となった。

鯨は体毛を失ったかわりに、厚さが一四~一五センチもある、とても厚い皮をかぶっている（ホッキョク鯨では厚さが五〇センチにもなる）。黒い表皮の下に真皮があり、その下に厚い皮脂層がある。皮脂層は「脂皮《あぶらがわ》」とも呼ばれ、ここに大量の油が貯えられている。後年、鯨が人間の捕獲対象になったのもこの油のためだったが（体重八四トンのシロナガス鯨から鯨油二〇トンがとれる）、厚い皮と油は、どんなに寒冷な海にあっても体温を失うことなく、さらに潜水時の水圧からも身を守ってくれる。この脂皮は、ヒゲ鯨のように索餌場と繁殖場を回游している鯨では、時期によって厚さが変わる。つまり、索餌場から繁殖場へ向かうときはよく肥えており、反対に繁殖場から索餌場へ向かうときはやせている。これは、ヒゲ鯨が索餌場で一年間のほとんどの餌を食べ、繁殖場では餌をとらない習性からきている。特に、妊娠中の雌の脂皮は非常に厚く、分娩後のものは薄い。

後の章でくわしく述べることになるが、江戸時代に栄えた日本の捕鯨において、北から南へと向かう冬季の鯨の方が、南から北へ向かう春季の鯨より一般に高値だったのは以上の理由によっている。また、妊娠中の雌鯨（孕み鯨）にまつわる悲話や言い伝えが、かつて捕鯨が行なわれていた地方に残っている（四章を参照）。これらの悲話から、人が生きるか鯨が生きるか、という二律背反する課題を、当時の捕鯨業がすでに抱えていたことをうかがい知ることもできる。

もう一つ、水のなかは空気中よりも音がよく伝わる。鯨はとても音に敏感で、イルカの超音波を利用したエコーロケーション（音波探知法）は有名である。また、大型の鯨、なかでもザトウ鯨は大きな声を出すことで知られている。魚類は測線器官の働きでうまく泳げるが、鯨類は音を発してその反響で物の位置を知り、お互いのコミュニケーションをとっているのかもしれない。

こうして海に生きる哺乳類となった鯨は、一定の海域に留まることなく外洋を回游し、たとえその姿を目にした人間がいたとしても、人間は長いあいだ鯨を捕獲しようなどとは夢想だにしなかったにちがいない。人類が生きた動物を捕獲するようになったのは、今から約一〇〇万年前から五〇万年前までのあいだだったとされ、マンモス、トナカイ、ヘラジカ、ウマ、バイソンなどの大型獣を定期的に狩猟するようになったのは、今から約一五万年から三万年前にかけてだったとされている。そして、牧畜や農耕が開始されたのが、今から二万年前から一万年前までのあいだである。現在までにわかっているかぎりで、人間と鯨とが初めて出会ったのはちょうどその頃、人類が牧畜や農耕をはじめた新石器革命の頃だった。

一万年前からのつきあい

今から約三万五〇〇〇年前頃から、人間は松明《たいまつ》やランプを手にして深い洞窟に入っていき、その岩壁に色をつけた絵を描きはじめた。狩りの対象であるシカやバイソン、ウマ、ウシ、イノシシなどの動物の姿をである。なぜ洞窟の奥深くに隠れて、このような動物の絵を描いたのか、その謎はいまだ不明だが、その頃から人間は、動物に対してなんらかのイメージや観念を抱きはじめたようだ。そして、それらのイメージや観念に基づいて、集団的な儀礼を執《と》り行なうようになっていった。

鯨の絵が岩壁に初めて登場するのは、紀元前五〇〇〇年頃からである。ノルウェー北部のレイクネスで発見された岩壁画には、鯨のほかにトナカイやシカが線刻されている。氷河期が去り、北ヨーロッパにも広く人間が住むようになり、海にも活動の場を積極的にひろげていったのだろう。

紀元前三〇〇〇年頃になると、ノルウェー中部のロイドの岩壁画には、イルカを捕獲しているところが描かれている。イルカは毎年、決まった季節になると湾内深く入り込んでくることがある。イルカのこの習性を利用して、定期的なイルカ漁が行なわれるようになっていったのだろうか。このほか、ノルウェーからは鯨を描いた岩壁画が一〇カ所も見つかっており、鯨はどれも小型の歯鯨類で、シャチ、ネズミイルカ、バンドウイルカなどだという〔秋道、三九頁〕。

スカンジナビア半島のフィヨルドでイルカの捕獲がはじめられていたのとほぼ同時期、日本列島でも長期にわたって活発にイルカ漁を行なっていた縄文時代の集落があった。能登半島の富山湾に面した小さな入り江がその舞台だった。

二　豊かな幸——神からの贈り物

イルカ漁が行なわれていた縄文集落

石川県鳳至《ふげし》郡能都《のと》町真脇《まわき》遺跡は、能登半島がその馬面を富山湾に突き出したちょうど下顎のあたり、小さな入り江に面したところにある。この遺跡は、縄文時代前期から晩期にかけてのほぼ四〇〇〇年間、絶えることなく集落が存続し、まれにみる長期安定型、定住型の性格を示している。しかも、この真脇遺跡からは、おびただしい量のイルカの骨が出土した。発掘面積は集落全体の一〇パーセントにも満たないのに、カマイルカ、マイルカなどのイルカ類の骨が、二八五個体も確認されている。イルカの骨は真脇遺跡の全期間を通じて出土しているが、特に縄文前期末から中期初頭にかけて集中していた。ここでは今から五〇〇〇年も前に、実際にイルカ漁が行なわれていたらしい。

イルカ漁に関連がありそうな生活用具として、大量の石槍《いしやり》、縄や編み物などの繊維製品、それに網漁に用いたであろう石錘《せきすい》などが出土している。

初夏から夏にかけて、真脇入り江周辺やその東の九十九《つくも》湾には、イルカや鯨類がしばしば回游し、江戸時代から「真脇の海豚《いるか》漁」として知られ、昭和の初めまでイルカの追い込み漁が行なわれていた。それと同じように、真脇縄文人も村びと総出でイルカ漁に加わっていたのだろう。そして、肉や内臓は食料として、油は灯火用の燃料や薬として、皮はなめして衣料などに利用されたことだろう。さらに、干した肉や油は、他地域との交易に重要な働きをしていたかもしれない。真脇縄文集落のまれにみる安定性は、豊かなイルカ漁が存在したからこそとも考えられる。

若狭《わかさ》湾に面した福井県三方《みかた》郡三方町鳥浜貝塚でも、縄文期の層からイルカや鯨類の骨が出土している。また、鳥浜貝塚からは、木をくり抜いた丸木舟も出土している。真脇遺跡からの出土品と考え合わせると、縄文時代のイルカ漁は、入り江に入り込んできたイルカを丸木舟で追い、網で行く手をふさぎ、石槍で突いて捕獲していたとも想像できる。

イルカや鯨類の骨は、ほかにも内浦湾（噴火湾）に面した北海道虻田《あぶた》郡虻田町入江貝塚、東京湾に面した横浜市称名寺貝塚をはじめ、全国の一三〇カ所以上の海浜遺跡から出土している。そのなかで、長崎県北松浦郡田平《たびら》町野田免《のだめん》つぐめのはな遺跡からは、銛《もり》として使われた可能性のある「サヌカイト製蝮頭状有舌尖頭器《ゆうぜつせんとうき》」が約四〇点出土している。さらに、この遺跡からは、鯨やイルカの解体に使われたと思われる大きな石匙《いしさじ》や、長さ五センチほどもある大きな石鏃《せきぞく》も出土している。森浩一は、この大きな石鏃は、海中の大魚や鯨類や海獣類を弓で射るとき、その矢の先に使われたのだろうと想像している［森、一四七頁］。

縄文時代のイルカ漁は世界の捕鯨史上、もっとも古く、ところによっては組織的に行なわれていたことをうかがわせて興味深い。

鯨骨のユニークな使用例

弥生時代になると、イルカや鯨類の骨を使って道具を作りはじめている。山口県下関市吉母浜遺跡や福岡県粕屋郡新宮《しんぐう》町夜臼《やうす》遺跡からは、岩に付いたアワビをはがすのに使う「アワビおこし」が、鯨の骨で作られていた。

長崎県壱岐《いき》の芦辺町と石田町にまたがる原《はる》ノ辻《つじ》遺跡と勝本町カラカミ遺跡からも、同じくアワビおこしや糸を紡ぐのに使われる紡錘車《ぼうすいしゃ》、両側にそれぞれ三〜四つの逆《かえし》をもった、長さ四〇センチもある大きな銛が、いずれも鯨の骨で作られていた。さらに、原ノ辻遺跡から出土した紀元前一世紀頃のものとみられる壺の表面に、数本の銛を打ちこまれた鯨や船の線刻画が描かれているのが、発掘後二六年たった二〇〇〇年の再調査で見つかった。これが捕鯨を描いたものだとすると、日本で最古の捕鯨の絵ということになる。

また、鯨の骨のたいへんユニークな使用例として、土器を作るときの製作台がある。長崎県や熊本県の縄文中期の遺跡から出土する阿高式《あたかしき》土器の底部には、しばしばアバタ状の不思議な文様がついている。この文様が何であるのか、長いあいだ考古学者たちを悩ませてきたが、実はそれが鯨の脊椎骨《せきついこつ》の凸凹を押し付けてできたもの（圧痕）だと判明した。土器を作る台として鯨の脊椎骨（ナガス鯨かマッコウ鯨と推定されているものもある）が利用されていたというのである。しかも、鯨の脊椎骨を製作台として作られた土器は、有明海から八代海の沿岸一帯に広がっている。たまたま漂着した鯨の骨をそこで使ってみたというには、その分布域があまりにも広い。ナガス鯨やマッコウ鯨など大型の鯨を捕獲していたかどうかは不明だが、土器製作に鯨の骨を使うという共通の約束事・規範があったとするなら、鯨の骨になんらかのシンボリックな意味を付与していた可能性も考えられよう。

以上みてきたように、縄文時代には、偶然浜に上がったイルカや鯨を利用する段階から、積極的にイルカを捕獲する段階まで、さまざまな形での鯨類とのかかわり方があったことがわかっている。捕獲はいずれも小型の鯨類にとどまり、いまだ大型の鯨を捕獲できるまでには至っていなかったと思われる。しかし、鉄器が広く使われはじめると、朝鮮半島では、大型の鯨やそれを捕獲している様子を描いた線刻画が、岩壁に描かれるようになる。

古墳に描かれた捕鯨の図

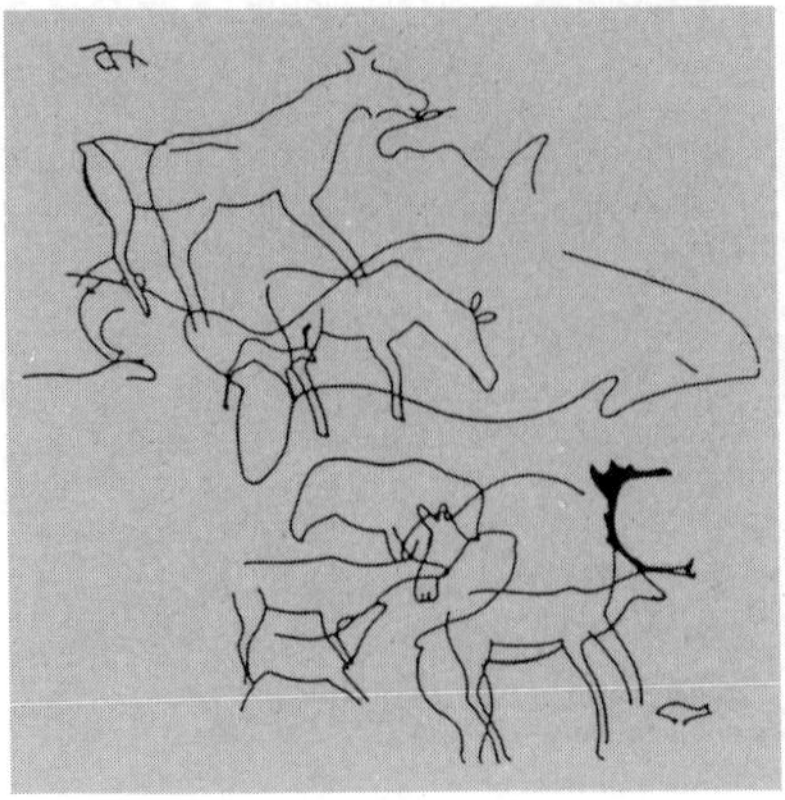

図3　盤亀台の岩壁画

朝鮮半島の南東岸、韓国の慶尚南道蔚山《ウルサン》郊外の盤亀台から、動物を描いた岩壁画が見つかっている。青銅器時代から鉄器時代初期にかけてのものと思われる岩壁画には、シカなどの陸上動物にまじって鯨やイルカ、アザラシ、ウミガメなどが線刻で多数描かれている（図3）。しかも、描かれている鯨はナガス鯨、コク鯨、マッコウ鯨などの大型の鯨で、なかには槍や銛頭がからだに突き刺さったものまである。さらに興味深いのは、捕鯨の様子を描いたものがあることだ。船の舳先に銛打ちが一人立ち、鯨に銛を打ち込み、一本の綱で鯨と結ばれている。船にはほかに一八人が乗っている。捕獲の対象となっているのは、大きさや形からみてヒゲ鯨類だという［秋道、一二四頁］。

弥生時代になると、日本海をはさんだ対岸の朝鮮半島では、大型の鯨を銛で捕獲していたと考えられる。ウラジオストクに近い、北朝鮮の咸鏡北道にある西穂項貝塚からも、鯨の骨といっしょに銛頭が出土している。

日本列島でも同時期、壱岐の原ノ辻遺跡から出土した土器に、銛を使って捕鯨をしていた可能性をうかがわせる線刻画

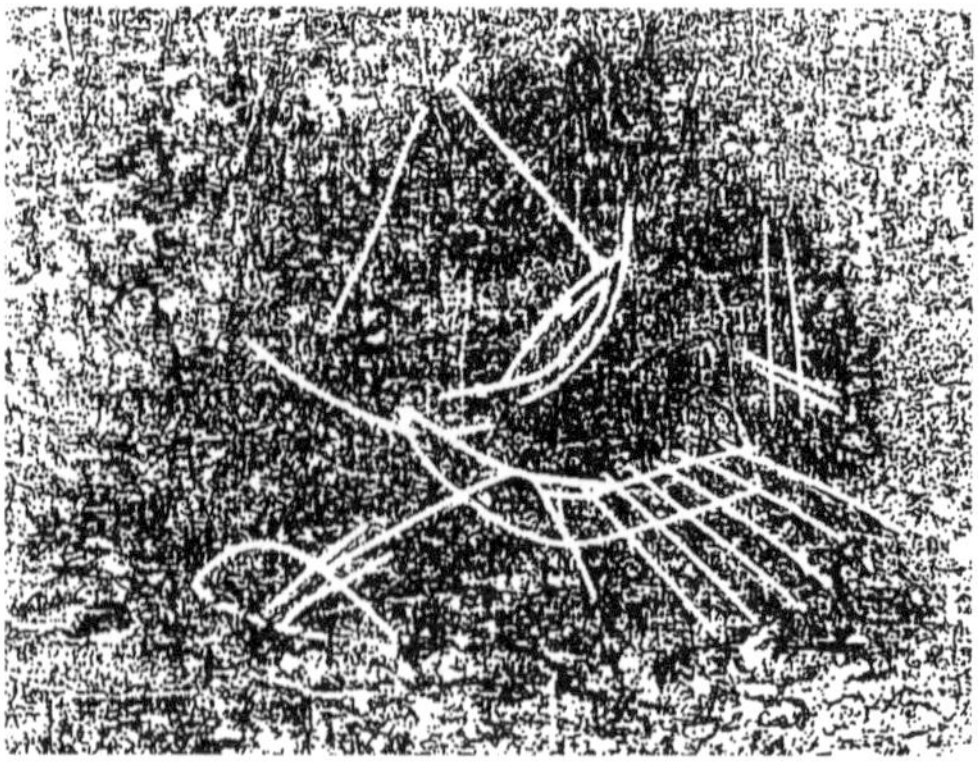

図4　鬼屋窪古墳の線刻壁画

が描かれていたが、壱岐では古墳時代になると、朝鮮半島と同じように大型の鯨を銛で捕獲しているさまを描いた線刻画が現われる。六世紀後半に築造されたと思われる長崎県壱岐の郷《ごう》ノ浦《うら》町有安触《ありやすぶれ》にある鬼屋窪《おにやくぼ》古墳は、湾を見下ろす高台にある。その石室内の線刻壁画には、九隻の船が描かれていて、そのうち一隻は八丁の櫂《かい》で漕ぎ進み、船の前方に鯨らしきものが描かれ、船と鯨とが一本の線で結ばれている。銛を打ち込んで綱で引っぱられている様子を描いたものと思われる（図4）。壱岐には、この鬼屋窪古墳のほかにも、船を描いた線刻画をもつ古墳が四基知られている。

　また、和銅六（七一三）年に大和朝廷が諸国に編纂を命じた『風土記』のうち、『壱岐国風土記』は失われているが、ほかに引用されて残った逸文《いつぶん》に「鯨伏《いさふし》」という地名の由来として、つぎのような興味深い記載がある。

　鯨伏の郷、郡の西に在り。昔者、鮐鰐《わに》、鯨を追ひければ、鯨、走り来て隠り伏しき。故、鯨伏と云ふ。鰐と鯨と、並《とも》に石と化為《な》れり。相去ること一里なり。俗《くにひと》、鯨を云ひて伊佐と為す。

日本では古く、鯨は「いさ」「いさな（勇魚・鯨魚）」とも呼ばれ、「いさな取り」は海や浜の枕詞《まくらことば》として使われていた。この鯨伏の郷は、鬼屋窪古墳から遠からぬところにある。

対馬《つしま》においても鯨が浜に近づき、それを船で追いかけ、捕獲しようとする者がいたことを伝える、太宰府《だざいふ》からの報告が『日本紀略』にみえる。

延喜十七（九一七）年九月八日甲寅、太宰府言、対馬島下県郡碁子浜鯨乍生将寄、其後九月上旬、隣賊数船将発来者。

壱岐や対馬、さらに平戸や五島列島にかけての九州西海域は、江戸時代に捕鯨業がもっとも栄えた地域の一つであったし、今でも大量のイルカがときおり浜に近づいたり、座礁して打ち上げられたりしてニュースになることがある。この地の人々は古くから、流れ鯨や寄り鯨、あるいは鰐（鮫であろう）やシャチに追われて浜に上がった鯨に、親しんできたようだ。

しかし、『日本記略』に言う「隣賊」とは、いったいどのような人たちを指しているのだろうか。また、鯨が浜に近づいたことと、彼らが数隻の船でやってきたこととは、何か関係があるのだろうか。彼らは、はたして鯨が回游してくる時季をねらってやってきたのだろうか。それとも、たまたまそのときにやってきて、海賊行為におよぼうとしたのだろうか。

当時は、唐と日本とのあいだで貿易が活発となり、大和朝廷がその貿易を独占したために、新羅《しらぎ》の商人はたびたび海賊行為におよび、瀬戸内海でも海賊が出没していた。しかも、対馬の下県《しもあがた》郡には銀山があり、『三代実録』貞観八(八六六)年七月十五日の条には、太宰府からの報告として、肥前国の山春永《やまのはるなが》という男が、新羅人珎賓長《ちんひんちょう》と共に新羅に渡り、「兵弩器械」を造る術を学び、帰還して対馬を奪取しようとする計画があったことを記している。そしてとうとう、寛平六(八九四)年には、新羅の賊が対馬を襲撃している。

こんな物騒な時代であっただけに、先の『日本紀略』の記事だけではにわかに判断は下せないが、「隣賊」が海賊ではなく捕鯨船団だとすると、盤亀台や鬼屋窪古墳の線刻画に描かれている捕鯨の様子から考えても、当時、かなり組織的な捕鯨がすでに行なわれていたとも考えられる。

東典一は、積極的な捕鯨があったとして、こう述べている。鯨が浜に近づいてくる時季に他領から船団がくるのは、鯨が岸近くに回游するのをねらって、太鼓をたたくか、舷をたたくか、海面をたたくかして鯨を脅して浅瀬に追い上げ、動けなくして殺す漁法があったのだろう、と[東、一〇〇頁]。

オホーツク沿岸の捕鯨者

九州西海域や朝鮮半島で早くも捕鯨が行なわれていた可能性がある六世紀から一〇世紀頃、北海道東部からオホーツク沿岸にかけて、アザラシやラッコ、イルカなどの海獣猟と漁撈を主な生業とする、オホーツク文化が栄えていた。このオホーツク文化にともなう遺物の一つに、大型の鳥の骨を利用した「縫い針入れ」がある。その鳥骨製の針入れに捕鯨の様子を線刻したものが見つかっている。

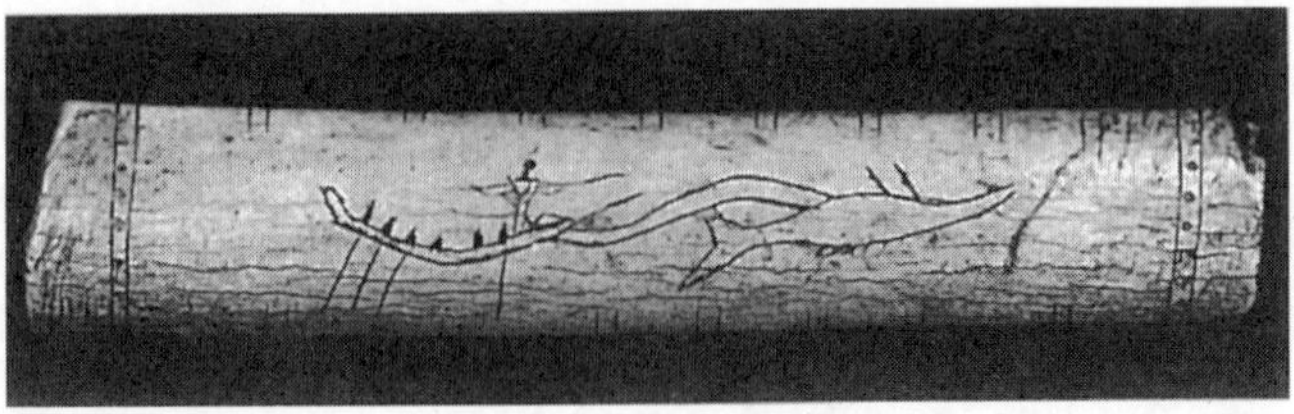

図5　根室市弁天島貝塚から出土した鳥骨製の針入れ

その一つ、根室市弁天島貝塚から出土した鳥骨製の針入れには、船に七人が乗り込んで四丁の櫂を漕ぎ、一人が舳に立って銛を持ち、鯨めがけて投げようと身構えており、鯨にはすでに二本の銛も打ち込まれていて、二本の綱が船と鯨をつないでいるさまが描かれている（図5）。

また、一九〇七（明治四〇）年に樺太（サハリン）南海岸の鈴谷貝塚から出土した鳥骨製の針入れにも、捕鯨の様子が線刻されている。ただし、こちらのものは絵が左右二つ描かれ、一〇人が乗り込んだ船から、鯨の背中に銛が打ち込まれていて、鯨と船はロープでしっかりとつながれている様子は弁天島貝塚のものと同じだが、鯨のほかに楕円形のものが海に浮かんでいて、右の絵では、その楕円と船はロープで結ばれているが、左の絵ではそれがロープで結ばれていない。この楕円形のものが何であるかはよくわからないが、エスキモーが狩猟に使うアザラシ皮製の浮袋ではないかと考えられている［名取I、二七八頁］。銛につけたロープの一端にこの浮袋をつけておくと、獲物がもぐって逃げようとしても、浮袋にじゃまされて自由をうばわれ、しかもどこに逃げたのか、その目印にもなる。

両者には捕獲法に少し違いがみえるものの、ここでも流れ鯨や寄り鯨を利用するだけではなく、季節になると岸近くに回游してくる鯨を、積極的に捕獲していた様子をうかがい知ることができる。しかも、興味深いのは、こうした捕鯨や海獣狩りの絵が描かれるのは、主として鳥骨製の針入れに限られているということだ。彼らの生活が海での狩猟に大きく依存し、その肉を食べ、油を取り、皮を鳥骨製の針で縫い合わせて衣服や靴などいろいろな生活品に利用していたことを考えると、鳥骨製の針入れは、彼らにとって格別の意味をもつ生活用具だったと考えられる。

名取武光はこうした事実をふまえて、彼らが乗っていた船は、エスキモーやアリューシャン列島に住むアリュートなどが使っている、海獣の皮で作られた大型の皮船(ウミヤック)であり、彼らが使っていた銛も、エスキモーやアリュートなどが使っている回転式の離頭銛ではなかったか、と推測している[同前、二八一頁]。このことからさらに、この地の鳥骨製の針入れに捕鯨や海獣狩りの絵が線刻されるようになったのは、鳥骨製の針入れを重要な文化要素としているエスキモーやアリュート系の極北文化が、西南方面にひろがってオホーツク文化圏にいたり、在来の文化と交流・影響しあった結果だろう、と名取は指摘している[同前、二八五頁](なお、シベリアからチュトコ半島、ベーリング海峡、アリューシャン列島、さらに北米大陸の先住民による捕鯨については、秋道智彌『クジラとヒトの民族誌』に詳しい)。

また、同じオホーツク文化期に属する礼文島香深井《れぶんとう》A遺跡からは、鯨の頭骨を円形に並べて上に礫を積み、さらにその上にイヌの骨を大量にのせた遺物が見つかっている。時代をさかのぼると、すでに縄文時代の釧路《くしろ》市東釧路遺跡からは、ベンガラで赤く色付けされたネズミイルカの頭骨が放射状に並べられた遺物も発見されている。これらが儀礼にかかわる何か特別の施設だったとすると、北海道の地では、縄文時代から鯨やイルカがなんらかの形で捕獲されていただけではなく、生活のなかで特別な位置さえ占めていたとも考えられる。そうした文化の影響を、直接にしろ間接にしろ受け継いでいると思われるアイヌの捕鯨について、つぎにみていくことにする。

アイヌが語る捕鯨

鯨を突くのは、沖漁の初め五月頃だが、最初から鯨を目当に出るわけではない。他の魚や海獣を突いていて、鯨が近い所に浮かび出ると、毒（トリカブトの根から採取したもの）の付いたハナレ（回転式の離頭銛）を投げるのだ。（中略）

長万部《おしやまんべ》の沖に出て、魚を突いていると、午前九時頃であろうか、鯨が現われた。約十間位も離れていた。年長者のエカシクチヤが、第一番のハナレを打ち込んだ。柏の柄の重みが力になって深く刺さった。鯨は抜き跳ねして海底深く沈んだ。廻っている。約一時間もたった頃、再び浮かび上がった。潮を吹く。この時儂《わし》が第二番のハナレを付けた。又水底深く沈んで行った。約一時間半も経ってから再び浮かび上がって潮を吹く。シロマレが第三のハナレを打ち込んだ。長万部の浜から東北方へ約一里半、静狩の沖迄《まで》、素晴しい勢いで移動した。途中十数本のハナレを打ち込んだので、三艘の舟が、十数本の手繰り紐《ひも》で矢の様に引かれて行った。

舟が波を切る音、風が耳を切る音、お互いの声も聞こえない。静狩の沖で一廻りして、二三時間も深く沈んだ。そして浜の近くに、降ろされていた鰊網《にしんあみ》の、沖の方を通って約二里、東の方へ凄《すご》い勢いでブッ飛んだ。深く沈んで廻っている。そうこうしているうちに、礼文華の沖で日が暮れて来た。鯨は廻っている。海は段々暗くなった。

長万部村から、礼文華の村へ飛脚《ひきやく》が飛んで「この沖で長万部の人達が鯨にハナレを打ち込んで引かれているから、村中の毒を持って舟を出してくれ」と注進をしたのだそうだ。

浜の方から、礼文華村の屈強の男達が、十数艘の舟を漕ぎ出して応援に来た。儂等も涙が出る程嬉しかった。男達は神祈りをしたり、ハナレを打ち込んだり、真っ暗闇の海面で潮光りを頼りに、冒険極まる壮烈な活動が続いた。「頸筋の柔らかい所を狙え」とエカシクチヤの声が、幾度も聞こえた。夜が更けて来ると寒い。鯨に引き回されているので格別寒い。体中潮をかむってずぶ濡れである。五六十本の手繰り紐は、鯨に引き回されている間に、絡み合って一束になっている。こういう事があるので、手繰り紐は必ず右縄に作る事になっている。その中一本でも左縄があったら、撚《よ》りが戻って切れてしまう。

夜中と思われる頃、鯨は浮き上がって真直ぐに東へ五六里ブッ飛んだ。波を切る鯨も、舟縁も、一束になった手繰り紐も、潮光りして真っ青だ。皆死物狂いで、神々の名を呼び続けていたが、全く凄い気持ちだった。鯨の止まったのは虻田の沖らしい。そこで又廻っている。時々浮き上がっては潮を吹く。段々東の空が白んで来た。晴天だ。海を真紅に染めて日が昇り始めた。

しばらくして鯨は海底で動かなくなった。朝の八時頃であったろうか。突然グンと引いた。手繰り紐の束はプツンと切れた。鯨は抜き跳ねして、物凄い勢いで浜に向かって突進した。虻田の街の真ん中の、マキロ車の側の砂の中に頭部を打ち込んで往生した。

浜には人が黒山だ。虻田の人々の喜びようは大したものだった。土人（アイヌ）からお酒が一樽、街の有志からも一樽、鯨の横の砂浜に莫座《ござ》を敷き、幣柵を造って、老人達は「沖の神様、鯨をお授け下さって有難う。肉と油を頂いて、その代わり、このように幣とお酒を土産に供えて、鯨の魂を送って差し上げますから、又どうぞ鯨を授けて下さるように」と神祈りをして大変に喜んだ。

この儀式は虻田村のエカシワツカ翁と、イタクニ翁とが祭主になって、立派なものであった。

以上は、一九三八（昭和一三）年、名取武光が北海道長万部《おしゃまんべ》に住む、生涯で二度捕鯨の経験がある、当時八六歳のアイヌの三荊翁から、三〇年前に噴火湾で鯨を仕留めたときのようすを聞き書きしたものである［名取II、五～一〇頁。新字・現代仮名遣いに改めた。（ ）内は山下のつけた註］。仕留めた鯨はアイヌ語でノコルフンベ、別名コイワシ鯨とも呼ばれる、体長七～八メートルのミンク鯨である。

ここには、人間と鯨との壮絶な闘いが、実にいきいきと語られている。しかも、産業化される前の捕鯨について、重要なことをいくつか知ることができる。

①鯨が南から北へと回游してくる時季に合わせて、捕鯨用の銛や銛の先につける毒、手繰り紐などを用意していること。

②日頃は魚やほかの海獣を取り、鯨はたまたま近くに現われたときだけ捕獲を試みること。

③アイヌの場合は、底が丸木舟で縁に板を継ぎ合わせた、長さ一間半くらいの磯舟に二、三人乗り、二人で車櫂を漕ぐ。

④鯨が現われた場合、銛を投げる順番が経験豊富な年長者から順に決まっているらしいこと。鯨の急所が頸筋であることの指摘。

⑤銛のほかに捕獲用具がないこと。
⑥捕獲した鯨は、捕獲した者だけのものではなく、村あるいは付近一帯の共同捕獲物とみなされているらしいこと。
⑦そのため、鯨を仕留めると、村中の人が浜に出てきて出迎え、一種お祭り騒ぎのようになる。それに続いて、捕獲された鯨は、丁重に「神祈り」がされて、鯨の魂は「海の神」のもとに送り返されること。

①と②は、鯨という生き物がどういうものであり、どうやれば捕獲可能かという、鯨にかんする情報、知識と経験にかかわる問題である。そして、ここでは、鯨はめったなことでは捕獲できないことがわかっているので、普段は③のように、小さな磯舟でマグロやマンボウ、イルカ、オットセイを捕っていた。アイヌにとって捕鯨は、あくまでも特別な大事件、めったにない出来事といえそうだ。事実、天明五（一七八五）年から文化七（一八一〇）年のあいだに足掛け一二年間も蝦夷地《えぞち》を探険し、アイヌからレキカムイ（髭旦那）と呼ばれていた最上徳内《もがみとくない》によると、「えぞのならわし、汝が年いくつなりと問へば、何かたの山焼たる歳生る。いづれの浦にて鯨捕たるとし生るなど答ふること常なり」という［渡島筆記］。捕鯨はそれほどに珍しい、ビッグ・イベントだったようだ。

このことから、逆に、先にみた九州西海域やオホーツク文化圏の捕鯨が、アイヌの捕鯨とは根本的に異なり、鯨の回游時期に合わせて、七〜一〇人が一団となって船を漕ぎ進め、かなり組織だった捕鯨が積極的に展開されていたと考えてもよさそうに思われる。

④と⑤は、鯨の捕獲技術にかかわる問題である。鯨を捕獲するためには、呼吸しに浮き上がってき

たところを逃さず銛を投げ、正確に鯨体に打ち込まなければならない。そのためには、鯨がどこに浮かび上がってくるのかを見極める能力と、波に揺れる船から銛を投げる熟練を要する。後年、産業化された捕鯨においても、銛打ちは特殊技能者として、また、船あるいは船団を率いる統率者として、重きをおかれる存在であった。

だが、銛をたくさん打ち込んでも、鯨は容易に倒れない。後年、心臓や肺をめがけてとどめの刃を突き立てるようになるのだが、アイヌの場合はその技術は知られていない。それにとって代わるのが、銛の先に塗られたトリカブトの毒であろう。トリカブトはアルカロイド系の猛毒で知られているが、こと鯨にかんしては速効性は望めなかったようだ。あるものの威力を信じたり、それが伝統だからとして重きを置きすぎると、ほかではすでに試みられている新技術から取り残されることがよくある。

⑥のように、捕獲した鯨を個人の所有物とするのではなく、広く人々に分け与える風習は、欧米の産業化された捕鯨を除き、世界中で普遍的にみられる。特に日本では、「鯨一頭で七浦が潤《うるお》う」とまで言われ、直接にしろ間接にしろ、多くの人々が鯨の恩恵を受けた。アイヌの鯨利用は、肉を海水で茹《ゆ》でてから、後で塩で味をつけて食べたり、油は灯油として、また煮物のだしとしても使われた。下顎の骨はキテ（骨銛）の材料として、鯨ヒゲは手釣のハネゴや綱針の材料、船材を継ぎ合わせる縄として、腱《けん》は細く裂いて鮭《さけ》皮の靴を綴《と》じたり、カンジキを作るのに用いられた。

⑦は、アイヌ独特の「鯨送り」の儀礼、フンベサパアノミである。これは、捕獲した鯨の魂を海の神様に送り返すという儀礼である。アイヌはなぜこのような儀式が必要だと考え、執り行なうようになったのだろうか。

「鯨送り」儀礼は何を意味しているのか

アイヌは、漁に出かけるとき、必ず家のなかと浜の幣所で「出漁の神祈り」をした。さらに、冬漁の終わる四月と、夏漁の終わる一〇月に、自分たちが授かった獲物の魂を、それぞれの神のところに送り返す神祈りの儀礼を、浜の幣所で執り行なった。おそらく、鯨が捕れたときに限って、漁期の終わりに行なわれるこの神祈りが、特別に行なわれることになっていたようだ。

海の幸のなかでもっとも大きな獲物を授けていただいたお礼を、「海の神」(アイヌの場合それはシャチである)に感謝し、幣と酒を送りますから今後も海の幸をたくさん授けてくださるように、とお願いをする。鯨に向かっては、今回は私たちのところへ客人としてよく訪れてくれた。このように祝って送りますから、無事に父母兄弟のもとへ帰り、また来てくれるように、と酒を注ぐ。つぎに「漁の神」に、鯨の魂が無事に行きつけるように見守ってくださいと願い、最後に神々を喜ばせる舞踊をして終わる。

このアニミズムの儀礼には、アイヌの漁撈に対する観念、つまり海の幸(鯨)が自分たちにもたらされる自然界のプロセスについての認識がよく示されている。そして、この儀礼を執り行なうことによって、漁がこれから先も無事円滑に行なえるよう、神々と自分たちのあいだで一種のトレード=交換をしているのがよくわかる。アイヌにとってシャチが、「海の神」=レブンカムイであると同時に「神の鯨」=カムイフンベでもあるのは、シャチが沖から鯨やほかの魚を追ってきて、豊漁をもたらしてくれるからだし、そのおかげで漁ができると考えていた。また、自分たちに食糧や生活資材を与えてくれたお礼に、幣と酒を「海の神」に捧げ、魚や海獣や鯨の魂を、彼らのふるさとへ送り返し、

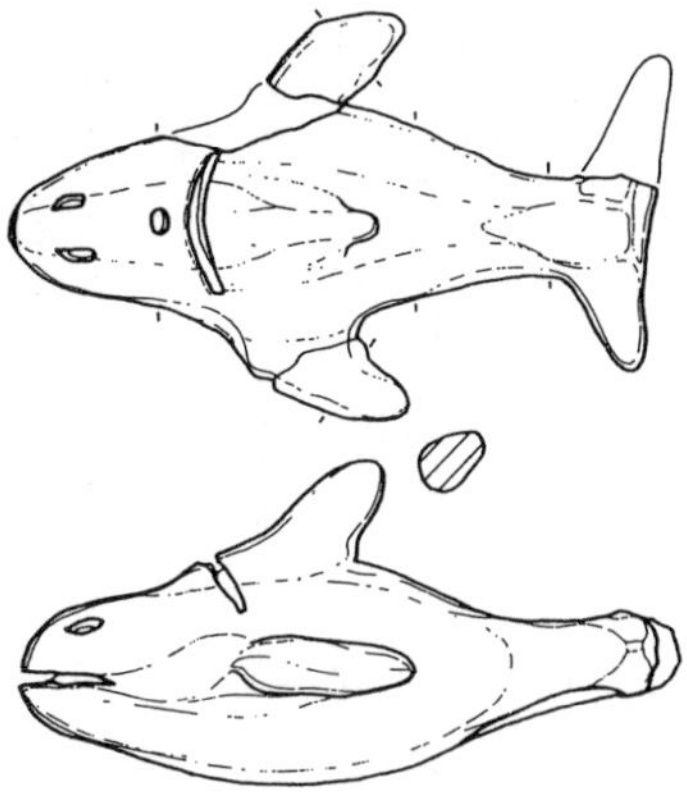

図6　桔梗2遺跡から出土したシャチの土製品

再訪を願っている。アイヌにとって鯨は、単なる自然界の生き物、人間が捕獲してよい獲物ではなく、客人として扱うべき「来訪者」でもあった。

シャチに対するこのような特別視は、古くは縄文時代までさかのぼることができる。縄文時代中期に属する函館市桔梗2遺跡から、シャチをかたどった土製品が出土している（図6）。秋道智彌によると、こうした土製品は、儀礼や信仰における呪術の対象とされることが多いので、すでに縄文時代の人々がシャチに対してなんらかの宗教的な観念を抱いていた可能性はかなり高いらしい［秋道、一三四頁］。

すでにみたように、北海道の地では同じく縄文時代の遺跡から、鯨やイルカの頭骨を並べた遺物が発見されている（二〇頁参照）。さらには、時代を下ると、日本列島各地の漁村でも、鯨をはじめとしてイルカや鮫などを神とみなす「エビス信仰」が広まっていく。この信仰の裏には、アイヌのシャチや鯨に対する考え方とよく似た観念が存在している。そうした観念はどのように形成されてきたのだろうか。つぎに、それについて少し考えてみたい。

「エビス神」としての鯨

折口信夫《しのぶ》は、壱岐の鯨組最後の人から聞いた話として、以下のようなエビス信仰について書き残している。

鯨組の人々が崇めたエビス様に、二色ある。一つは、ただのエビス様で、祠《ほこら》をこしらえて祀《まつ》る。もう一つに、漁エビスというのがある。漁の結果で得たエビスと、漁のためのエビス。漁の結果で得たエビスとは、鯨の胎児のことで、鯨の胎児が出てくると、だれにも見せないようにして真新しい篷《とま》でくるみ、箱に収めて、鯨納屋の脇に埋め、墓のようにして祀る。漁のためのエビスは、水死体の死骸や骨を見つけると、それを「おえべつさん」にして祀ると、漁を守ってくれるという。「道福恵比須」と彫り込んで、石の祠を建てた例も紹介されている［折口、四〇八〜一一頁］。

この計三種類のエビスのうち、ただのエビス様とは、中世から近世にかけて整えられていった七福神の一つ、福と豊漁をもたらしてくれる恵比須《えびす》のことであろう。つぎの鯨の胎児の場合は、仏教的な供養の要素が多分にふくまれているようで、近世の鯨組でも、胎児だけではなく捕獲した鯨すべてを供養していた例が各地でみられる（四章を参照）。その一方で、エビス＝蛭子《ひるこ》と考え、イザナギ、イザナミの二神から生まれた蛭子が、三年たっても足が立たず、船に乗せられて海に流されたという神話をベースにおくと、鯨の胎児＝蛭子＝エビスと連想でき、鯨の胎児だけが特別にエビスとして祀られたとも考えられる。

だが、ここでもっとも興味をひかれるのは、水死体の死骸や骨をエビスとして祀ることであり、そうして祀られたエビスを、歯の痛む人が直してもらうために拝んだり、幟《のぼり》を立てて自分の「拝みどころ」にしている老婆もいる点である。しかも、水死体を拾うと、船についた穢《けが》れを祓《はら》ってもらう必要がなくなるともいう。

一般にはもっとも忌み嫌われる水死体やその骨に、なぜ漁を守る力があったり、船の穢れを祓う力があったり、歯の痛みまで取り除いてくれる力があるとされたのだろうか。それについて考えるためには、南北に長く点在し、まわりを海に囲まれた日本列島に、古来から伝わっている海に対する独特の思いについてみていかなければならないだろう。

同じく折口信夫によると、日本列島には古く万葉時代以前から「常世《とこよ》」という観念があった。常世とは、先祖がかつて住んでいたところであり、人が死んだ後に霊が帰りつくところであり、遠い遠いふるさとであり、「妣《ハハ》が国」である。そして、その場所は、遠い海のかなたや海の底にあるとされ、沖縄本島ではそれは「ニライカナイ」と呼ばれ、石垣島では「ニイル（ニイル底《スク》）」と呼ばれている。常世＝ニライカナイ＝ニイルは、悦びに満ちた理想の国であり、神の住まう国とされてきた。しかも、神はそこから、ときに海を渡って人間の住む村にやってきて、人々に福と教訓とを授けて帰っていくという。そうした「来訪神」、寄り来る神を、折口は「まれびと」と呼び、人々に畏怖の念を抱かせるものとした。なぜなら、「まれびと」は異形の姿をしており、富や福をもたらすだけではなく、ときに禍いをもたらすこともあるからである。死は闇であり、夜でもある。だから、常世は「常夜」でもあると考えられていた。

時がたつにつれ、「まれびと」のもつ闇や夜の要素が除かれ、福神の要素だけが強調されるようになった。それが「エビス神」だとも言える。でも、エビス神とて元は「まれびと」、海のかなたの神の国に住んでいる。そしてそこから、あるときやってきて、みんなに富や福を与えて去っていく来訪神、寄り神である。

折口信夫が展開したこうした常世観、まれびと説、エビス神の考え方でいくと、壱岐で漁エビスとされた水死体や骨は、それが海のかなたから流れてきたものであり、めったに出会うものでもなく、しかも普段は忌み嫌われ、見るも無惨な姿に変わりはてているからこそ、それがエビス神とみなされうるのだろう。まれびと＝エビス神になりうるには、あるとき、海や山や天などの異界からやってきて、また去っていくという、非日常性と外来性、さらには常には見られぬ異形性が、重要な要素として指摘できる。

縄文時代に鯨やイルカ、シャチなどが特別な扱いを受けていたのも、それらが決まった時季になると回游してきて、ほかの魚を浜に追い込んだり、みずからが座礁して漂着し、過分の食糧や油を提供してくれるからだろうし、魚にしては頭抜けて大きいそのからだと、ときおり潮を噴き上げて悠然と泳ぐその姿が、この世のものではない、神を思わせたのだろうか。

昔からニシン漁やイワシ漁が盛んな地方では、鯨のことをエビスと呼んでいたところがたくさんある。ニシンやイワシを鯨が沿岸まで追い込んでくれるからだ。なかには、鯨を神聖なものとみなして、その名を呼ぶのをタブーとし、鯨のことをわざわざ「親魚《オヤヨ》」と呼ぶところさえあった［日高、一四二頁］。ユダヤ教で神の名を呼ぶのを禁じているのと同じで、単に鯨が海の幸をもたらしてくれたり、鯨自体が莫大な海の幸だという「御利益」の面だけではなく、そこにある種の神性や、怖れを抱いていた証拠だろう。だから、鯨をエビスと呼んでいる漁村のなかには、イルカは食べるが、鯨はいっさい口にしないところもある（四章二一〇頁参照）。

こうして、鯨との接触が増えていくにつれて、人間は鯨にかんする情報を貯えていき、捕獲技術や解体・処理の仕方、利用法や調理法、さらには鯨をエビス神として崇《あが》め、怖れるような観念やイメージや儀礼の体系を形成していくことになる。それらをひっくるめて「鯨文化」「捕鯨文化」と呼ぶとすれば、一三世紀初めの鎌倉時代には、鯨と接する機会の多かった漁村だけではなく、都市に住む庶民のあいだにも、すでに鯨文化がかなりな程度芽ばえはじめていたことを、つぎにわれわれは知ることになる。

三　鯨文化の芽ばえ

高まる鯨の利用価値

「流れ鯨（死んで海を漂う鯨）」や「寄り鯨（浜に漂着した鯨）」の利用から、イルカなど小型鯨類の組織的な捕獲、さらには大型鯨に対する捕鯨が、一〇世紀以前にすでに存在していた可能性についてみてきたが、それらはいずれも特定の地域に限られていた。しかし、そこでは捕獲用具や捕獲技術、さらには鯨を解体・処理する技術などをふくめた基本的な捕鯨技術や、それを伝承する集団あるいは共同体の存在、鯨産品の有効な利用法や分配にかんする慣習的な取り決めなどが、徐々にできあがっていったものと思われる。

こうした「鯨文化」は、やがて浦・村から町・都市へと広がっていき、それにともなって鯨の利用価値もしだいに高められていき、なかでも鯨油は特筆されるまでになっていった。
文献に現われた鯨利用の最古の例として、『元亨釈書』に以下の記録がある。

長元八（一〇三五）年、紀伊国有馬村に大魚上る、長四丈八尺、油三百樽を得る。

浜に漂着した一四メートル余りの鯨から油を採取したことが書かれている。書かれた動機は鯨の珍しさもさることながら、有用な油が大量に採取できたことにもありそうだ。でも、残念ながら、これだけではだれがその油を利用したのかはわからない。鯨が漂着した浦や近隣の農漁村だけなのか、それとも遠く町や都市まで運ばれていったのか。

なぜなら、鯨文化がさらなる展開をみせるためには、鯨の利用価値を知っている多くの消費者が存在していることが重要であり、捕獲技術をもっている集団あるいは共同体とそれら消費者とを結ぶ、なんらかの社会経済的な流通システムが開発される必要がある。多くの消費者の出現と流通システムの開発——この二つを鯨文化がみずからのものとしたとき、初めて、捕鯨はほかの漁撈活動から自立し、捕鯨を生業とする永続的な集団が存在可能になるからである。

以下に挙げる歴史的な文献記録は、鯨文化がどのような消費者と結ばれ、どのような社会経済的な流通システムから出発したのか、さらには、当時捕鯨を担っていた集団や共同体がどのようなものであったのかを、わずかながらであれ、われわれに示唆してくれるだろう。

鎌倉中に異香満ち

『吾妻鏡《あずまかがみ》』貞応二（一二二三）年五月一三日の条に、興味深い記載がある。

近国浦々大魚其名不分明、多死浮波上、寄于三浦崎六浦前濱之間充満、鎌倉中人挙買其完、家々煎之取彼油、異香満閭巷、士女謂之旱魃之兆、無先規、非直事云々。

三浦崎から三浦半島一帯、六浦の港にかけて、鯨が大量に流れ着いた。そこで鎌倉中の人々がそれをすべて買い求め、それぞれ煮て油を取り出した。すると、町中に匂いが満ちて、口々に旱魃《かんばつ》の前兆ではないだろうか、いやそんな先例はない、だが、ただごとでないのはたしかだ、といろいろ噂した。たぶん、イルカが大量に座礁して浜に打ち上げられたのであろうが、ここで注目しておきたいのは、船や陸上輸送でそれが鎌倉の町に運ばれ、人々がそれをこぞって買い求め、自分たちで油を採取している点である。肉は食べられたかどうか、これだけではわからない。

当時の鎌倉は政治都市として栄えただけではなく、諸国から大量の物資が送られてくる商業都市、一大消費都市として繁栄していた。由比《ゆひ》が浜《はま》一帯には、諸国から集まった数百艘の船がともづなをつなぎ、まるで近江《おうみ》の大津の浦のようなありさまを見せ、町には七〜九カ所に幕府公認の市場があり、各種の同業組合である「座」もつくられ、そのほかにも行商人、立ち売りなどが幕府の禁止にもかかわらず商売をしていた［石井、四七九頁］。

こうした販売・流通システムによって、今回、都市住民のもとまで鯨類が届けられることになった。

しかも、鎌倉の都市住民は、すでに鯨やイルカから油を採取する方法を知っていたようで、各自で煮立てて油を取り出している。鯨類の脂皮がすでに商品としてかなり日常化していたと考えられる。おそらく、鯨類の回游してくる伊豆半島や三浦半島から、船で運ばれてきていたのではないだろうか。

しかし、それら漁村には、鯨類から油を取り出してみずから商人に売ったり、販売・流通システムを独自に開発する力はまだなかったようだ。ということは、この時期には、ほかの漁撈活動から一線を画すような捕鯨集団や共同体は、まだ存在していなかったと考えてもいいだろう。また、旱魃云々の噂が広まったことについては、珍事に対する常の噂と考えられ、鯨＝エビス神のもたらす凶事というメンタリティーは感じられない。

鎌倉のこの鯨事件より約一〇〇年前の大治二（一一二七）年、肥前国神崎《かんざきの》庄《しょう》に死んだ鯨が打ち寄せられ、解体してみると腹の中から「珠」が出てきたので、それを白河法皇に献上したという『大外記師遠記』。ここにいう「鯨珠」とは、鯨の眼球の瞳なのか、マッコウ鯨の腸内から取り出された竜《りゅう》涎香《ぜんこう》（アンバーグリス）のことなのかよくわからない。鯨の瞳は夜光るとして「宝珠」とされたし、竜涎香はほかの香料と調合して使うと、香気がほどよく調和して長持ちがするので、古くから中国やイスラム圏などで珍重されていた。この一例は、中国から輸入された鯨利用の知識が、当時の上層階級から僻村の浦々にまですでに知れ渡っていたことを示している。

つぎには、そうした上層階級のもとに届けられはじめた鯨についてみてみよう。

京に上る鯨の御進物

一五、一六世紀になると、禁裏をはじめ、幕府や有力武士のもとへ、鯨が御進物あるいは贄《にえ》として届けられるようになり、公式の宴会の酒肴の一つとして鯨が並ぶようになる。以下、贄または進物の事例からまず列挙しておく。

『親元日記』寛正六（一四六五）年二月二五日、伊勢国より鯨荒巻二〇

同右　文明一三（一四八一）年四月二五日、鯨荒巻一〇

『御随身三上記』永正九（一五一二）年二月二九日、鯨贈答の返事がくる。

同右　　同右　　四月二九日、鯨百送付の書状あり。

『晴豊記』天正一〇（一五八二）年二月二七日、伊勢一身田《いっしんでん》より禁裏へ鯨桶二つ、親王へ鯨桶一つ、余にも一つ、入道殿へ一つ。

このほかに、永禄一二（一五六九）年に織田信長が鯨を献上したという記録があるという〔高橋、三八頁〕。この年、信長は北伊勢を攻め落としている。

つぎに鯨料理や酒宴の事例をみると、たとえば長享三（一四八九）年に奥書きされた『四条流庖丁書』には、こうある。

一、美物上下之事、上ハ海ノ物来訪神、中ハ河ノ物、下ハ山ノ物、（中略）河ノ物ヲ中ニ致タレドモ、鯉ニ上ヲスル魚ナシ、乍去鯨ハ鯉ヨリモ先ニ出スモ不苦、其外ハ鯉ヲ上テ可置也。

高《こう》家の料理法を伝え、特に鯉《こい》を調理することを職掌としてきた四条流において、鯨は「来訪神」とされ、最高位の食材として珍重されていたことがうかがえる。それを裏づけるかのように、大永三（一五二三）年の『三好筑前守義長朝臣亭江御成之記』には、将軍を迎える宴席のメニューのなかに、鯨とイルカが並んでいる。エビス神＝鯨は、食膳においても縁起物だったようだ。

さらに興味深い例として、山科言継《やましなときつぐ》の日記『言継卿記』には、弘治二（一五五六）年九月一九日、尾《お》張《わり》の篠島《しのしま》に滞在したとき、「鯨のたけり（陰茎）一きれ」を饗している。知多半島の沖に浮かぶ篠島といえば、平城京から出土した木簡にその名が見え、赤魚や鮫の楚《そ》割《わり》（干した鮫の肉を短冊状にしたもの）六斤が御《み》贄《にえ》として貢納されていて、古くから海士《あま》の存在で知られていた。その篠島では、一五五六年当時、すでに鯨の陰茎のことを「たけり」と呼び、鯨の解体やからだの各部について、さらにはその調理法にまで習熟していたことをうかがわせる。また、この俗語は、後に九州の鯨組でも使われていった。享保五（一七二〇）年に書かれたわが国最初の捕鯨書『西海鯨鯢記《さいかいげいげいき》』には「男根タケリト云ハヤリトモ」とあり、文政一二（一八二九）年の跋《ばつ》をもつ『勇魚《いさな》取《とり》繪《え》詞《ことば》』にも「タケリ　陰茎也」とある。

以上のことから知れるのは、一五世紀になると、伊勢湾沿岸の御厨《みくりや》や荘園で、捕鯨に従事する集団が現われはじめていることだ。食材として鯨が京に送り届けられた時季が、いずれも二月下旬から四月下旬であることから、捕鯨は冬から春にかけて、ちょうど鯨が回游してくるのと同時季に行なわれている。しかも、捕獲した鯨は、あまり時をおかないで京まで送られている。

つぎに、鯨の利用価値が肉に集中していること。おそらく、この頃、鯨の肉や皮を塩漬けにする方法が開発され、日持ちさせることが可能になったのだろう。「鯨荒巻」や「鯨桶」とは、そうして加工された高価な鯨産品だったと思われる。ちなみに、鯨油は麻油の香りよさに比べれば臭気が残るので、江戸時代になっても、諸子以上の家では用いず、農商の家でも富貴な家では使わなかったという[本朝食鑑]。

さらに、伊勢湾周辺は、篠島の例でみるように、古代から海士の活躍で知られ、しかもこの海域は古くから熊野水軍＝海賊の活躍したところであり、伊勢の九鬼《くき》氏や知多の千賀《ちが》氏は、よく知られている。彼らは、漁撈や操船や海運業にも習熟している、まさに海に生きる人々である。そうしたなかから一年の決まった時季に、捕鯨に従事する人々が現われ、幕府や禁裏、大名たちの食膳に鯨を提供していたと考えられる。

だが、捕鯨はまだ、産業化されるには至っていない。それには、捕鯨集団がみずから身を置いている荘園や御厨から離れ、鯨産品を利用する幕府や禁裏、大名たちからも自由になる必要があった。

四　最後に産業化され、最後まで続けられた狩猟業

鯨を知る難しさ

われわれはここまで、鯨と人間との五〇〇〇年以上にわたる接触の歴史をふり返ってきた。そのあいだに、人間は、鯨にかんする知識を徐々に増やしていき、鯨とはどんな生き物なのか、どうすれば捕獲することができるのか、どんなことに利用できるのか、どんな価値をもっているのかを知ってい

った。そして、やっと一五世紀から一六世紀にかけての頃、伊勢湾周辺で、積極的で組織的、かつ永続的な捕鯨がはじめられるようになった。しかも、その捕鯨を間接的に支えていたのが、京の都の幕府や禁裏、大名たちであった。

こうみてくると、人間が鯨を知るということには、三通りのまったく異なる要素が折り重なっていることに気づかされる。一つは、文字通りに鯨自体を知ること。二つは、鯨を捕獲し、それを利用するための技術体系の改良と維持という問題。三つは、どんな人々がどんな鯨産品を利用し、また必要としているかを知ること、つまりは鯨の社会的な価値の発見の問題である。そして、この三つの要素は相互にかかわりあって影響しあい、総体として人間が鯨を知るのを深めていく。

鯨を知る難しさは、たしかに、鯨の生息環境やその巨大さに基因している。ために、接する機会はまれで、捕獲も容易ではない。だから、その利用価値が古くから知られていても、永らく社会が求めるところとはならなかった。

たとえば、古代ギリシアの哲学者アリストテレスは、イルカは温血動物で肺で呼吸をし、胎生で、子どもは泳ぎながら乳を飲み、眠るときは噴水管（鼻孔）を水面に出していて、いびきをかく。また、死にそうになった子イルカを親たちが助けようとすることなど、精確な観察をもとにしたイルカの生態を『動物誌』に記している。

しかし、自分の目で実際に鯨を見て観察したことがなければ、他人の見聞や文献の正誤さえ区別ができなくなってしまう。スイスの医師コンラート・ゲスナーは、一六世紀半ばにルネサンス期の博物学を集大成した『動物誌』を著わしたが、そのなかで鯨は実に奇怪な姿に描かれている（図7）。ス

図7　ゲスナーの思い描いた鯨

カンジナビア半島では古くから鯨類が捕獲・利用されていただろうし（一一頁参照）、九世紀にはすでにヴァイキングが、一一世紀にはバスク人たちが生業の一つとして捕鯨をはじめていた。だが、一部の限定された情報は、多くの人々の想像に呑み込まれて、容易にその姿を変えてしまうのだろうか。森田勝昭はこう述べている。

現代の目から見ればゲスナーの鯨も怪物的な表情をしていることは確かだ。精力的に情報を集め研究した専門家すらこの程度だったのである。ましてや一般の人々にとって鯨は、話には聞くが実際には目にすることのない不思議な動物、伝説の人魚や一角獣や海の牧神などと同じ怪物だった。鯨は史上最大の生物であるにもかかわらず、陸に暮らす人にとっては空想する以外にない生物、見えない生物の第一位に挙げられるものだった〔森田、三頁〕。

鯨が鯨として認識されるためには、鯨に接する機会が増えなければならない。そのためには、鯨の利用価値が社会に広く認められ、捕鯨技術を有する集団が数多く存在して、鯨を定期的に供給できるようにならなければならないし、販売・流通の社会経済的なシステムが作られなければならない。これらがそろって初めて、鯨は社会的に価値あるものとして商品化され、広く一般的なものとなっていく。

ところで、鯨の社会的な価値が見いだされ、捕鯨が産業化した一七世紀以降、捕獲技術も一段と向上して、鯨産品とともに「鯨文化」は世の中に広く浸透していった。それにともなって鯨自体に対する知見も増えていき、鯨の自然科学、「鯨類学」も生まれていった。

先のゲスナーから一世紀後の一七世紀半ば、J・ヨンストンは『自然誌』を著わし、そのなかに魚を巨大化した形の、ペニスをもった鯨の図を掲載している（図8）。当時、すでに近代捕鯨が北極圏のスピッツベルゲン島を中心に行なわれており、人々は鯨を身近に感じるようになったのだろうか。今度は魚のイメージで鯨をとらえている。だが、にもかかわらずヨンストンは、ゲスナーの鯨と同様の図をそこに加えてもいる。先行の権威から自由になることがいかに困難であるかは、宝暦一〇（一七六〇）年、日本で最初に正確な鯨の図を掲載した『鯨志《げいし》』の著者山瀬春政が、「鯨について本草家《ほんぞうか》数十人がいろいろ述べているが、どれもみな風を捕らえ影を捉えるがごときのみ」と、その感想をも

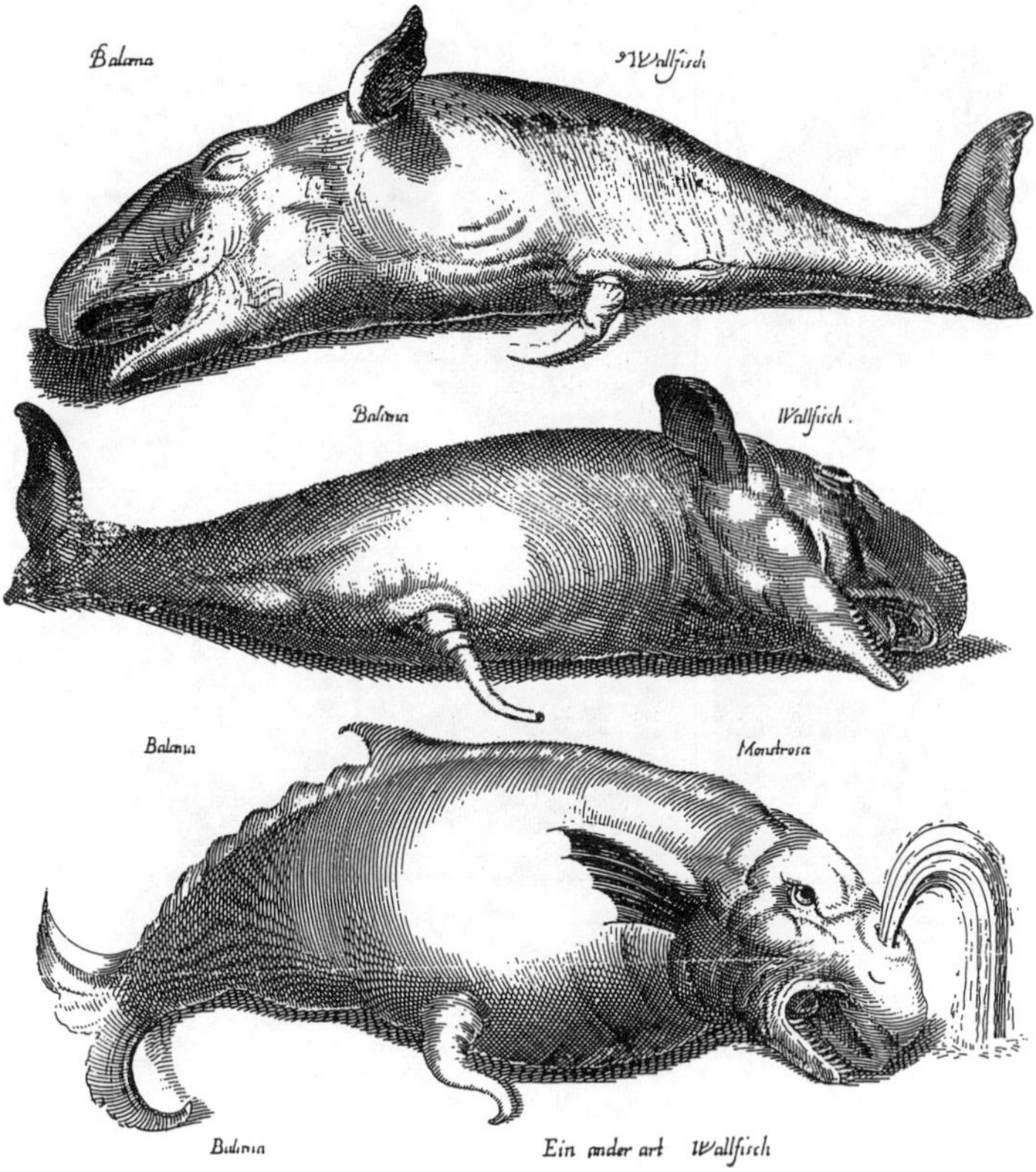

図8　ヨンストンの描いた鯨

図 9　『鯨志』に描かれたセミ鯨（上）とザトウ鯨の図

らしている（図9）。ちなみに、リンネが鯨を哺乳類として分類したのは、『鯨志』に先立つこと二年であった。

以降、人間は、鯨をもはや怪物とみなすことはなくなるが、先にも言ったように、鯨自体を知ることは鯨を知ることのほんの一部でしかない。一七世紀初め、北ヨーロッパと日本で同時に近代捕鯨がはじまると、「経済資源」としての鯨、「めしのタネ」としての鯨という、新たな社会経済的な状況が、鯨と人間とのあいだに立ちふさがってくることになる。その意味でいくと、二章以下で見ていくことになる近・現代の捕鯨の歴史は、他方で、われわれ人間が鯨というものをどのように見てきたかの歴史でもあるといえよう。

捕鯨産業化のきっかけ

一五世紀から一六世紀にかけて、日本の捕鯨は、ほかの漁撈活動から自立しようとしていた。鯨油はすでに庶民に広く知れわたっており、肉は格別の食材として、主に上層階級の好むところとなっていた。残るは鯨が社会的に価値あるものとして知れわたるために、捕鯨集団と市場を結ぶ販売・流通ルートの開発がなされれば、捕鯨は一つの産業として自立できるところまできていた。長いあいだかかって形成されてきた「鯨文化」が、すでにそこまでたどりついていたのである。

残る課題といえば、漁撈や捕鯨の集団を傘下に収めている水軍＝海賊や、販売・流通ルートの一部をすでに手にしている海賊＝商人が、戦国末期の争乱から解放されて、鯨の社会的な価値に気づきさえすればよかった（三章参照）。

一方、ヨーロッパ、特にオランダとイギリスによって開始されることになる北極圏海域での捕鯨のなりたちは、日本とはまったくといっていいほど様相を異にしていた。まず、オランダ、イギリス両国ともに、それまで鯨にはほとんど縁のない国だった。それが、スペイン、ポルトガルではじまっていた新航路・新大陸の開拓・発見ブームに刺激されて、北極圏海域を通ってアジアへと到る、いわゆる「北回り航路」の開拓に乗り出した。結果、北回り航路の開拓は失敗に終わるが、その過程で鯨が豊富にいる海域を発見し、国から特許をもらった株式総合商社の手によって、新規事業の一つとして捕鯨が着手されることになる。鯨油は灯火用の油としてだけではなく、当時盛んだった羊毛産業が必要とする洗浄用にも利用でき、その利益が見込まれた。あとは捕鯨技術をもつ集団を見つけてきさえすればよい。そこで、一一世紀頃からビスケー湾で捕鯨をはじめていたバスク人がスカウトされ、ヨーロッパでの近代捕鯨がはじまることになる（二章参照）。

いうならば、ヨーロッパではじめられた近代捕鯨は、鯨文化も何もないところから、いきなり鯨の社会的な価値だけが発見され、その発見に、よそから借りてきた捕鯨技術が接木される形で開始される。だから鯨は、当初から「経済資源」以外の何ものでもなく、徹底した「めしのタネ」、商品でしかありえなかった。こうした資本主義的なメンタリティをもっとも純粋な形で示したのが、同型の捕鯨スタイルとシステムを受け継いだアメリカの捕鯨だった（六章参照）。

彼らの捕鯨と比較するとき、日本の近代捕鯨は、それまでに培ってきた鯨文化の尾びれをたくさんくっつけていることに気づかされる。鯨＝「エビス神」信仰や、水軍＝武士的な狩猟儀礼の数々、さらには、漁村に古くから伝わる生活習俗などが、日本の捕鯨技術や捕鯨組織に色濃く反映していて、鯨が「経済資源」であり、「めしのタネ」であり、商品であるにもかかわらず、資本主義的なメンタリティだけでは推し量ることのできない要素を多く身にまとっていた（四章参照）。

こうした視点で洋の東西の捕鯨をながめることは、単に両者の捕鯨を比較するだけではなく、両者の文化や社会の違いにまで少なからず及ぶことになると思われる。

第二章　大航海時代と鯨の発見

一五世紀にはじまるヨーロッパのいわゆる大航海時代は、「発見の時代」とも言われる。新大陸の発見、太平洋の発見、そして東洋（オリエント）という巨大な市場とさまざまな物産・商品の発見……。だが、考えてみると、そこには古くから人々が住みつき、生活を営んでいた。それなのにどうして事改めて「発見」などと言うのだろうか。それは、「発見」という行為のなかに、だれが、何を、どのようにという、発見する側からの発見される対象に対する新たな意味や価値付けが含まれていて、それらの意味や価値によって世界が――善きにしろ悪しきにしろ――再構成されていったからにほかならない。これがいうなれば、その後のヨーロッパによる世界の「ヨーロッパ化」「グローバル化（＝近代化）」のはじまりだった。本書の主題である鯨とて、その例外ではなかった。世界の海に進出していったヨーロッパは、その航海の途上で鯨に出会い、まさに鯨と捕鯨を「発見」して帰ってくる。しかも、その航海は、もとをたどると、たった一枚の地図からはじまったものでもあった。

一　インドとカタイへの道

一枚の地図を前にして

ここに、紀元二世紀のアレクサンドリアの天文学者であり、地理学者であったプトレマイオス・クラウディオスに基づいて描かれた世界地図がある（図10）。一五世紀半ば、グーテンベルグの発明した活版印刷術によって、それまで長いあいだアラブ人たちの知の倉庫に保管されていたプトレマイオスの『地理学』が出版されると、プトレマイオスの概念による世界地図がいくつも作られ、広く知られるようになっていった。大航海時代を飾ったポルトガルの航海王子エンリケも、コロンブスも、ヴァスコ・ダ・ガマも、マゼランも、当時遠洋航海に旅立っただれもが、これと同じような世界地図をあきるほど見つめたに違いない。われわれもまた、この地図をながめることからはじめよう。

その前に、一四世紀から航海用に作られはじめた地図に、ポルトラーノ海図がある。当時の航海が磁気コンパスを使いはじめたことによって、船乗りが海岸の地形を描くことができるようになり、それらのより精確な情報を集めて作られたのが、沿岸航海用のポルトラーノ海図である。磁気コンパスを使うので、北が上になるように作図されていて、それまでの中世の地図に多かった東を上にする伝統から、実用・経験を重んじるものへと脱皮していて、その点ではプトレマイオスに回帰している。だが、経線・緯線はまだ用いられていなかった。

さて、プトレマイオスの世界地図だが、そこには当時の地図作製にもたらした革新性が四つある。

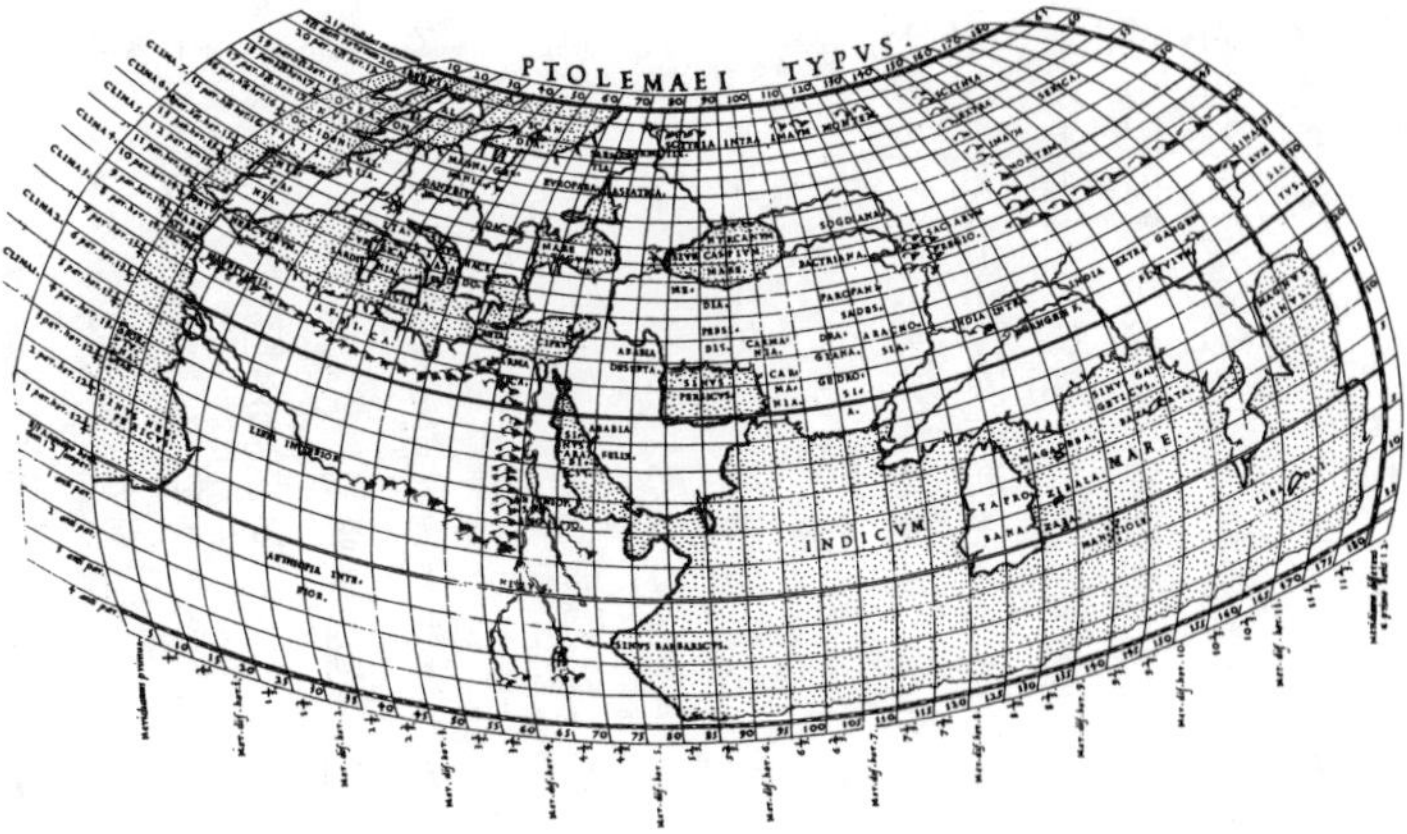

図10　プトレマイオスによる世界地図

①球形と考えられていた地球を、三六〇度に分割して表わしていること。この地図では、カナリア諸島を〇度にしてアジアの東端を一八〇度にし、ちょうど東側の半球が描かれている。南北は北緯六五度から南緯一五度あたりまで。

②座標（経度・緯度）を用いて地図を描いていること。赤道と北回帰線も入っている。

③経度・緯度の一度の距離を地図上でいくらの長さにするかで、地図の縮尺が決まること。つまり、縮尺の概念があること。

④球形を平面上に描くうえで投影法（一種の円錐正積図法）を採用していること。九〇度の経線だけが直線、残りの経線は極で一点に収束するように描かれている。さらに緯線については、緯度が高くなるにつれて一定の比率で間隔をせばめていて、地球が球形であることを強調している。

こうした革新性は、一五六九年にメルカトルが、地図上の二点間の方位がそのまま実際の方位を示す作図投影法を開発して、一つの頂点を極めた。だが、コロンブスやマゼランのような航海者を生み出したのは、この革新性のほうよりも、むしろプトレマイオスの「誤り」のほうに多くあった。

もう一度地図を見てみよう。描かれている範囲が、プトレマイオスが生きていた紀元二世紀までに知られていた世界、つまり当時人間が住んでいるとされた世界だが、それがあくまでも推定で描かれている。なかでも今日のわれわれからすると、アジアが東西に異様に長いのに気づかれるだろう（インドが半島をなさず、セイロン島も大きすぎる）。

さらに不思議なのは、地図の一番下に、アフリカ大陸からマレー半島のさらに東にあるとされたアジア東端の大半島までのびてくっついている未知の大陸の暗示である。そして、この大陸があるために、インド洋が大きな内海になっている。この大陸は「南の大陸（テラ・アウストラリス）」あるいは「未知の大陸（テラ・インコグニタ）」と呼ばれ、北半球の大きな大陸とバランスをとるために考えつかれた、空想の大陸である。だが、この大陸は、一七七二〜七五年のキャプテン・クックによる第二次の南太平洋探険航海まで、その存在が信じられていた。

以上の二つに加えて問題をさらに大きくしたのが、地球の円周の長さにかんしてである。最初に地球の円周をかなり正確に測ったのは、紀元前三世紀のアレキサンドリアの図書館長エラトステネスで、約四万六〇〇〇キロと推定した（実際の長さは約四万キロ）。しかし、プトレマイオスはエラトステネスを捨て、ポセイドニオスの推測値を採用したために、地球の円周の長さが実際の長さの四分の三になってしまった。それに加えて、アジアが異常なほど東西に長く描かれていたために、ヨーロッパから西に進むと、アジアの東の端にあるとされていた黄金の国「ジパング（日本）」や「カタイ（中国）」まで、容易に行き着くことができると考えてもおかしくはない。

現在からすると、これらはすべて誤りである。しかし、これら三つの誤りが、後に行なわれるコロンブスやマゼランの航海を引き出したのだから、これらが当時においても誤りだったと一概に言いきることはできそうにない。それに、どんな地図でもそれが地図であるかぎりは、実際の地形の客観的な記述＝「事実」というよりも、ある方法で構成されている知の体系、知識がその知識のありさまをみずから表示しているもの、と考えたほうがいいだろう。ことに、未知の部分を多く含んでいた当時の地図は、理論と空想と現実がないまぜになったものであり、実際の大航海にしても、この三つが渾然一体となって実行されていった。

では、当時の人々が地図に描かれていない世界（当時、未知のオリエントやアフリカを総称して「インディアス」と呼んでいた）について、どんなイメージや理論を抱いていたかをつぎに見ておこう。

地図に描かれていない世界

知られていないことは描かない、これがプトレマイオスの原則だった。だが、磁気コンパスを使って従来のものより科学的になったはずのポルトラーノ海図やその後の地図には、まるで余白を怖がってでもいるかのように、海や内陸部に海獣や怪物の絵が装飾的にあしらってあるものが多い（八五頁の図14参照）。しかも、その図柄は、紀元前四〇〇年頃のギリシア人クテシアスが、ペルシアやインドの動物について思いつくままに描いた怪奇譚のなかの生き物や、三世紀のローマの文法学者ガイウス・ユリウス・ソリヌスが、プリニウスの『博物誌』を題材にして作りだした空想の生き物たちによく似ている。当時の人々は、未知の世界にはそうした怪物たちが棲んでいると考えていたようだ。

事実、コロンブスは、第一次航海の報告のなかで「これらの島々で、私は今日まで、多くの人が考えているような怪物には会ったこともなければ、怪物についてきいたこともありません」と、わざわざ書き送っている〔計理官ルイス・デ・サンタンヘルへの書簡、六九頁〕。

また、地図に描かれていない未知の世界には、多くの神話や伝説に語られているような大陸や島が存在していると考えられていた。たとえば、西方の大洋中にあったとされるプラトンの「失われたアトランティス大陸」。すでにふれた「南の大陸」や「未知の大陸」。さらには、六世紀のアイルランドの修道士ブレンダンが、西方海上に求めたという楽園の島。この島はしばしば地図に、「聖ブレンダンの住む約束の島」あるいは「七つの都の島」として、大西洋上のどこかに描かれることになる。七世紀には、セビリアの神学者で大司教でもあるイシドールが、地上の楽園をアジア大陸の一番遠いところに位置づけた。そこは常春の国で、あらゆる木が生えていて、「生命の木」も生えているとした。

一二世紀になると、中央アジアのどこかにキリスト教徒の君主が君臨している豊かな国があるという噂が広まり、ローマ法王や東ローマ皇帝に宛てた手紙まであるとされた。君主の名はプレスター・ジョン（プレステ・ジョアン）。彼と連絡がつけば、モンゴル人やイスラム教徒との戦いに力を貸してくれると考えた。だが、マルコ・ポーロによって中央アジアにそんな国は存在しないことがわかると、以後「プレスター・ジョンの国」はアビシニア（現在のエチオピア）に移され、使節まで派遣されて、長くその存在が信じられることになる。

さらには、サハラ砂漠横断交易で北アフリカにもたらされる金細工製品が、「黄金の国マリ」「黄金の土地ギニア」「黄金の河」などの黄金郷《エル・ドラド》の風聞を生み出し、一四世紀になると、実際にそれが地図上に描かれるようになる。なかでも興味深いのは、一三七五年にマジョルカ島パルマのアブラハム・クレスケスが作った、当時最高の世界地図とされている「カタロニア（カタルーニャ）地図」には、「一人の黒人の王が、左手に杖を持ち、右手に金塊と思われるものを駱駝に乗ったベルベル人の商人らしい男に差し出している絵が描かれており、そのそばに、カタルーニャ語で、『この黒人の君主はムッセ・マリ（Musse Mally）と呼ばれ（「ムッセ」は「ムーサ王」のことか）、ギネウア（Guineua）の黒人たちの君主である。この王は、彼の領土に見出される黄金の豊かさのために、この地方全体で最も富裕でしかも高貴な君主である』と、書かれ」るまでになる［川田、三九頁］。

そして、旅行記の最大のベストセラーの一つ、マルコ・ポーロの『東方見聞録』によって、夢と幻想に彩られた「現実」が多くの若者の心を魅了し、冒険旅行へと駆り立てていくことになる。

一四～一五世紀当時、インドや香料諸島（モルッカ諸島）をはじめ、中国や東アフリカなどの東方貿易を独占していたのは、アラブ人たちイスラム教徒であり、そのアラブ人たちと地中海で交易をしていたのが、イタリアのヴェネツィアやジェノヴァの商人たちだった。主な交易品は香辛料と砂糖。それを黒海方面から地中海全域、さらにポルトガルのリスボンやフランドルのアントワープに運び、そこからまたイギリスやバルト海方面へと運んでいった。香辛料も砂糖も当時は薬用に用いられ、非常に高価だった。

この政治社会的な現実は、西欧の国々にとって、先にあげた神話や伝説の国々に行くにも、みずからが金や銀を手にして東方貿易を行なうにも、トルコ人やアラブ人たち異教徒が行く手をふさいでいたために、彼らが乗り出せる路は、未知の大西洋のほかには残されていなかった。

だが、未知の大洋に向けて漕ぎ出すには、一攫千金の夢や野心だけでは協力者や後援者を見つけることなどとうていできなかっただろうし、ましてやコロンブスやマゼランのような航海者たちは、未知の航海を成功裡に導いてくれる地理学的な理論がなければ、探険航海に乗り出す気など起こさなかっただろうと思われる。

空白の西半球をうめる理論

さて、ヨーロッパの西岸から未知の大西洋に乗り出してアジアに到達しようとする場合、古代地理学の権威プトレマイオスの地図によると、二つの障壁を乗り越えなければならないことがわかる。南に針路を取った場合、アフリカ大陸を回ってインド洋に出ることができるのか。アフリカ大陸と「未知の南の大陸」のあいだに、はたして回廊はあるのか。もし、あるとしても、アフリカ西岸を南下して赤道に近づくと、海は沸騰していてとても生きては帰れない。だから、熱帯は通りぬけられないし、南半球には人は住んでいない、とされる古くからの言い伝えをどう克服するのか。西に針路を取った場合は、西半球をまるまる航海しなければならなくなる。その距離はいったいどれくらいなのか。途中に寄港できる島や陸地はあるのか。

ここでは結論だけ述べさせてもらおう。

南へ針路を取ったポルトガル、なかでも探険航海を組織的・計画的に推し進めていったエンリケにかんしては、当初からアフリカを周航してインドや「カタイ」へ至ろうと考えていたかどうか、本当のところはわからない。ただ彼は、古典古代の地理学的な理論よりも実用的・実践的な航海術を重んじ、経験がもたらす情報を重要視していたように思われる。エンリケは、船乗りたちが古くからの言い伝えを信じて、アフリカ西岸のボジャドール岬より南へ行こうとしないことに対して、前年その航海に失敗したジル・エアネスを呼んでこう言ったという。

たとえいかなる危険にせよ、褒賞の望みのほうがそれよりもはるかに大きなものでないような、そのような危険に出会うことはけっしてあるまい。いったい、そなたたちが皆そんな不確かなことに妄想をいだいているのが、私にはまったく不思議でならない。もしかりに世間でいわれているような噂がいささかでも根拠のあるものならば、私はそなたをこれほどまでに責めはしないだろう。しかしそなたの話を聞けば、ごく僅かの航海者たちの意見に過ぎないではないか。しかもその連中というのは、たかだかフランデス（フランドル）だとか、そのほかかれらがいつも航海する目的地の港に通じる航路から、いったん外れてしまえば、羅針盤も航海用の海図ももう使い方が分からないそんな連中なのだ。であるから、さあ出かけるがよい。そしてかれらの意見などを恐れずに航海をつづけるがよい。そうすれば神の御恩寵によって、必ずや名誉と利益を持ち帰るであろうから［アズララ、一六七頁］。

ここには、未知の大洋で頼りになるのは、高度な航海術と正確な海図だけだという、実際の経験によって導きだされる近代的な思考がある。こうして、一四三四年、エンリケによってはじめられた探険航海事業の一五年目にして初めて、ボジャドール岬がジル・エアネスによって越えられることになる。

しかし、ゴメス・エアネス・デ・アズララが書き記しているように、「あれらの異教徒（イスラム教徒）の勢力がどの程度まで達しているかを明確に知るために」アフリカ西岸を南下していったエンリケが、そして単なる噂を信じない彼が、一方で「殿下に協力してくれるようなキリスト教徒の王公たちがあれらの地方におりはしないだろうか」と、プレスター・ジョンにまつわる伝説を信じつづけていた人でもあった［アズララ、一五八頁］。

では、西に針路を取る場合はどうなのだろうか。その代表者であるクリストファー・コロンブス（クリストーバル・コロン）の事例しか知られていないが、それによると、コロンブスは、ちょうどその一〇〇年後にセルバンテスによって書かれた『ドン・キホーテ』の主人公とよく似たところがある。つまり、自分の夢や願望に都合のよい理論を採用し、その理論をさらに自分の夢のほうへと歪曲している。

以下、コロンブスの夢の朋友を列挙しておく。

現に知られていて、人間たちが住んでいる大陸以外に大陸はなく、しかもその大陸は南方にも東方にも大きく広がっているので、ヨーロッパの端から大西洋を越えてインドに至る距離はそれほど大きくはないとしたアリストテレス。

そのアリストテレスに同意した一三世紀のイギリスの神学者ロジャー・ベーコンと、ベーコンをそっくりそのまま引用したフランスの聖職者兼地理学者のピエール・ダイとその著書『世界像《イマーゴ・ムンディ》』(一四八三年版)。ピエール・ダイは、プトレマイオスよりもさらに地球の円周を小さく見積もり、アジア大陸はさらに東西に長く延びていると考えた。また、インド洋は陸地に囲まれてはいないし、アフリカは一つの島だと信じていた。

コロンブスに黄金と富の夢を与えてくれたマルコ・ポーロと『東方見聞録』。マルコ・ポーロはそのなかで、アジア大陸はプトレマイオスが論じているよりももっと東まで拡がっているとした。学識に富む人文主義者でもあったローマ法王ピウス二世と彼の著書『世界誌』(一四六一年)。そこにはマルコ・ポーロやオドリコ・ダ・ポルデノーネがもたらした東アジアや「カタイ」にかんする情報が盛り込まれているだけではなく、アフリカ周航の可能性が論じられていた[「ペンローズ、一四頁」]。

フィレンツェの医者であり、地理学者でもあったパオロ・トスカネリ。彼はポルトガルのアフォンソ五世にインドへの道をたずねられ、一四七四年六月に海図と手紙を送った。それによると、大西洋をひたすら西に進めばインドに達するとし、アジア大陸はプトレマイオスが論じたよりももっと東まで拡がっているとするマルコ・ポーロの説を支持し、地球の大きさについては、プトレマイオスの推測値を支持していた。

コロンブスは、ポルトガルの宮廷でそれを耳にし、トスカネリに手紙を送って、アフォンソ五世宛の手紙の写しと海図を送ってもらった。それによると、カナリア諸島から「ジパング」までの距離が、実際の距離の三分の一以下になっていて、ほぼ同緯度に描かれていたらしい。しかも、航海の途中で、あの伝説の「七つの都の島」（ポルトガルの呼び名で「アンティリア島」）に寄港できる可能性まであった。

こうしてコロンブスは理論武装をし、息子エルナンド・コロンの執筆とされている父の伝記によると、九世紀のアラブの天文学者アルフラガン（アルファルガヌス）の地球の円周の推測値を用いて、アジアまでの距離を計算したらしい［飯塚、二九頁］。それによると、トスカネリが推定した距離よりさらに六分の一短くなり、「ジパング」は現在のアンティル諸島西部に、「カタイ」はメキシコ西海岸あたりに位置することになった［スケルトン、五一頁］。

ドン・キホーテにとって、村の娘が囚われのドルシネーア姫でなければならなかったように、コロンブスの頭の中では、「ジパング」はどうしても実際に航行可能な距離になければならなかったし、自分が到達した島や大陸の一部がアジアの東端（だから新大陸ではなくインディアス）であると最後まで信じていたのである。これは何もコロンブスだけにかぎったことではない。

コロンブスの後、南米大陸を航海したアメリゴ・ヴェスプッチは、その地を「新世界」としたパンフレットや書簡体の小冊子を発行し、それを目にしたドイツの地理学者マルティン・ヴァルトゼーミュラーは、一五〇七年、その地に初めて「アメリカ」と地名を入れ、アジアの東端とヨーロッパのあいだに一つの大陸を加えた世界地図を作った（図11）。しかも、その大陸とアジアのあいだには「南の海（太平洋）」が拡がっていることを、一五一三年にバスコ・ヌニェス・デ・バルボアが発見した。こうした一連の事実を、一五一九年に西回り航路でモルッカ諸島をめざして出航したフェルディナンド・マゼラン（フェルナン・デ・マガリャンイス）が知らなかったはずはなかろう。

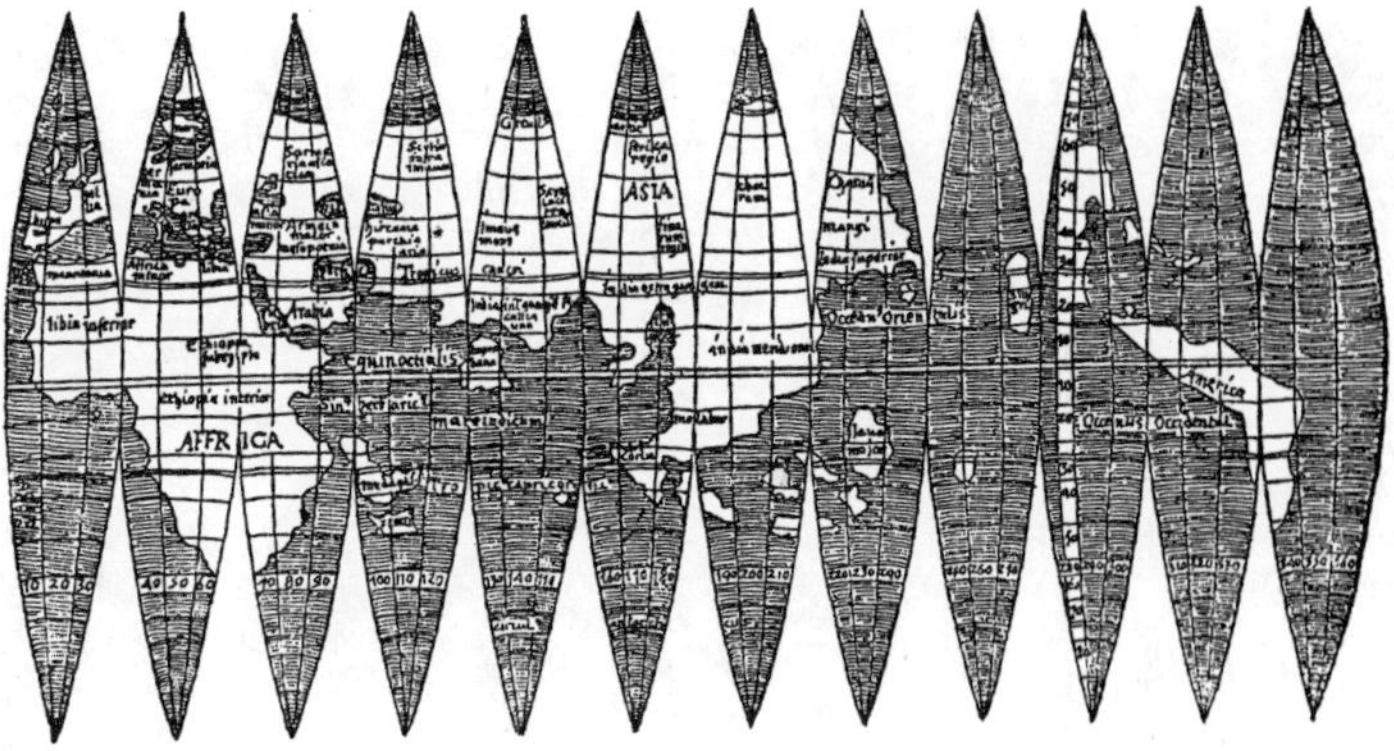

図11　マルティン・ヴァルトゼーミュラーの世界地図

しかし、マゼランはどうやら新大陸を、あのプトレマイオスがマレー半島のさらに東にアフリカと陸つづきのように描いたアジアの大半島と考え、太平洋を、そのアジア大半島とマレー半島に囲まれた「大きな湾（Magnus Sinus）」だと考えていたらしい（四九頁の図10参照）。すでにインドやマラッカ方面で七年間ほどの活動歴のあったマゼランにしても、こと西半球の地理的なイメージは、コロンブスとほぼ同程度だったようだ［マガリャンイス解説、四八三頁］。この「誤り」を、マゼランは、船内のネズミや帆《ほ》桁《げた》に張りつけてあった皮や鋸屑《おがくず》まで口にして飢えをしのぎ、壊血病で多くの船員を失う、三カ月と二〇日におよんだ太平洋横断で、身をもって知ることになる［最初の世界一周航海の報告書、五二三頁］。

私は何も、コロンブスやマゼランを不当に貶めようとしているわけではない。いまだ行ったことも見たこともない世界に対して、既知の理論と経験と夢の推論をアマルガムにするのがルネサンスの精神だとするなら、まさにこの二人こそ、ルネサンス人そのものだと言えないだろうか。ドン・キホーテという、奇想天外な騎士道物語の心酔者をさんざんに弄んでみせてくれたセルバンテスが、近代小説の生みの親というなら、マゼランを襲った苦い経験は、ルネサンスが近代へと脱皮するために避けて通ることのできない「精神と肉体の遍歴」だったと言っていいだろう。

そうした二人であったからこそ、ドン・キホーテが果敢に風車小屋に挑みかかったように、いまだだれも航行したことのない未知の大洋に船を乗り入れることができたのではないだろうか。このことは、彼らの航海の四、五〇年後からはじめられる北方航路探険について述べるときにも、われわれはこれと同じようなルネサンス精神に再度立ち会うことになる。

南と西への航海の「おきみやげ」

エンリケ航海王子とコロンブスによって幕を開けられた大西洋の探険航海の歴史は、本書の主題にかんするかぎりで言えば、二つの「おきみやげ」を後の歴史にもたらしたと言えよう。一つは、新たに到達したり、「発見」したりした領土の占有の問題。二つは、探険航海で得た経験や情報が、それ自体で価値をもつようになったことである。

まず初めに確認しておかなければならないのは、この時代に行なわれた航海が、キリスト教を布教するという名目のほかに、未知の大洋にルートを開拓し、交易する産物や植民できる土地を見つけ、富を自国に持ち帰るという、徹底したもうけ事業、つまりビジネス航海だったということである。

その証拠に、一四一八年にアフリカのギニアをめざして最初の船団を派遣したエンリケは、嵐にあって偶然発見した無人の島マデイラ諸島に、二年後、早くも植民団を送り、鬱蒼とした森に覆われていたマデイラ本島に火を入れている。そして、六年後の一四二五年には、クレタ島からブドウを、シチリアからはサトウキビを移植して本格的な植民を開始し、そこから産出する砂糖やブドウ酒の利益で、後の航海事業を推し進めていった。

だが、カスティリャがすでに領有し、原住民も住んでいたカナリア諸島については、カスティリャとのあいだで早くも領有問題が発生している。一四二四年に一五〇〇人をカナリア諸島に送って征服しようとするが、失敗。一四三六年には、カナリア諸島にかんするカスティリャの権利を認めるよう、ローマ法王から勧告さえ受けている。しかし、エンリケは、一四五〇、五一、五三年とあいついでカナリア諸島に船団を送り、カスティリャからそれを奪おうとしたが、その時もどうやらうまくいかなかったらしい。結局、カナリア諸島がカスティリャ（アラゴンと合併してエスパーニャつまりスペインとなる）領となるのは、両国間の戦争が終決した一四七九年のアルカソヴァス条約まで待たなければならない。

ローマ法王に領土権の保証を求めたのは、カスティリャだけではなく、ポルトガルとて同じだった。一四四〇年代になると、ポルトガルの船団はブランコ岬の南のアルギン湾（現在のモーリタニア）に商館と砦を構えて、奴隷と金の貿易を開始する。この貿易を独占するために、エンリケは時の法王エウゲニウス四世に働きかけて、彼の率いるキリスト騎士団がアフリカの地で行なうどんな行為も神に祝福されるという贖罪の権利を賦与してもらう。さらに、一四五五年には、ニコラウス五世からそれまでの発見地の領有権を保証してもらい、これに違反する者は破門をもって罰するとした。この保証は、一四五六年に、つぎの法王カリストゥス三世からも受けている。

なぜ、ローマ法王にそんな権利があるのだろうか。井沢実によると、「ローマ法王が（古代ローマ帝国の）コンスタンチヌス大帝の病を直した謝礼として寄進を受けた権利であって、それを原則として法王庁においてはOmni insular と呼んだ。一〇九一年六月三日付のウルバヌス二世の大勅書 Cum universe insulae によってその原則が明かにせられている」という［井沢、九七頁］。

しかし、現実はそんな法王の権利を尻目に進んでいった。一四七〇年代、貿易品目がそのまま地名ともなっている胡椒《こしょう》海岸、象牙海岸、黄金海岸、奴隷海岸までポルトガルが南下して、いわゆる「ギニア貿易」が盛んになると、スペインやイタリアの商人たちもギニア湾に大挙してやってくるようになった。この事態を法の形で解決したのが、先に挙げたポルトガル・スペイン間で結ばれた、一四七九年の世俗的な条約だった。このアルカソヴァス条約で、スペインはカナリア諸島の領有権を得、ポルトガルはアゾレス、マデイラ、ヴェルデ岬の諸島とギニアを独占することになった。

だが、他国による密貿易は相変わらず行なわれたようだ。ポルトガルはそれらを取り締まる必要に迫られ、一四八二年には、黄金海岸のサン・ジョルジュ・ダ・ミナ（エル・ミナ）に「ギニア貿易」の中心基地を築いた。しかも、この年からポルトガルは、探険航海に行った先々に、パドラン（占領標識）と呼ばれる十字架を戴いた石柱を立てていった（図12）。彼らの「発見」とは、「無住地（no-man's-land）」あるいは、先住者がいてもその先住者が「異教徒＝人間に値しない者」の場合は、神と国王の名においてそこを占領し、初めて見つけたものとして地名をつけていった。

一四九二年一〇月一二日、コロンブスは最初に上陸した島で、つぎのような占領宣言をしている。

私はこのすべての島々に王旗をかかげて宣言し、これらを陛下のものとしたのでありますが、かくすることを妨げるものは誰もありませんでした。私はこの最初の島を、すべてを与え給うた神を称えるため、サン・サルバドール（救世主の意）と名付けましたが、インディオ達はこれをグアナハニ島とよんでおりました〔計理官ルイス・デ・サンタンヘルへの書簡、五九頁〕。

コロンブスのこの「発見」は、世界の占有に対して新たな段階を生み出した。スペインのイザベル女王は、コロンブスの発見した土地の領有権確保のために、法王アレキサンデル六世に働きかけて、アゾレス諸島から西へ一〇〇レグア（約五六〇キロメートル）の経線を境界線にして、そこから西半分のすべての探険をスペインに任せ、東半分をポルトガルの独占とすることを規定した法王教書の発布にこぎつけた。これに対して、ポルトガルは異議を唱え、翌一四九四年、両国間で協議し、境界線の位置をヴェルデ岬諸島の西三七〇レグア（約二〇〇〇キロメートル）とする、世に有名なトルデシリャス条約が結ばれた。

図12　ポルトガルが立てた占領標識

こうして、未知・未踏の世界まであらかじめスペイン・ポルトガル両国によって分割されるという、前代未聞の暴挙が敢行される時代へと突入していくことになり、イギリス・オランダなどの後続国が、まず最初に北回り航路探険に着手する理由の一つも、ここにあったと言えるだろう。

さて、地中海の沿岸航海であれば、簡単な羅針盤とポルトラーノ海図で事足りたが、大洋航海では船の正確な位置を常に確定しながら進む、新しい天文航法が必要になる。そのためにエンリケは、ポルトガルの東南端サン・ヴィセンテ岬の突端サグレスに館と天文台を建て、国や人種にかかわりなく優秀な船乗りや天文学者、地図製作者、医者、地理学者、造船技術者、機械製作者などを呼び集めた。今日風に言えば、「学術総合研究センター」だろうか。ここで彼は、航海に必要なあらゆる技術の開発に努め、送りだした船団が持ち帰る情報をもとにして、そのつど海図を書き改めさせていった。

たとえば、緯度を測定するには、北極星の高度を測ればすぐにわかるし（ただし北半球のみ）、それを測るのに、アストロラーベや四分儀などの天体観測器が使われた。南中時の太陽の高度を測って、その日の太陽の赤緯から割り出す方法もある。そのためには、一年間の正確な赤緯表が必要となる。この時代、ポルトガルの航海者が緯度を測定して位置を決定していたことは、現存する最古のポルトガルの海図から知ることができる［スケルトン、三八頁］。

エンリケの航海事業を受け継いだジョアン二世は、海洋での位置確定の問題を解決するために、専門の委員会を組織して航海士の養成に力を注いだ。一四八五年には、天文学者ヨゼフ・ヴィズィーニョをギニア湾に派遣して、太陽の赤緯を測定させている［ペンローズ、五五頁］。

緯度の測定にくらべて経度の測定は、困難だった。おもしをつけた綱を船から海に投げ込んで、綱の流される速さから船のおおまかな速度を知り、一日の走行距離を推定している段階だったし、地球の円周の長さも短く見積もられていたので、正確さにはほど遠いものだった。経度が一五度ずれると標準時に対して一時間ずつずれることを利用すればよいのだが、それは時を正確に刻むクロノメーターが作られる一七三六年まで待たなければならない。

また、船の改良も進み、それまでの一本マストの帆船に代わって、一四四〇年代頃から、三本マストの五〇〜二〇〇トン級のカラヴェル（スペイン語ではカラヴェラ）船が登場してくる。アラブ人が使っていた大きな三角形の「ラテン帆」か四角い帆をつけ、船体も従来よりも細長くなった。コロンブスやガマの時代になると、フォアマストとメインマストに複数の横帆を張り、ミズンマストに大三角帆を張る四〇〇トン級以上の大型船ナウ（スペイン語ではナオ）が登場する。

こうした航海技術の向上によってもたらされる航路情報や西アフリカの情報が、しかし、ポルトガル王室によって極秘情報とされていったらしい。R・A・スケルトンはこの事実を、「エンリケ王子やジョアン二世のために描かれた多数の海図や、船長たちに渡され航海後に返却された海図がただの一枚も残存していないというのは、異常なことである」と述べている［スケルトン、三六頁］。また、ボイス・ペンローズも、エンリケの死後、ポルトガル王室からギニア貿易と航海事業を任されていたフェルナン・ゴメスによる諸航海の詳細がほとんどわかっていないのは、そこにポルトガル王室の秘密主義政策があったものとしている［ペンローズ、五三頁］。新しい地図や情報が、それ自体で国家的な価値を持つようになったのである。だが、情報が価値を持つ一方で、高度な天文航法を身につけた航海者の価値も、それに劣らず増大した。後にスペインのインディアス商務院の主席パイロットを務めることになるアメリゴ・ヴェスプッチは、未知の海洋で大事なものとしてつぎのように言っている。

もしも同行の仲間たちが私を信頼せず、またコスモグラフィ（世界誌）についての私の造詣を認めなかったならば、五百レーガ（約二八〇〇キロ）も離れた地点でわれわれ自身の位置が分かるような舵手も、まことの航海指揮者もいなかったでしょう。（中略）ただ測定器具のみが天体の位置を正確に指示してくれるだけでした。（中略）かようにしてそのとき以来私は仲間たちの尊敬を大いに得たのであります。すなわち、ある海図についての実地の経験がなくとも、航海術の知識のほうが、世界中のどの舵手よりも役立つことを示してやったからで、かれらは幾度も航行した海域についての知識しかもってはいません［新世界、三二六頁］。

ここに、地図や航海日誌という書かれた情報のほかに、生きた情報としての航海者やパイロットが登場し、新たな探険航海が組織されるたびに、彼らはスカウトされていくことになる。つぎは、そうした一人の男の帰国ではじまるイギリスの北回り航路探険を見ていくことにしよう。

二　北回り航路を開拓せよ

父の夢を引き継いだ男

一五四七年、歳の頃七六、七と見受けられる一人の男が、イギリスに帰ってきた。彼の名前はセバスティアン・カボート（図13）。四、五〇年前のブリストルの港では、北西航路の探険航海から帰ってきた彼と彼の父ジョヴァンニ・カボートの噂を耳にしない日はないくらいに有名だった。だが、ここ三五年間、彼はスペインのセビリアでインディアス商務院の主席パイロットを務め、航海士の教育や地図の改訂・作製を指揮し、南米のラ・プラタにも探険航海をしたことがあった。その彼が国王ヘンリー八世が没したことを耳にし、帰国する気になったのだろうか。彼がスペイン行きを決意したのも、もとはと言えばヘンリー八世との意見の対立が原因だったのだから。

だが、どうやら彼は、アントワープで仲介貿易に携わっているロンドンの商人仲間の誘いで帰国する気になったらしい。現に、彼が乗ってきた船は、彼の娘婿のロンドン商人ヘンリー・オストリッチが手配してくれた船だった。彼らは近年の毛織物輸出の不振に頭を悩ませ、フランドルやスペイン以外にも市場を拡げるために、一つの遠大な計画に着手しようとしていた。そのためには、どうしても彼セバスティアンの知識と経験が必要だった。なぜなら、彼だけがかつて三度（そのうち二度は父ジョヴァンニのもとで）、「カタイ」への航路を求めて、ニューファウンドランドやハドソン湾まで北西航路を探険したことがあったし、スペインやポルトガルの情報はもとより、遠洋航海に必要なすべての事柄に通じていた。

遠大な計画とは、スペインとポルトガルの裏をかいて、北極圏回りで「カタイ」へ到ろうとするものだった。計画の発案者は、地理学者で商人のジョン・ディーやリチャード・イーデンあたりらしい。彼らが言うには、スカンジナビ

図13　セバスティアン・カボートの肖像

ア半島北端のノールカップ岬を東に進み、北緯八〇度にあるとプトレマイオスが定めたタビン岬まで行くと、アラブの地理学者アブルフェダが言うには、そこからユーラシア大陸は「カタイ」まで南東方向に傾斜していて、温帯水域を航海しながら「アニアン海峡」（北アジアと北米大陸とのあいだにあるとされた空想の海峡で、現在のベーリング海峡にあたる）をぬけて行くことができる。それに、このコースだと「カタイ」まで最短時間で到着し、航海の途中で毛織物を売りさばくこともできる。それにくらべて、北西航路上には人間が多く住んでいるようには思われない、と。

彼らの話を聞きながら、セバスティアン・カボートは思い出していたにちがいない。かつてセビリアで仲介貿易に従事していた、同じブリストル出身の二人の友人と交わした話を。その二人とは、ロバート・ソーンとロジャー・バーロウ。特にバーロウは、一五二六〜二九年、彼が指揮した南米ラ・プラタの探険航海のとき、積荷監督を任せたことがある。その彼ら二人も、以前から北回り航路の推奨者としてつとに有名だった。一五二七年、ソーンは、ヘンリー八世とスペイン駐在大使エドワード・レイに手紙を宛てて、「世界でまだ発見されていない航路が残されています。それが北方航路です」と自説を説き［Thorne, p.161］、バーロウもまた、一五四一年、ヘンリー八世に同様の手紙を書き送った。しかし、当時ヨーロッパは、スペインとポルトガルの船が持ち帰ってくる新大陸や東方の産物で好景気を迎えていて、ヘンリー八世はなんら積極策に打って出る気などなかった。

だが、世紀の半ばにきて、一転イギリスは大不況に見舞われた。セバスティアン・カボートは、昔はたせなかった父とみずからの夢にもう一度チャレンジするつもりで、彼らの遠大な計画に最後の人生を賭けることにしたようだ。

一五五三年、エドワード六世の奨励もあって、「未知の領域、領土、島々、土地発見のための冒険商人結社および会社」という、ロンドン商人を中心とした総勢二〇〇人以上の出資による組織が結成され、カボートはその頭取を任された。そして、同年五月、ヒュー・ウィロビーを提督に、カボートとは旧知のリチャード・チャンセラーをパイロットに、初めて北東航路探険に三隻の船を送りだすことになった。

北回りは近道？

先のロバート・ソーンは、一五二七年の二通の手紙のなかで、北回り航路の有利さとして、モルッカ諸島までの距離が、スペインの西回り航路やポルトガルの東回り航路よりも二〇〇〇リーグも短いこと［Thorne, p.177］、北極圏の夏は暗い夜がなく、いつも昼の明るさのなかでまわりを見ながら航海できるので、危険が少ないことをあげている［ibid., p.162］。さらに彼は、北極圏は寒くて人は住めないとされている考えに対して、同様に回帰線下は熱すぎて人は住めないと言われていたのを、人が住めないほど熱いところはどこにもないことを経験が立証したではないか。それと同じように、北極圏でも試みがなされるならば、同様の結果を見るだろうと述べ、地球上に人が住めない土地はなく、航海できない海などない、とまで言い切っている［ibid., p.178］。

さらに、一五七六〜七八年に三度行なわれたマーティン・フロビッシャーの北西航路探険の調査報告をまとめたジョージ・ベストは、その報告書の冒頭で、ロバート・ソーンの「人が住めない土地はない」という主張に科学的な説明を与えている。それによると、熱さも寒さも太陽の光線の当たる角度と照射時間によって決まり［Best, p.270］、極近くでは太陽は低いが、照射時間が長いので、日中をすぎても温かい蒸気が保たれて、夜が短いので温かく、ちょうどロンドンの一〇月くらいで、しかも暗い夜がない、と説明している［ibid., p.271］。

たしかに、それから一〇〇年後の一六三〇年代、イギリスもオランダもあいついで北緯八〇度のスピッツベルゲンでの越冬に成功し、ソーンの経験主義の正しさを身をもって実証することになる（九九～一〇一頁参照）。だが、北極圏の厚い氷の壁は、北回り航路がもっとも時間のかかる航路であることを現実をもって教えることになる。周知のように、大航海時代にはじめられた航路探索のなかで、最後まで実現されなかったのがこの北回り航路だった。北東航路は一八七八～七九年に、捕鯨船「ヴェガ号」に乗ったスウェーデンのノルデンショルドによって、北西航路は一九〇三～〇五年に、ノルウェーのアムンゼンがガソリンエンジンの小型船「ゴア号」によって初めて航路を拓いた。

さて、一五五三年五月にテムズ川を出航したヒュー・ウィロビーの一行は、スカンジナビア半島に沿って北上し、ノールカップ岬を右折して一気にノヴァヤゼムリャに達したが、行手を氷に阻まれてラップランドに引き返し、そこで越冬を試みたが、全員が死亡した。

ただ、途中から別行動をとったリチャード・チャンセラーは、合流点のバルドエーにウィロビーがやってこないので、やむなく白海《はっかい》に進んでアルハンゲリスクに到り、そこから陸路モスクワに入り、イワン雷帝に謁見して通商の許可を得、翌年帰国した。そして、これを機に「モスクワ会社」が設立されると、一五五五年から白海経由でのロシアとの交易が開始されることになった。

集められる鯨情報

こうしてひとまず、「カタイ」への夢は一時ロシアに変更されることになったが、カタイへの夢が捨てられたわけではなかった。

一五五六年四月、セバスティアン・カボートは、一隻の小型二本マスト帆船「サーチスリフト号」で、スティーブン・ボロを北東航路へと送りだした。スティーブン・ボロは、ノヴァヤゼムリャとバイガチ島のあいだのカラ海峡をぬけてカラ海に入り、白海に引き返してドビナ河口で越冬して、翌年帰国した。

一五五七年、セバスティアン・カボートが亡くなると、北東航路探険は一五八〇年にアーサー・ペットとチャールズ・ジャックマンによるカラ海探険まで一時中断されることになる。しかし、リチャード・チャンセラーの跡を受けたアンソニー・ジェンキンソンは、モスクワから内陸を通ってカタイへ到るルートを発見するために、一五五七年から六四年まで中央アジアやペルシア方面を探険したが、成果はあまり上がらなかった。

だが、この間、ロシア貿易は着実に進展し、往復の航海でたびたび鯨を目にすることが多くなり、航海日誌に鯨情報が記されていくことになる。すでに述べたヒュー・ウィロビーによる北東航路探険では、彼の死の翌年に発見された航海日誌に、すでに鯨が多数棲息していることが書かれていたし[Willoughby, p.212]、一五五七年、アンソニー・ジェンキンソンはロシア貿易の途上で多くの鯨を発見し、一八メートルにも達する鯨がいることを報告している[Jenkinson, p.415]。

当時、スペインからの独立戦争を優位に進めていたオランダは、一五七五年にはアムステルダムの商人たちを味方につけ、一五七七年からはイギリスの後塵を拝して白海経由のロシア貿易に乗り出してくる。もはや、ロシア貿易はモスクワ会社の独占するところではなくなり、新規のビジネス分野の開拓がぜひとも必要とされる状況を迎えていた。

そうした新規事業として浮かび上がってきたのが、一つには北西航路探険と北米大陸への植民であり、もう一つが捕鯨だった。前者についてはII巻六章でふれることにし、ここではモスクワ会社が未経験の捕鯨分野にいかにして進出していったかを見ていくことにする。

一五七七年二月一二日、モスクワ会社は、「新しい交易を発見するイギリス商人協会」の名のもとに、女王エリザベス一世から二〇年の期限付きで、あらゆる海域での捕鯨の特許を得た［Quinn, p. 104］。これは、当時すでに北米のニューファウンドランドやラブラドル海域で捕鯨を行なっていたバスク人に倣う形で、北米大陸やロシア海域で捕鯨を画策しようとするのが目的だったようだ。

事実、その二年前に、二〇〇トン級の捕鯨船をロシア海域に四カ月間派遣するとして、その人員や装備すべきボートや道具類、賃金や食糧などを事細かに問い合わせる手紙が出され、その返事としてバスク人の捕鯨を例に、捕鯨用ボート五隻、銛打ち五人、鯨解体作業員二人、樽職人五人、パーサー一〜二人、総勢五五人に必要な物資が、一つ一つリストアップされている（七八頁の表1参照）［Of killing the Whale, p.200］。また、アンソニー・パークハーストは、リチャード・ハクリュートの求めに応じて、ニューファウンドランドの産品を書き記した一五七八年一一月一三日付の手紙のなかで、すでにその海域を四回航海したが、そのたびに一〇〇隻のスペインのタラ漁船と三〇〜四〇隻の捕鯨船を見かけた、と書き送っている［Parkhurst, p.10］。

リチャード・ハクリュートといえば、当時ハンフリー・ギルバートやマイケル・ロックとともに北西航路探険と北米植民の推進派であり、のちに出版された有名な『イギリス国民の主要な航海記集成』（一五八九年に初版、一五九八〜一六〇〇年に第二版）の著者・編纂者でもあった。その彼が、一五八〇年、モスクワ会社に対して、ノヴァヤゼムリャに向かう船にはまず羊毛市場を探し、人間がいなければ鯨を探すように忠告しているし、さらに同年、ロバート・ヒッチコックは、捕鯨は費用のかからない快適な事業であり、油がたくさん取れて鯨油は一樽一〇ポンドになるとして、捕鯨を奨励している［森田、一八頁］。

捕鯨はこうして、漁業のなかの一つの生業としてではなく、株式総合商社の利益のあがるビジネス事業の一つとして、当時の「冒険商人」たちによって「発見」されていくことになった。

だが、モスクワ会社はすぐには動き出さなかった。いや、動き出せなかったといったほうが正しいだろう。なぜなら、当時、捕鯨技術をもっていたのは、ビスケー湾に面したフランスとスペインの国境付近に住むバスク人だけであり、そのバスク人にとって捕鯨は、「もっとも気高く、もっとも利益になる漁業」だったので［Proulx 1, p.70］、その情報を外に漏らすことは、みずからの死活にかかわることだった。事実、一五八五年、バスクの一地方ギプスコアの議会の通達では、この地方の船乗りがフランスの船に乗って、外国人に彼らの技術を提供することを禁じている［ibid., p.77］。

バスク人から捕鯨技術を入手できるようになるのは、皮肉にもバスク人の北米海域での捕鯨が衰退を迎え、彼ら自身が生きていくために進んで外国の捕鯨船にスカウトされていくようになってからである。では、ここでしばらく、バスク人による捕鯨がどのようなものであったかを、まず見ておくことにしよう。

三　ビスケー湾の捕鯨者バスク人

捕鯨産業化のはじまり

ユダヤ人という呼称が、人種や民族にかかわらずユダヤ教徒の集団をさすのと同じように、バスク人とはバスク語を話す人たちのことをさしている。だが、そのバスク語自体が他のインド・ヨーロッパ諸語とまったく異なっていて、ヨーロッパのなかで孤絶した言語とされており、バスク人の起源にかんしてもまったく不明である。

バスク捕鯨のはじまりは、一一世紀にこの地に侵入してきたノルマン人から学んだと一般には言われているが、毎年秋から冬にかけてビスケー湾沿いにセミ鯨が南下してくるので、九世紀頃からバスク人は、魚網をこわす鯨を追いかけるようになり、いつしか捕鯨がはじまったとも言われている。

バスク捕鯨を伝える文献資料は一一～一二世紀のものがもっとも古く、一〇五九年には、フランスのアドゥール河口で鯨を捕獲するのに、捕獲した獲物の一部を料金として支払っていたという。また、一一五〇年には、ナヴァラの王がサンセバスティアンの町に対して、鯨ヒゲの貯蔵の権利を認めている [Proulx 2, p.15]。一三世紀になると、バイヨンヌ、シブール、ビアリッツで塩漬にされた鯨の舌が売られている。これは、聖職者や上流階級用のもので、一五六五年には、フランス王シャルル九世とその妻カトリーヌ・ド・メディシスに鯨の舌二〇〇キロが贈られている。貧民層や船乗りたちの食糧としては、鯨肉が売られていた [ibid., p.16]。

一三〜一四世紀になると、種々の課役・課税が義務づけられるようになる。捕獲した初物の鯨を王に納め、王はその半分を返す習慣ができたり、イギリスがこの地を統治していた時期には、捕鯨を認める見返りに、フランス領バイヨンヌの要塞を攻める義務が課せられたり、一三三八年には、エドワード三世によって鯨一頭につき六ポンドの税が課せられた。また、一三世紀にはスペイン系バスク人の捕鯨には、一〇分の一税が課せられるようになった [ibid., pp.16-7]。

おそらく、一三〜一四世紀には、ビスケー湾内に入ってくる鯨だけではなく、船を装備して大西洋上でも捕鯨をするようになり、鯨油や鯨ヒゲをはじめとする鯨産品は、フランスやスペインだけではなく、遠くフランドルやイギリス、デンマークでも販売されるようになり、これら遠国の三国については貿易促進のために領事館が設立されていたらしい [ibid., p.16]。

ポルトガルにも販路を拡げていた可能性を示唆する記録がある。一二五四年、アフォンソ三世はアルコバサ修道院に対する債務の支払いに、セリール港とアトギィア港で徴収している鯨油税を充てていた [井沢、六六頁]。これは、偶然捕れた鯨に対する税ではなく恒常的な交易税と考えられるので、バスク人はこの時期、ポルトガルにも鯨油を販売していたと考えていいだろう。

中世までのヨーロッパでは、灯火用の油は、オリーブの実や、コルザと呼ばれるアブラナと同属の植物の種から採取した油が主に用いられていたが、それらの主産地である地中海沿岸がアラブ人やトルコ人の支配下に置かれたため、その代替品としての鯨油の需要が高まってくる。さらに、羊毛や皮革産業では、洗浄用の石鹸の原料として鯨油が使われるようになった。また、鯨ヒゲは、騎士の甲《かっ》冑《ちゅう》の羽飾りや女性の帽子、コルセットの張り骨、スカートの張り輪、ブラシの毛などに使用された。

ところで、一五世紀になると、セミ鯨がビスケー湾から姿を消していった。捕鯨による鯨の減少だろうと言われてきたが、どうやらそうではないらしい。当時のバスクの記録によると、一つの捕鯨村で年間六頭以上捕ることはなく、バスク全体でも一〇〇頭を超えることはなかったという。また、この時期、気候の急激な変化によって大西洋の魚がいずれも西に移動していった例が知られている。それまでスペインの海岸沿いに豊富にいたタラが西へ移動し、バルト海からはニシンがいなくなったという [Proulx 2, p.18]。

そのため、バスク人は、鯨を追いかけて大西洋を北上するようになり、それまでは秋〜冬だけ捕鯨をしていたのが、一年中捕鯨をするようになり、捕獲数も急激に伸びていった。そして、一五五〇年代までには北米海域のニューファウンドランド島やラブラドルの捕鯨場を発見し、つづく一五六〇年代には、バスク捕鯨の全盛期を迎えることになった。

だが、遠くて期間の長い捕鯨は、莫大な収益をもたらす半面、費用もリスクもそれに比例して大きくなる。バスクの文献資料に捕鯨航海の保険の記録が残っているのは、このような理由によると思われる。それらの記録から、当時一隻の捕鯨船を出漁させた場合の費用や、その出資者、捕鯨員たちへの支払い、保険の掛け金などについて知ることができる。

船主＋出資者＋捕鯨技術者

一五七〇年代、イギリス人アンソニー・パークハーストは、ニューファウンドランド海域を四回航海し、そこでスペインのタラ漁船一〇〇隻と捕鯨船三〇〜四〇隻をいつも目にしたと、リチャード・ハクリュートに報告している［Parkhurst, p.10］。おそらく、捕鯨船にかんする限り、この数字にセントローレンス湾で捕鯨をしていた船を加えなければならないだろう。一五七〇年代になると、バスク捕鯨がしだいに衰退に向かいつつあったとはいえ、毎年、北米海域に約五〇隻の捕鯨船を送り込み、バスクの全漁撈人口二万人のうち、捕鯨従事者は四〇〇〇人を数えたという推測がなされている［Proulx 1, p.69］。

当時、三〇〇トン級の捕鯨船で一〇〇〇〜一五〇〇バレル（六バレルで約一トン）の鯨油を持ち帰った。セミ鯨一頭から油が四〇〜九〇バレル採取できるとすると、捕鯨船一隻で平均二〇頭を捕獲していたことになる。一五六〇年代の鯨油一バレルは、平均六ダカット（一五七〇年代以降は八ダカット、九〇年代以降は一二〜一五ダカット）。一回の捕鯨航海で平均一万ダカットの売り上げが見込まれた。現在の価格に直すと、一〇〇〇バレルの鯨油で五〇〇万ドルに相当する［ibid., p.70］。

また、三〇〇トン級の船の建造費が約一七〇〇ダカット、その船に捕鯨航海に必要な食糧、用具、捕鯨用ボートなど一式（次頁の表1参照）を装備する費用が約八〇〇ダカットかかった［ibid., p.71］（ちなみに、当時の船大工の一年間の賃金が約三五ダカット）。これらの経費を差し引いても、その利益がいかに大きかったかがわかる。

だが、船大工の賃金からも想像できるように、捕鯨者みずからで捕鯨船を仕立てて航海に出かけるには、出資額はあまりに膨大だった。そのため、バスク捕鯨では、船を提供するオーナー、船の装備を請け負う商人、そして技術と労働力を提供する船長以下捕鯨員とで、コストと利益を配分するシス

表１　バスク人の捕鯨装備一覧（200トン級・４カ月航海・乗員55人）

●食糧
パン（大樽250）
リンゴ酒（大樽150）
油（360kg）
ベーコン（480kg）
肉（大樽８）
塩（約130kg）
豆類（約100kg）
塩漬の魚・ニシン（大量）
ワイン（４トン）

●捕獲用具
捕鯨ボートのオール（４ダース）
捕鯨ボート修理用の釘1000
大形の槍15
小形の槍18
銛50
銛の柄（３ダース）
銛用の綱 roxes 10
小形の槍用の Baiben 3

●解体・搾油用具
大樽800
樽の箍350束と 6 quintalins
大樽のふた800組
巻き揚げ機２
鯨を吊るす50m ほどのロープ
鯨解体用の長刀6
脂皮切断用の鉈（2ダース）
鯨を吊るす時の大形のフック２
桶・樽を吊るすフック３
鉤棒用のフック６
滑車６
大かご10
150ℓ入の釜５
銅のひしゃく６
割木用の斧18
ロープ12
ホック（６ダース）
搾油用かまど４
小屋設置用の大きな釘500
鯨解体時に履くブーツ３
作業用前掛けを作るなめし皮８
回転式の砥石
arporieras 10

●その他
船を停泊させる時に用いる釘500
ローソク（約680kg）
手下げランプ10
ランタン６
火縄銃の火薬・マッチ
からし菜の種（約６kg）と挽臼
ローズマリー（２瓶）
Tesia 500

（不明のものは原語のままとした）

テムが作られていた。フランス系バスク地方では、利益の配分は三者で三等分され、その他の地方では船主の比率が低く、装備を請け負う商人の比率が高かったが、一六世紀の終わりには、どの地方も三等分配分になっていった [ibid., p.74]。

装備費用は株の発行で集められ、出資金の額によって利子配当に違いはあったが、一五五六年の「サンニコラス号」の場合では、一株六〇ダカットにつき二〇ダカットの配当を受け取っている。このときは、一一九五バレルの鯨油を持ち帰っていて、利益も大きかったのか、船主から船長や甲板長、大工、樽職人、銛打ちに鯨油二六バレルのボーナスが支給され、装備を請け負った商人からは、その他の捕鯨員に一一三バレルがボーナスとして支給されている。ただ、残念なことに、船長以下捕鯨員それぞれの個別の取り分については書かれていない [ibid., p.71]。

ただし、「サンニコラス号」の場合は、捕鯨員全員が収益からの比率配分による支払いだったようだが、一般には多くの捕鯨員は定額の賃金で雇われ、出航前にその一二〜二五パーセントを前金で受け取り、衣類などの購入に充てていた [ibid., p.72]。たとえば、一五六〇年代の捕鯨ボートの漕ぎ手の場合、賃金は二五〜三五ダカット。同時期の大工の一年間の賃金三五ダカットと比べると低いようだが、彼らは一年のうち八カ月間だけ捕鯨に従事し、その間は食事と寝る場所が提供されていて、毎年六月半ばに出航し、一二月か一月の初めに帰港した [ibid., p.74]。

船や船荷に対する保険は、イギリスでは一六〇四年頃、最初の契約がなされているが、バスクではそれよりも五〇年以上も前から存在し、捕鯨船も保険の対象になっていた。一般にフランス系バスク地方にくらべてスペイン系バスク地方のほうが保険の掛け率が高かったが、一五六五〜七三年のあいだ、一航海の保険率が船体で一五パーセント、船荷で一四パーセント、行き・帰りのいずれか一方だと、それぞれ一〇パーセント、九パーセントと定められていた［ibid., p.75］。

鯨油の市場は、地元フランスとスペインはもとより、フランドル、イギリス、デンマークにまで拡がっていて、北米海域からの帰路にフランスのルアーブルやナント、イギリスのブリストルなどの港に鯨油を荷下ろししたが、多くはバスクにいったん帰って、バイヨンヌやサンジャンドリュズ、サンセバスティアン、ビルバオから輸出した。特に、サンセバスティアンとビルバオは鯨油輸出量が多く、ここには外国の商人の代理人が常住していた。一五六五〜六六年の冬季間、ジェロニモ・デ・サラマンカ・サンタ・クルスとアントニオ・デ・サラザールという二人の商人のあいだで、北ヨーロッパに向けて二万八〇〇〇ダカットにのぼる鯨油の輸出商いが行なわれた［ibid., p.77］。当時、バスク地方からの輸出品のうち、鯨油は鉄についで第二位を占めていた。

だが、その二〇年後には、バスク捕鯨は衰退期を迎えることになる。一五五〇年、ボルドーの交易の約六六パーセントを占めていた鯨産品が、一五八五年までにはその半分にまで減少し［ibid., p.78］、先の二人の商人の鯨油取り引きも、一五八五〜八六年の冬季間には、前記取り引き額の一〇分の一以下の二二〇〇ダカットにまで減少した。すでに紹介した通り（七三頁参照）、一五八五年のギプスコア地方の議会の通達にもあったように、バスクの捕鯨者たちの多くが外国船に雇用され、彼らの技術を売って生計を立てなければならない事態を迎えていた。

リクルートされるバスク人

一五六〇～七〇年代には、毎年、五〇隻もの捕鯨船を北米海域の捕鯨場に送りだし、ヨーロッパの鯨油市場を独占していたバスク捕鯨が、一六〇二年までには、たった七隻に激減してしまったのはなぜだろうか。全盛期には一年間に一〇〇〇頭を超す鯨を捕りつづけたために、北米海域のセミ鯨がめだって減少したのだろうか。

あるいは、一六世紀の後半期には、フランスとスペインが関係した多くの戦争にバスク人も駆り出され、その犠牲になったのだろうか（フランスでのユグノー戦争やオランダのスペインからの独立戦争、さらにはレパントの海戦、そしてスペインの無敵艦隊がイギリス海軍に大敗北）。

たしかにこれらは、バスク捕鯨衰退の大きな要因には違いない。でも、これはあくまでも外的な要因であり、外的な要因には新たな捕鯨場の発見や、新たな資本との結びつきなどで対処することも可能である。ここでは、バスクの捕鯨社会そのものを内側から解体させた要因、物価の上昇についてだけ触れておきたい。

一五六〇年代には鯨油一バレルは六ダカットだったが、一五七〇年以降は八ダカット、一五九〇年代には一二～一五ダカットと上昇した。これは鯨油価格だけの上昇ではなく、諸物価の上昇でもあっただろう。とすると、当然、船の建造費や装備費も、二倍、三倍と跳ね上がったことを意味している。ひとたび船を失ったり、捕鯨航海中に難破したりすると、土地の生産性の低いバスク地方では、その資金を捻出するのがしだいに困難になっていったと思われる。事実、一六世紀の終わり頃、バスク捕鯨に対する主な資本提供先が、フランスのボルドーやラロシェルに代わっていったらしい［Proulx 1, p.69］。このことは、バスクの捕鯨者たちがバスク地方所有の船から、外国の捕鯨船や漁船に乗り移ることを意味している。なかには、移住を余儀なくされた者もいただろう。こうして、バスク捕鯨は、その共同体の内部からも衰退していったと考えられる。

一五九四年四月四日、ブリストルからニューファウンドランドへ向かった三五トンの小さなイギリスの捕鯨船「グレイス号」は、セントジョージ湾で三年前に難破した大型のバスク捕鯨船二隻を発見した。しかも、船のなかには七〇〇〜八〇〇枚の鯨ヒゲが積まれたままになっていた［Proulx 2, p. 27］。このエピソードは、イギリスの捕鯨揺籃期《ようらんき》を語るものではあろうが、私には北米海域でのバスク捕鯨衰退のシンボリックな光景に思える。

一六一〇年、先のモスクワ会社は、スピッツベルゲンでの捕鯨に資本を投下することを決定すると、会社はナサナエル・ライトをバスクに派遣して、以後一四年間、バスク捕鯨者のリクルート活動をはじめることになる。翌一六一一年、さっそくサンジャンドリュズから六人のバスク捕鯨者をリクルートしたモスクワ会社の捕鯨船「マリー・マーガレット号」は、スピッツベルゲンで初めての捕鯨を試みることになる。そして、翌年の一六一二年には、オランダの捕鯨船にもバスク捕鯨者が乗り込み、多くの鯨を捕獲することになる。

しかし、スピッツベルゲンでのホッキョク鯨の捕鯨がはじまると、バスク捕鯨も一時的に回復し、一七世紀半ばには、サンジャンドリュズやバイヨンヌ、シブールから約五〇隻の捕鯨船が北極圏に出漁するまでに息を吹き返し、一七二〇年代にグリーンランドの西側のデーヴィス海峡で捕鯨が開始されたときも、一時的に活況を呈したが、一八世紀半ばには早くも回復不能な衰退期に入り、一八世紀後期には、七〇〇年間続いたバスク捕鯨も、ついにその終焉を迎えることになる。

だが、彼らが編み出した捕鯨の技術とスタイルは、その後、イギリス、オランダ、アメリカへと移植され、一八七〇年代にノルウェーで開発された捕鯨砲による現代捕鯨が開始されるまで、日本以外の地では近代捕鯨の基本型として継続されていった。つぎは、そのバスク捕鯨の技術とスタイルを取り入れたイギリスとオランダによる、北極圏海域で繰り広げられたホッキョク鯨の争奪戦について述べることにする。

四　スピッツベルゲン島の争奪戦

海に浮かぶ脂樽

モスクワ会社がバスク捕鯨にかんする情報を収集するのみで、なんらの動きも見せず、北西航路探険や北米大陸入植が幾度か試みられているあいだに、オランダがいよいよ大航海へと名乗りを挙げてくる。

その直接の刺激となったのは、イギリス同様、東洋で長く暮らしたことのあるディルク・ヘリッツとヤン・ハイヘン・ファン・リンスホーテンという二人のオランダ人のあいつぐ帰国だった。なかでもリンスホーテンは、一五九六年に『東方案内記』『ポルトガル人航海記』『アフリカ・アメリカ地誌』を出版して、インドやマラッカ、中国をはじめ、世界中の地理や貿易の情報をオランダ人にもたらした。

一五九四、九五年は、オランダにとって画期的な年となった。九四年に設立された「ファン・フィレ（遠国）会社」は、翌九五年にはコルネリス・デ・ハウプトマン指揮する四隻の船を、喜望峰経由でインドへと送りだした。それと時を同じくして、北東航路の探険もはじまった。

一五九四年、ウィレム・バレンツ（バレンツゾーン）の指揮する四隻の船が、北東航路探険の航海に旅立った。これにはリンスホーテンも同行した。だが、カラ海で氷に阻まれて帰国。翌年は、貿易が目的とされたのか七隻で出帆。今回もリンスホーテンは積荷監督として同行した。しかし、今度はカラ海峡を越えることさえできなかった。

図14を見ていただきたい。この地図は、翌一五九六年に行なわれたウィレム・バレンツの第三次の北東航路探険のルート図で、航海の二年後に出版された。地図に描かれている動物は、その航海中に発見された鯨やセイウチなどだが、なかには空想の怪獣も多く描かれている。

バレンツはこの航海時、針路を北極へとまっすぐに向け、途中ベアーアイランドを発見し、そこからやや針路を西に向けて北上し、「Het nieuwe land（新しい土地）」すなわちスピッツベルゲン島を発見してさらに北へ進もうとしたが、またしても氷に阻まれ、やむなく南下してノヴァヤゼムリャの北端を回ってカラ海に出た。だが、そこで船が壊れたので越冬を決意し、越冬に成功した生存者はボートでコラ半島へ到達したが、バレンツは壊血病で死亡した（図15）。

こうして、オランダが試みた北東航路開拓は失敗に終わったが、後の北極圏捕鯨にとってこの一五九六年のバレンツの航海は、まさに捕獲の対象となるホッキョク鯨と、最初の捕鯨場となるスピッツベルゲンを発見したことで、記念すべきものとなった。

一六〇七、八の両年、イギリスのモスクワ会社は、ヘンリー・ハドソンを北極圏に送り、グリーン

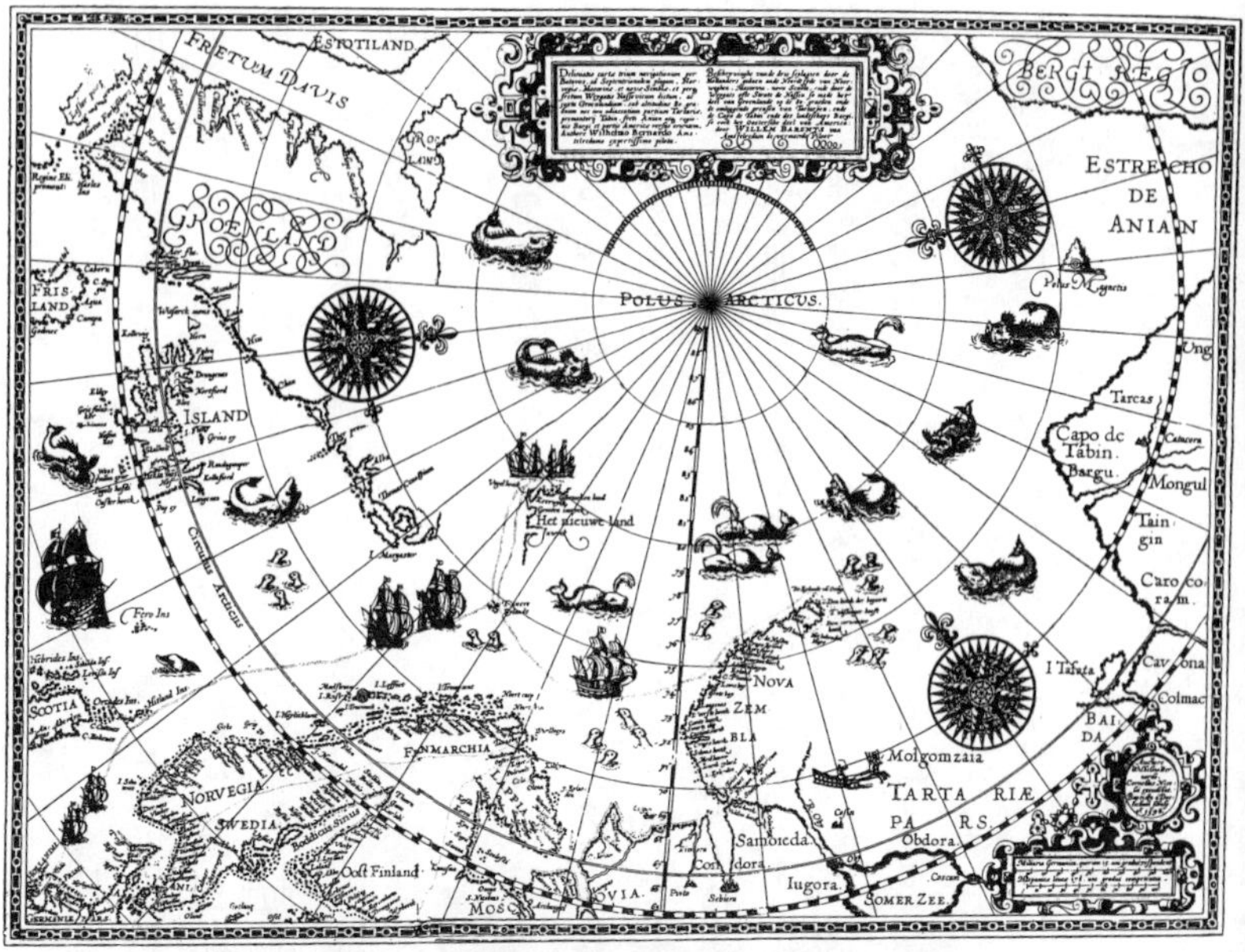

図14　バレンツが探査した北極圏の地図（リンスホーテン『東方案内記』のラテン語版、一五九八年に掲載される）

図15　バレンツ隊の越冬の様子

ランドとスピッツベルゲン付近を探査させ、さらにノヴァヤゼムリャまで到ったが、東洋への航路開拓が不可能であることを悟り、これを機に五〇年にわたる北東航路探険に幕がおろされることになる。だが、ハドソンは、バレンツが発見していた、動きの鈍い、大きな鯨がたくさん棲息していることを何度も確認して帰ってきた。その巨大な鯨こそ、脂皮《あぶらがわ》の厚さが五〇センチにも達するホッキョク鯨（グリーンランド鯨とも呼ばれる）であり、スピッツベルゲンの波静かな湾内に浮かぶ、まさに脂樽そのものだった。

だれの海？　だれの鯨？

一六一〇年に捕鯨への投資を決定したモスクワ会社は、翌一六一一年、ジョナス・プールとトマス・エッジをスピッツベルゲンに送りだした。五〇トンの「エリザベス号」のほかに、一六〇トンの「マリー・マーガレット号」には、六人のバスク人捕鯨者が乗り込んだ。最初の北東航路探険から実に五八年後、捕鯨の可能性を模索しはじめてからすでに四〇年近い歳月がたっていた。

だが、捕鯨は思うにまかせなかったようだ。獲物は、一頭の鯨と一三頭の哺乳動物（セイウチか）のみで、二隻の船はともに氷でだめになり、イギリスのハルの船に救助されての帰還だった［Proulx 2, p.28］。

一六一二年は、一六〇トンの「ホエール号」と一八〇トンの「シーホース号」を新造して、一七頭の鯨を捕獲し、一八〇バレルの鯨油を採取した［ibid., p.28］。しかし、スピッツベルゲンにはこの年、オランダやバスク、ハルからも捕鯨船がやってきた。しかも、オランダ船とバスク船の船長を勤めたのは、皮肉にも以前モスクワ会社で働いていた男だった。情報を秘密裏に収集していた会社側の情報が、逆に他国に売られるはめになったというわけだ。このとき、バスク船の船長を勤めたニコラス・ウッドコックは、この罪で後にロンドン塔に幽閉された。産業スパイ事件はこの時期もうはじまっていたのである。

翌一六一三年、モスクワ会社はジェームス一世に働きかけて、スピッツベルゲンでの捕鯨独占権の特許をもらい、バスク人の銛打ち三人、捕鯨ボートの舵取り三人、鯨解体と搾油作業員六人を連れて、七隻の捕鯨船団を組み、さらにベンジャミン・ジョセフ提督が指揮する、大砲二一門を装備した「タイガー号」に守られて、スピッツベルゲンへと向かった [Gerritsz., p.20]。この重装備は、この年にかんするかぎりは効を奏した。なぜなら、そこには前年を数十倍にした数のオランダ、フランス、スペイン、そしてイギリスのハルの捕鯨船やセイウチ猟の船が、スピッツベルゲンのあちこちの湾内にやってきて操業をしていたから。

ベンジャミン・ジョセフは、モスクワ会社以外の船を見つけると、ジェームズ一世の特許状を読み上げ、その場から立ち退くように勧告し、拒否する船には発砲して強制的に追い払った。アムステルダムから派遣されていたウィレム・ヴァン・ムイエンは、特許状を見せられると「われわれには漁をする自由があり、われわれの行動を阻むすべての者に対して、みずからの自由を守る権利がある」と、抗議した [ibid., p.30]。(ちなみに、最初の国際法学者であるオランダのグロティウスが「公海の自由の原則」を主張したのは、一六〇九年のことである。) しかし、ジョセフ提督はムイエンに捕鯨の許可を与えないどころか、ムイエンがすでに捕獲していた油二〇樽分や鯨ヒゲ、それに鯨一八頭と二分の一頭を奪って、ムイエンを追い払った［ibid., p.34］。

さらに、バスク船の一隻は、八頭の鯨をモスクワ会社に提供して捕鯨の許可を得たが、彼らがさらに四頭捕獲すると、それも衣服と交換させられたらしい［ibid., p.30］。サンジャンドリュズからきたほかのバスク船は、脂皮の取り方、搾油の仕方を教えてやり、さらに脂皮を半分提供することを条件に捕鯨の許可を得たが、後になってこの許可は無効とされた［ibid., p.32］。

こうして、「無住地」スピッツベルゲンとその領海、および海域の動物やその捕獲の権利は、いったいだれに所属するのか、という領有問題が生じた。モスクワ会社が主張した独占権は、一五五三年にヒュー・ウィロビーがこの地を最初に発見したという根拠のない権利に基づいていた［ibid., p.35］。

一六一四年、オランダはモスクワ会社に対抗して、アムステルダムの商人たちが「北方会社」を設立し、一八人のバスク捕鯨者を乗せた船団を、ヨリス・カロラスの率いる四隻の軍艦に守らせて送りだした。一方、モスクワ会社は、前記ベンジャミン・ジョゼフとトマス・エッジを派遣して、前年同様に外国船の追い出しにかかった。

当時、こうした武力を伴う航海事業＝「発見」ビジネスは、何もここスピッツベルゲンにかぎったことではない。一五世紀にはじまった大航海の「発見」とは、とりもなおさず世界中の海の覇権争いでもあり、同時期、東洋のマラッカやマニラ、モルッカ諸島の領有をめぐって繰り広げられていた戦闘や海賊行為と同じことが、ここスピッツベルゲンの捕鯨をめぐっても行なわれたにすぎない。

一六一五年、オランダは、力づくでスピッツベルゲンのベル・サウンドとホーン・サウンドに捕鯨基地を置き［ibid., p.39］、一六一六年には、一六一四年に発見した、アイスランドとスピッツベルゲンのほぼ中間に位置するヤンメイエン島で捕鯨を行ない、スピッツベルゲンには捕鯨船を四隻送っただけだった。モスクワ会社のトマス・エッジに言わせると、オランダのヤンメイエン行きは、容易に見つけられず、未熟な航海では行き着けない臨時の場所を確保するためだったということだが［ibid., p.40］、この言でいくと、当時、航海術にかんするかぎり、オランダはイギリスの上をいっていたということになる。この年以降、オランダは毎年ヤンメイエン島にも捕鯨船を送り、そこからさらにスピッツベルゲンに向かうという、二段構えの捕鯨を行なうようになった。

一六一七年には、オランダの「北方会社」もスピッツベルゲンでの捕鯨を会社独占とし、不法船の没収と六〇〇〇ギルダーの罰金を科すことを決定した［Proulx 2, p.53］。

一六一八年、イギリスとオランダのあいだで再び武力衝突が起こった。この年、イギリスの船団は一五隻、オランダはヤンメイエン島に一九隻以上、スピッツベルゲンには二三隻の船団を送りだした［Gerritsz., p.40］。東洋でも着々と地歩を固めつつあったオランダが、今回は勝利したが、両国ともに護送船団や外国船放逐にむだな資金を使う愚を悟ったのか、両者間でスピッツベルゲン島の分割と他国船の追放に協力しあうことで合意に達した。これによって、イギリスは島の西海岸を、オランダはイギリスの北側、北西部海岸を使用することが決まり、デンマークやハンブルグ、バスクなどほかの国々は、両国のあいだの湾や島の北部に基地を定めた。

オランダの勝利、イギリスの敗北

一六一九年、オランダはスピッツベルゲンの北端の小さな島、アムステルダム島に「スミーレンブルグ」と名づけた捕鯨基地を建設し、一六二〇年代にはオランダ捕鯨の優位を確立していくことになる。この間、イギリスは、毎年七～一二隻の捕鯨船を送り込んではいたが、一六三〇年頃には国内の鯨油消費量が年間二〇〇〇トンあるにもかかわらず、鯨油の生産量は一一〇〇トン以下に留まり、鯨油価格の下落とあいまって、しだいに捕鯨は不振となり、一六六九年にはハルの捕鯨船一隻にまで落ち込んでしまい、一八世紀前半で北極圏捕鯨から一時手を引くことになった。

その理由としてよく指摘されるのが、オランダはバスク捕鯨をうまく取り入れたのに対して、イギリスはそれに成功しなかったことがあげられる。初期のスピッツベルゲン捕鯨では、捕鯨船に二人の指揮官が乗っていた。船長と鯨を見つけ捕鯨を指揮するバスク人である。モスクワ会社の場合、イギリス人船長の報酬は固定給だった。そのため、鯨を追ってあちらこちらの湾へ移動するのを嫌い、バスク人とたびたび対立したらしい［Proulx 2, p.32］。その点、オランダは、経験を積むにしたがって、捕鯨を指揮するのも船長に任せ、バスク人から捕鯨技術を習得すると、バスク人をつぎつぎにお払い箱にしていったという［ibid., p.55］（図16）。

しかし、ことはそう単純ではなかったようだ。問題の根本は、イギリスの国内市場には複数の競争者がいて、しかも国外市場のほとんどをオランダに握られてしまったことにあるようだ。

当時のイギリス国内の政治状況を反映して、当初からモスクワ会社が独占するはずだった捕鯨の権利が、ハルのセイウチ猟の船や捕鯨船や、さらには独自に特許権を発行したスコットランドやその他の密漁船によってふみにじられ、そのたびに枢密院で調停の試みが行なわれたにもかかわらず、調停はいつも失敗に終わった。

図16　オランダ人（上段）とバスク人の捕鯨者
1，3，5はとどめを刺す槍，2はフックのついた竿，4は銛打ち

ヨークの石鹸業者は地元ハルの船が持ち帰る鯨油や獣油に頼り、スコットランドでは独自に発行した特許権を、北米のノバスコシアのヤーマス港に権利を譲って捕鯨をさせ、そこから鯨油を輸入していた。アムステルダム島で国内の各都市からやってくる捕鯨船が協力しあっていたオランダに対して、イギリスはベル・サウンドやホーン・サウンドで国内の捕鯨船同士が争いあっていた。そしてとうとう、一六二六年には、ヤンメイエン島行きを命じられたハルの船が、ベル・サウンドのモスクワ会社の捕鯨基地を破壊するという事件まで起こした [Gerritsz., p.174]。

一方、オランダは、鯨油市場を独占するために、もうけを度外視してまでも価格を下げたという。その結果、一六八〇年代には、北極圏捕鯨をほぼ独占し、捕鯨貿易が東洋での香辛料貿易を上回るまでになっていった。しかも、香辛料貿易には金貨が必要だったが、捕鯨には金貨の必要はなく、かえって外貨が一方的に入ってきたし、香辛料に比べて鯨産品はどれも腐りにくいという利点もあった［Proulx 2, p.56］。

こうして、当初の夢だった黄金や香辛料が、いつしか日常生活に必要な基礎的資材を扱う貿易へと姿を変えていったのである。

五　北極圏に出現した〝鯨の町〟

人口五〇〇〇の夏だけの町

南極と北極の違いはあるが、日本の南極観測基地である昭和基地やみずほ基地が、ほぼ南緯七〇度付近に位置しているのに対して、一六一九年から建設のはじまった捕鯨の町スミーレンブルグは、北緯八〇度付近に位置している。アムステルダム島の南西岸、現在は岩だらけの荒涼とした、海鳥の繁殖地になっている場所に、かつてサマーシーズンだけの季節町があった。その捕鯨基地をオランダ人は「スミーレンブルグ（脂皮の町）」と名づけた。

そこには、オランダ各都市の商人たちが出資して建てたテントと呼ばれる小屋が、搾油用のかまどやクレーン、貯蔵用の倉庫、樽作り作業場といっしょに海岸近くの平坦地に一列に並び、その後背地は窪地になっていて、夏になるとそこで新鮮な水が得られた。しかも、沖合いには深い湾があり、船を安全に停泊することができた［Gerritsz., pp.71-2］。

捕鯨シーズンは氷が北上するのを待ってはじまり、シーズン初めはまずヤンメイエン島へ行き、そのままそこに残る船もあったが、毎年二〇隻以上が五月下旬に、まだ湾内に氷がいっぱい残っているスピッツベルゲンにやってきた。そして、八月末までの三カ月間、そこで捕鯨を行なった。

テントの大きさは、大型のもので二四×一五メートル。一六七一年にそこを訪れたフレデリック・マルテンスによると、テントには前後にドアがあり、「前側のドアを開けると大きな部屋があり、寝台がいくつも並んでいて、仕切壁のドアを開けて入ると、小さな部屋に通じていた。後ろのドアからその小さな部屋に入ることもでき、そこから階段を上がって屋根裏部屋か作業場に行けた。寝室のある屋根裏部屋付きの樽作りの作業小屋は、これとは別個にいくつも建てられ、同じような造りの倉庫もいくつかあった」という［Proulx 2, p.54］。

スミーレンブルグには、捕鯨関係のテントのほかに、要塞と礼拝堂があった。捕鯨にはたしかに危険が伴ったし、氷山が浮かぶ海域での航海は常に座礁の危険があった。だから、この地で命をおとす者も多かったことだろう。事実、スミーレンブルグの西にある岩礁の南の背後の丘のふもとには、墓がたくさんあり、一六三三〜三四年の冬季間ここで越冬したヴァン・デル・ブルッヘは、そこを〝教会付属の墓地〟と呼んでいる［Gerritsz., p.73］。

では、六〜八月のほぼ三カ月間、スミーレンブルグにはいったい何人くらいの人が渡ってきていたのだろうか。

本によると、一万二〇〇〇人から一万八〇〇〇人と書かれているものもある。だが、この数字はかなりオーバーに思える。毎年二〇〜三〇隻の捕鯨船が来ていたとして、これでは万の数の人を運ぶことはできない。すでに紹介したが、一五七〇年代のバスク捕鯨の場合、二〇〇トン級の船で捕鯨員が五五人とされていた。船は多少大きくなってはいたが、オランダのスピッツベルゲンでの捕鯨もバスク捕鯨のスタイルをそのまま取り入れたものなので、人員はそれほど変わってはいないだろう。だが、ここでは湾内に鯨が満ち、陸上では昼夜ぶっ通しで搾油作業が続けられたという。一七二〇年に本格的な北極圏捕鯨産業史である『グリーンランド捕鯨史』を出版したC・G・ゾルグドラーハルによると、非捕鯨員を含めて一隻に通常の乗組員の倍の一二〇～一八〇人が乗っていたとしている［Proulx 2, p.54］。それに基づくと、二四〇〇人から多くて五〇〇〇人といったところだろうか。

それにしても、一六二〇～三〇年代に、永久凍土の極北の地に捕鯨関係者だけの専用の町が出現し、五〇〇〇人に達するほどの人が働いていたと考えると、鯨に対してよりも、それを追いかける人間たちに対してより大きな驚異を覚えるのは私ひとりではなかろう。

ではいったい、そこではどんな捕鯨が行なわれていたのだろうか。

湾内での捕鯨

ホッキョク鯨は体長一五～一八メートル、脂皮の厚さは五〇センチもあり、一頭から脂皮が六四ガロン入の樽で七〇樽、鯨油約二一トンが採取できた（図17）。ちなみに、バスク捕鯨のセミ鯨からは鯨油が平均七トン、アメリカ式捕鯨の主対象であったマッコウ鯨からは、脳油（スパルマセティ）を含めて一頭から採取される鯨油は約三～四トンである。何はさておき、ホッキョク鯨が近代捕鯨産業で最初の捕獲対象とされた理由はここにあったのではないだろうか。

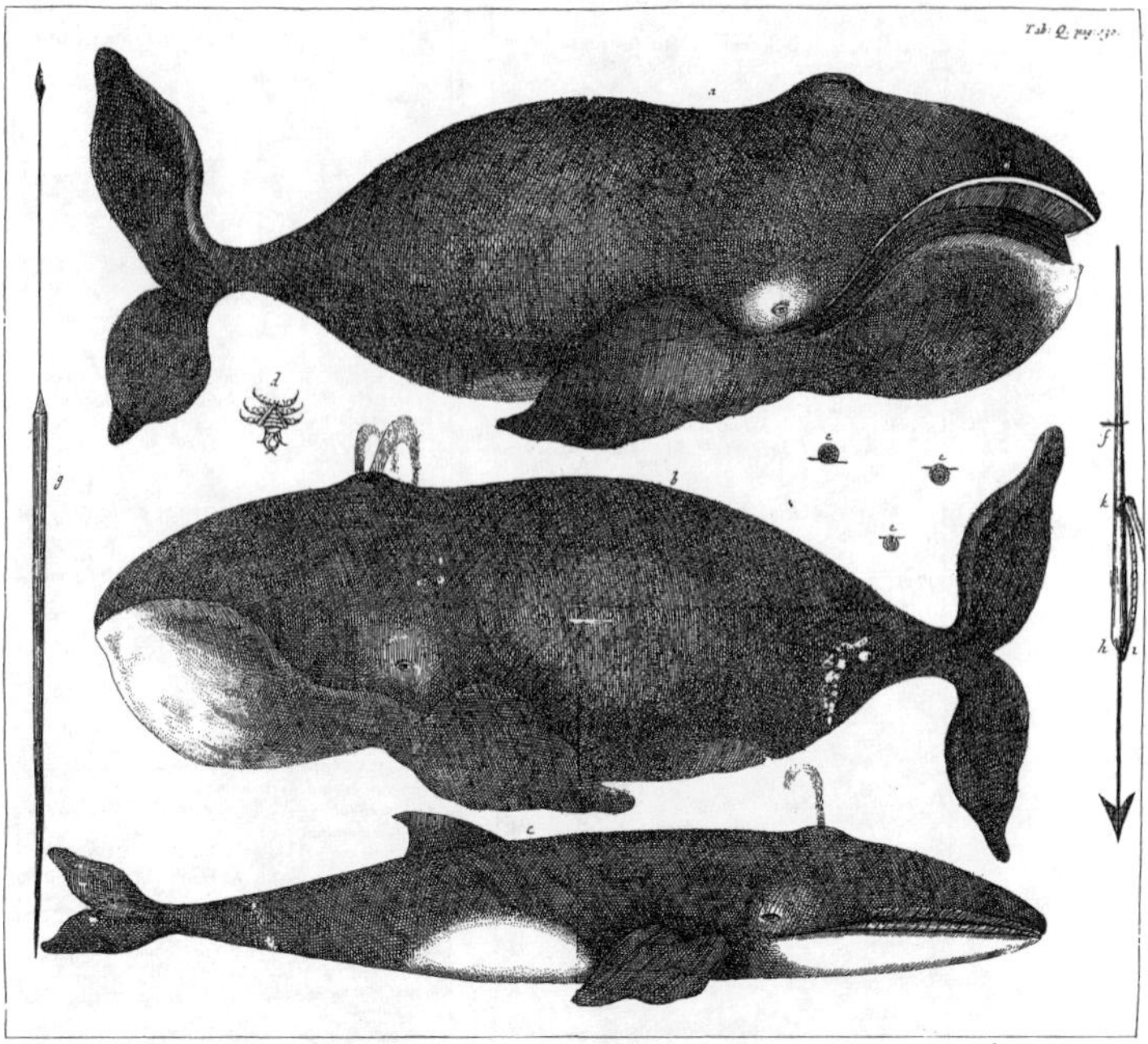

図17　マルテンスの描いたホッキョク鯨（上二つ）とナガス鯨

ホッキョク鯨は、年の初めに東に向かって移動し、初夏になると、スピッツベルゲン島の西海岸にやってきて、湾内で大きな群れをつくる。捕鯨船は湾内に鯨がやってくる少し前に到着し、捕鯨基地に選んだ湾内に、船尾を岸に向けて停泊する。岸にテント（小屋）を建て、巻き上げ装置や搾油用のかまどを設置する。準備が整うと、湾内に鯨が入ってくるのを待つ。

残念なことに、一六二〇〜三〇年代のスピッツベルゲンでの捕鯨の様子を詳しく書き記した資料は残っていない [Gerritsz., p.77]。ここでは、モスクワ会社のロバート・フォサビーが書き記した一六一三年の記録と収録図版から、バ

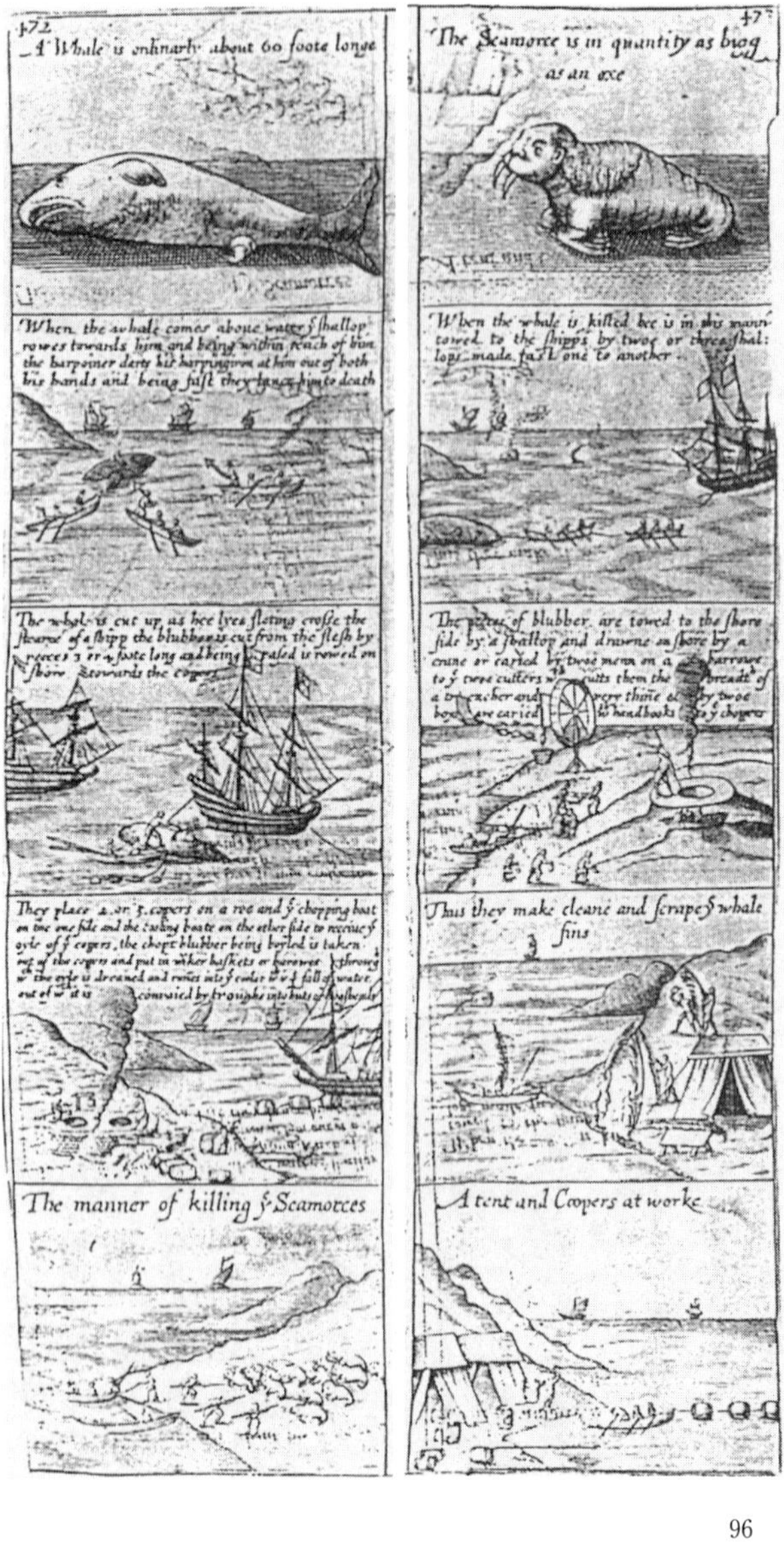

図18　スピッツベルゲンでの捕鯨

スク人によって行なわれていた湾内捕鯨を見てみることにしよう（図18参照）。
①鯨が湾内に入ってくると、捕鯨ボートでいっせいに鯨を追いかけ、鯨に近づくと、舳先に立った銛打ちが鯨めがけて銛を投げる。
②銛が刺さった鯨は海中深く潜っていく。それにあわせて、銛につないであるロープをボートからのばしていく。やがて鯨は猛烈な勢いで逃げはじめ、ボートも舳先を水中に突っ込むようにして走り出す。
③ボートを一、二マイル以上も引っぱってから、鯨は呼吸をしに浮き上がってくる。それを逃さずにボートを鯨に漕ぎあげるように接近して、ロングランス（槍）で鯨の胸びれの下を何度も深く突く。このとき、鯨はあばれもがき、尾びれで海面を激しく打つので、ボートが転覆したり、人が死傷したりする危険がある。そのため、いつもほかのボートが二、三隻付きそっている。
④とうとう鯨は血を吹き上げ、多くは腹を上にして絶命する。尾びれにロープをかけ、本船までボートで引っぱっていき、船尾に鯨をつなぎとめる。
⑤鯨解体作業員二、三人がボートに乗り移り、一人が長い爪竿で鯨を固定し、もう一人がボートの上か鯨の上に乗って、長いカッティングナイフで脂皮に幅一メートルほどの切れ目をいれていく。それをフックに引っかけて、船尾甲板の巻き上げ機で吊り上げて、ロングナイフを持った一人が肉身から脂皮をはがしていく。
⑥はがした脂皮を海面に浮かべ、穴をあけてロープでしばり、まとめて岸まで引いていく。それ

をクレーンで岸の上まで引き上げ、三〇センチ四方、厚さ一五センチくらいに細断していく。今度はそれを、少年が両手に持った小さなフックにぶらさげて、脂皮を細かく切り刻むところまで運んでいく。

⑦そこで、脂皮は、ぶち切りナイフで二、三センチに切り刻まれ、そばに陸あげされているボートのなかに熊手のようなもので掃き落としていく。そこから銅のひしゃくで掬《すく》って大きな桶に入れられる。桶は腕木に吊るされてボートと搾油用のかまどを行ったり来たりする仕組みになっている。こうして、小片にされた脂皮は、かまどにセットされた釜に入れられる。

⑧釜が熱せられ、脂皮から油が煮立ってくると、脂皮は茶色く焦げた絞り滓《かす》（フリッター）となって浮いてくる。それをひしゃくで掬って、編みかごにいれる。編みかごの下には水が半分くらいまで入れてある別のボートが置いてあり、かごからしたたる油を受けるようになっている。釜に貯まった油もこのボートの中に移され、水で冷やされる。ボートのなかの水は油を冷やすだけではなく、ボートのなかが汚れないためでもある。また、フリッターは、かまどの燃料として再利用される。

⑨冷えた油は、ボートから木製の長い樋をつたって大きな樽に注がれる。樽がいっぱいになると、せんをして、印をつけ、並べられる。それから一度せんをぬき、再度油を冷やす。油が十分に冷えていないと、樽からもれることがあるからだ。こうして樽詰めされた油は、ボートにつないで本船まで運ばれる。

捕獲や解体・搾油の手順は細かくわかれ、いろいろな道具が使われていて興味深い。これは、バスク人が長年の北米海域での捕鯨で編み出した方法だが、オランダ人の捕鯨の様子を書いた文章や図版を見ると、鯨は岸に引き上げられて解体され、油を冷やすのに大きな桶が使われていることもある。

鯨ヒゲについては、鯨解体時に頭部だけ切り落とされ、それを岸に引き上げておいて、手斧で切断していく。付着している汚れや油を、樽職人が使っている鉄の道具でそぎ落としたり、砂をこすりつけたりしてきれいにし、一頭分の鯨ヒゲを五〇束くらいに分けて本船に積み込んだ。ただし、一五八〇年代まで鯨ヒゲは非常に安価だったので、バスク人は捨てて顧みないこともあったという。しかも、たとえ持ち帰ってもそれは、船の装備を請け負った者の所有と決まっていた。鯨ヒゲが重要な商品として扱われだしたのは、一五九〇年代からだった［Proulx 1, p.72］。

スピッツベルゲンやヤンメイエン島では、捕鯨のほかにセイウチ猟やシロクマ猟も行なわれた。変わったところではイッカク鯨の牙も採取された［森田、四六頁］。ようするに、換金できるものなら何でも捕獲したということだろう。

むだに終わった越冬の試み

一六三〇年のスピッツベルゲンでの捕鯨シーズンの終了時、エドワード・ペラムほか八名のモスクワ会社のボートクルーが、うっかり島に置き去りにされるという事件が起きた。今回同様、ウィリアム・グッドラード（グッドラッド）船長は、以前にも「ならず者たち」を置き去りにし、全員を死亡させるという事件を起こしていた。

だが、今回のペラムたちはとても勇敢で、沈着だった。彼らはまず、ベル・サウンドにある小屋ま

図19　バレンツ隊の越冬準備。シロクマから油を取り、わなでキツネを捕って食糧にした。

で行って、小屋のなかにさらに越冬用の部屋を作り、たきぎを集めた。そしてアイス・サウンドまでトナカイ狩に行き、鯨の残骸を集めて油を採取した。さらに、わなを仕掛けてキツネを捕り、長く厳しい冬に備えた［Gerritsz., p.67］。それまで、北極圏で越冬に成功した例は、先に紹介した一五九六〜九七年のウィレム・バレンツ隊があるのみで、その時は場所も北緯七六度付近のノヴァヤゼムリャであり、越冬の可能性もあろうかと食糧や装備はあらかじめ用意していた（図19）。

翌一六三一年五月二五日、彼らは無事救出された。ペラムの書いた体験記『神の御業《みわざ》と摂理』は同年ロンドンで出版され、イギリスはもとよりオランダでも大きな反響を呼んだ［ibid., p.68］。

その二年後の一六三三年、オランダの北方会社は、スピッツベルゲンとヤンメイエン島で越冬を行なうために、各七名ずつ一四名の越冬隊員を募集した。この越冬計画の直接のきっかけは、その前年の一六三二年に起きたヤンメイエン島の捕鯨基地が略奪されるという事件にあった。

当時、スミーレンブルグには、オランダのほかにデンマークも捕鯨基地を構えていた。そこでの捕鯨権を持っていたコペンハーゲンのブレム某《なにがし》は、一六三二年、二隻のバスク船を伴って入港しようとしたが、オランダの司令官によってバスク船は追い返されてしまった。捕鯨シーズンも終わり、オランダ人が引きあげた後、ブレム某はヤンメイエン島のオランダ捕鯨基地を破壊し、貯えられていた油や備品を奪って逃げた［ibid., p.73］。

このニュースがオランダにとどくと、北方会社では、捕鯨産業の維持と会社の既得権益の保護、それに莫大な経費を要する往復の船の装備費削減のためにも、両島に人を永住させるのが得策と考えた。むろん、ペラムたちの越冬成功に刺激されたことは言うまでもない。

こうして、一六三三～三四年の冬季間、スピッツベルゲンとヤンエイメンの両島で越冬が試みられ、スピッツベルゲンのヴァン・デル・ブルッへ以下七人は越冬に成功したが、ヤンメイエンで越冬を試みた七人は全員が死亡した。この結果、ヤンメイエンよりもスピッツベルゲンのほうが冬の気候が厳しくないという誤った推論がなされたのか、翌一六三四年、今度はスピッツベルゲンだけの越冬要員七名が安易に募集されたようである。なぜなら、この年の越冬隊員はトナカイ狩りを怠り、二月末までに全員が死亡してしまった。

以降、北極圏での越冬の試みは一度も行なわれなかった。というのも、一六三〇年代の後半頃から、ホッキョク鯨がスピッツベルゲンの湾内からしだいに姿を消していった。それにともなって捕鯨の仕方も、湾内での基地捕鯨からしだいに外洋での捕鯨に変わっていき、しだいにスミーレンブルグも、寄港地か緊急の避難場所にしか使われなくなっていった。そして、北方会社は解散し、一六四二年以降はすべての人に捕鯨の自由が与えられ、それまで北方会社が毎年送りだしていた数十隻の捕鯨船は、一六八〇年のピーク時には二五〇隻近くを数えるまでになり、オランダ捕鯨の全盛期を迎えることになる［Proulx 2, p.56］。

その全盛期前の一六七一年、スミーレンブルグを訪れたフレデリック・マルテンスは、荒れ果てたスミーレンブルグの様子をこう書き残している。

小さな村のようなスミーレンブルグに面して、数軒の小屋が搾油用のかまどといっしょに建っている。そこはかつて〝スラム街の調理場〟と呼ばれていた。今も四軒がそのまま残っていて、うち二軒は倉庫、あとの二軒は住居用で、それほど大きくはない。ストーブの煙突の先が天井板に据え付けられ、天井の上の二階が小屋の幅いっぱいの寝室になっている。倉庫のほうがいくぶん大きく、そこには樽や桶が朽ちたままころがり、氷が容器の形のまま凍りついている。鉄床《かなとこ》ややっとこ、その他〝スラム街の調理場〟につきものの道具類も凍りついている。桶がまるでそう置かれたままの状態で今もあり、そばにパンをこねる木鉢が置かれている［Martens, p.25］。

六　基地捕鯨から外洋へ

一六三〇年代の後期、スピッツベルゲンの湾内のホッキョク鯨が減少しはじめ、海岸から遠くはなれた場所で捕獲した鯨を基地まで運んでこなければならなくなった。このむだを最初に解消したのはバスク人だった。

バスク人は、当初スピッツベルゲン島の北部、ビスケー岬で捕鯨を行なっていたが、一六三〇年代から海岸に基地を持てない状態に追いやられ、やむなく船上で搾油する方法を開発し、いち早くスピッツベルゲン〜グリーンランド間とノルウェー沖で捕鯨をはじめた [Proulx 2, p.24]。

つづいてオランダも陸上の基地をはなれ、スピッツベルゲン、グリーンランド、ヤンメイエン、ノルウェー東部沖にかこまれた広い海域で捕鯨をはじめるようになった。波静かな湾内とちがって外洋は波風が強く、そのうえ、常に氷との接触・摩擦の危険が増したので、船は内側に横梁を追加し、外側に鉄板を張って補強した、長さ三三メートルの四〇〇トン級の船が登場し、一六六〇年代から本格的に外洋での捕鯨に移っていった。

海岸に基地を持ち、捕獲した鯨を陸上で解体処理できた湾内捕鯨とちがって、外洋捕鯨は二つの点が異なってくる。一つは、捕獲した鯨を本船の左舷に横付けして脂皮を剝がし、船上でそれを切り刻んで樽詰めにしたこと。二つは、船上で搾油までしたバスク人と異なり、火災の危険をさけて脂皮を樽詰めにしたままオランダに持ち帰り、本国で搾油するようになったことである。

一六七二年四月二七日、スコットランドのセントキルダ島付近で捕鯨ボートに乗り込んで捕鯨を実見したことのあるフレデリック・マルテンスは、鯨の頭を船尾に向けて左舷側で解体作業をするのは、氷から作業員やボート、鯨を守るためであり、右舷側には舵取り用のオールがあるためだとしている。

また、解体作業員は皮製の上着を着て、ブーツをはいて作業をした［Martens, pp.157-8］。三〇センチほどの大きさに刻まれた脂皮を樽詰めにしてオランダまで持ち帰ると、途中で脂分が二〇パーセント発酵してしまううえに［ibid., p.163］、捕獲してから搾油するまでに長時間を要するために、鯨油の品質が低下し、価格も下落した。

当時、オランダの捕鯨員の朝食は、お湯か牛乳で溶いたかゆ状のもの（オートミール）で、ほかの食事メニューは、マリネード漬けの肉、干した魚、エンドウ豆、パン、それに水だった。海岸に上陸したときには、採取した魚や海鳥の卵、野菜がメニューに加わった。彼らが食事で一番気をつけたのは、貧しい献立で病気にならないようにすることだった［Proulx 2, p.56］。

船の上から鯨を見つけるか、噴気の音を耳にすると、「下ろせ、下ろせ」の声が響きわたり、捕鯨ボートがすばやく下ろされ、普通は六人、ときに七人が乗り込んで、鯨を追った［ibid., p.145］。あとはすでに紹介したとおり、バスク人たちの捕鯨方法と基本的に変わりはない。ただ、鯨に猛烈な勢いで引かれていくとき、くり出されていくロープがボートの舷をこすって、火を噴くことがある。それを防ぐために、ぼろぎれのモップで休むことなくその箇所を濡らさなければならないほど、ロープもボートもフルスピードで引っぱられた［Martens, p.147］。後にアメリカの捕鯨者たちは、これを「ナンタケットの橇滑《そり》り」（ナンタケットとはアメリカ有数の捕鯨基地）と呼ぶようになる。

パックアイスでの捕鯨

一六八〇年代、オランダはヨーロッパの鯨油市場の七〇パーセントを独占し、一六九九〜一七〇八年の一〇年間に捕鯨船一六五二隻が出漁し、八五三七頭を捕獲し、売上額二六三八万五一二〇フローリン、純利益は四七二万七一二〇フローリン（三九万三九二六ポンド）にのぼった［Proulx 2, p.55］。捕鯨船一隻につき、五頭強の捕獲数である。

ところで、一八世紀初めにはスピッツベルゲン周辺の鯨は捕りつくされ、グリーンランド東部でも鯨が激減してくる。その状況を救ったのが、グリーンランドの西海岸、デーヴィス海峡での新たな捕鯨場の発見だった。この海域はかつて、イギリスの北西航路探険が幾度も行なわれ、一五八五〜八七年のジョン・デーヴィスによる計三回の航海時に、すでに鯨の棲息が報告されていたし、一六一五、一六年のウィリアム・バフィンによる二回の航海報告でも、捕鯨とセイウチ猟が推奨されていた。

一七一九年、デーヴィス海峡での本格的な捕鯨が開始されると、一七二一年には、二五〇隻を上回る数の捕鯨船が殺到して、オランダ捕鯨の第二期黄金時代を迎えることになる。

デーヴィス海峡での捕鯨は、船足が延びた分だけ航海期間が長くなった。二月末には出航し、ラブラドル半島に沿ってカンバーランドまで北上し、五月にデーヴィス海峡をグリーンランド側に渡り、六月にバフィン湾に到り、九月初めに帰路についた。だが、この海域は氷山があちこちに浮かんでいるパックアイスで、危険は大きかったが、半面、捕鯨にとっては理想的でもあった。鯨が息つぎで浮かび上がってくる場所が限られていて、捕獲しやすかったらしい。

航海期間が長くなるとそれだけ船の装備費がかかるが、その費用はホッキョク鯨二、三頭の油でまかなわれ、一回の航海で平均八頭が捕獲された［ibid., p.34］。

一七三〇年代になると、それまで一時中断していたイギリスが、捕鯨産業に補助金を与えて復活を

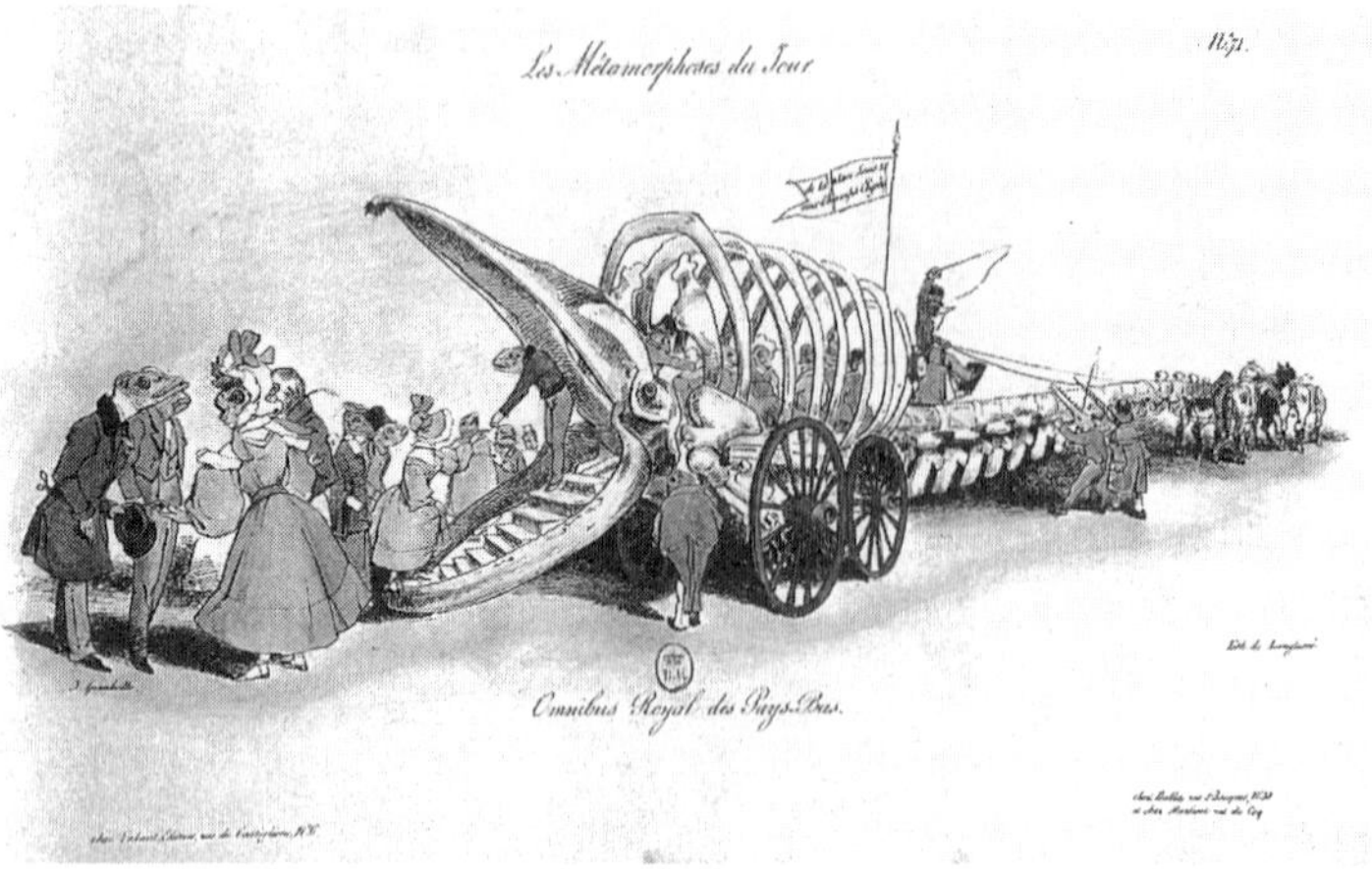

図20　グランヴィルの石版画「ネーデルランド王の乗合馬車」．往時の捕鯨王国オランダを諷刺している．『真昼のメタモルフォーズ』（1828—29年）より．

試みるようになる。一八世紀後半になると、産業革命がはじまり、アメリカの独立戦争（一七七五〜八二年）が起きると、それまでアメリカからの輸入に頼っていた鯨油が思うにまかせなくなり、鯨油の需要が急激に増加した。こうした状況と国をあげての保護政策の結果、イギリスは一七八六年には一六二隻、八七年には二五〇隻、八八年には二五五隻をグリーンランドやデーヴィス海峡へと送りだすまでに回復した［ibid., p.33］。

一方、オランダは、アメリカについでイギリスというライバルが復活してくると、一七七〇年代から捕鯨産業にかげりが見えはじめ、一九世紀初頭には、ほぼ二世紀間つづいた捕鯨業に終止符が打たれることになる（図20）。

捕りつくされたホッキョク鯨

本船に捕鯨ボートを積み込んで捕鯨場に行き、そこで鯨を捕獲するというバスク捕鯨が開発したスタイルは、一つの捕鯨場の鯨を捕りつくすと、それに代わる新たな捕鯨場を見つけては移動していき、ときには捕獲する鯨の種類が変わることさえある。この捕鯨スタイルで最初に捕りつくされた鯨が、北大西洋側の北極圏海域のホッキョク鯨である。

日本を除いて、捕鯨砲による現代捕鯨がはじまる以前は、死んだ後も沈まないセミ鯨類とマッコウ鯨だけが捕獲の主な対象だった。バスク人はビスケー湾でも北米海域でも、セミ鯨を捕獲していた。スピッツベルゲンではじまった北極圏捕鯨では、同じセミ鯨の仲間のホッキョク鯨が対象とされた。特にホッキョク鯨は、脂皮が分厚く、大量の鯨油が採取できたので、捕鯨効率を考えると理想的な鯨だったにちがいない。

そのことを端的に表わしているのが、鯨の呼び方である。ホッキョク鯨は捕鯨にもっともふさわしいという意味で、right whale と呼ばれた。またバスク人が捕獲し、アメリカ捕鯨でも大西洋で広く捕獲されたセミ鯨も、同じく right whale と呼ばれた。さらに、アメリカ捕鯨の主対象とされたマッコウ鯨は、単に whale と呼ばれた［森田、四三頁］。

このことは日本でも同じだった。油がもっとも多く取れるセミ鯨を「本魚《もとうお》」と呼び、他の鯨は「雑物」と呼ばれた。また、その価値表示も本魚との価値の比率で示され、藩に納める運上銀（税）の額などもこの比率で決められていた。これは、二〇世紀の南氷洋捕鯨において、他の鯨がシロナガス鯨との比率で示された「シロナガス換算＝ＢＷＵ」方式の先例といえなくもない。

さて、一七八〇年代から北極圏捕鯨を積極的に再開したイギリスは、一七九〇年代になると、南大西洋や南米西海岸の太平洋、さらにはオーストラリア近海へと出かけ、マッコウ鯨やセミ鯨を追いかけるようになる（これについてはII巻六章参照）。そして、一八一〇年代には、北極圏と「南の海」の比率がほぼ同じになり、一八二〇年代にはバフィン島の西海岸の捕鯨場が発見されて、イギリス捕鯨の絶頂期を迎えることになる。しかし、一九世紀の後半になると、北極圏捕鯨は衰退していき、スコットランドだけにかぎられていたその捕鯨も、二〇世紀初めにはとうとう終焉の時を迎えることになる。それは言い換えれば、この海域のホッキョク鯨とセミ鯨が捕りつくされた時期でもあった。

第三章　鎖国と「鯨組」の誕生

二章ですでに述べたように、ヨーロッパの捕鯨業は、東方の富を求めてはじまった大航海時代に、その航路の途上で出会った鯨の社会的な価値に気づき、すでにバスク人が独自に作り上げていた捕獲技術を取り入れて、総合商社の「もうかる事業」の一つとしてはじめられた。同時期、日本でも捕鯨が一つの産業として確立していく。だが、それはヨーロッパとは対照的に、「倭寇《わこう》」と呼ばれる海賊＝商人たちが行なっていた、東シナ海を中心にした「密貿易」や海賊行為、あるいは、その後の南蛮・黒船貿易に触発されてはじまった東南アジア貿易が、時の権力者に独占され、終息していくのと時を同じくして生まれてくる。鎖国とは外洋を切り捨てることで成り立つ「海の平和」だとすれば、なぜ海が「平和」になる過程で捕鯨業が生まれてきたのかを、海に生きる人々の側から問うてみるのも、意味がありそうに思われる。

一　東アジアの大航海者たち

日本の捕鯨業が、なぜ近世初頭にはじまったかを問うために

近世初期にはじまった日本の捕鯨業について書かれた本は、いずれも判で押したように、捕鯨業をはじめた中核が海賊＝水軍の出身者であったり、その根拠地であったりしたことを指摘している［福本、六八、一〇五頁］。そして、そのことが、鯨を捕獲する技術体系にいかに生かされていったかを教えてくれている［田上、三九一頁］。

それらはたしかに重要な指摘だ。だが、どうしても結果からする指摘に思えてしようがない。そこには、なぜその時期でなければならなかったのか、という根本的な問いが抜け落ちているように思われる。なぜなら、すでに一章で見たように、伊勢湾周辺は古くから熊野水軍の名で知られた海賊たちの活躍する場であり、そこでは一五世紀半ば頃から、鯨を積極的かつ永続的に捕獲する集団や技術があったことをうかがわせているし（一章三四〜七頁参照）、彼らは、みずからが根拠地としている海域を鯨が回游していくのを幾度も目にしていたはずだからである。

鯨を目にすること、あるいは捕鯨を目にすることと言ってもいいが、それと鯨や捕鯨の社会的な価値を発見することとは、次元を異にしている。鯨や捕鯨の社会的な価値を発見するためには、みずからのそれまでの主要な生業になんらかの変化を余儀なくされ、その変化の過程や結果として鯨と出会い、鯨を新たな目で見つめ直す必要があるように思われる。伊勢湾から紀伊半島全域、さらには大阪

湾から瀬戸内の島々、土佐、長門、そして九州西海域の広い範囲で、近世初頭、海に生きる人々のあいだでどんな変化が起きていたのだろうか。これらの海域はいずれも海賊＝水軍の根拠地であり、古くから海士《あま》の活躍する漁村であり、その後の捕鯨業に深く関係した所でもある。まずは、彼らのバックグラウンドから問うてみることにする。

海に生きる人々

一口に海に生きると言っても、従事する仕事はさまざまである。魚や貝や海藻をとる漁撈、塩作り、漁撈に必要な道具や船を作る鍛冶《かじ》や大工、船を操る廻漕業、魚介を売り歩く商人、商人と廻漕業者を兼ね備えた交易商、武装した船を乗り回し、通行税を取ったり積荷を奪ったりする海賊、半農半漁の生活などなど。しかし、これらの人々に一つだけ共通しているのは、彼らが農地の狭い、土地の生産性が低い島嶼部や海岸べりに住み着いている（いた）ことだ。古く彼らは海夫＝海部（かいふ、あまべ）と呼ばれ、阿曇連《あずみのむらじ》の支配のもとで朝廷に海産物を貢納する集団として知られていた。

農業は自給自足が不可能ではないが、漁業は取れた魚介を米や穀物と交換する必要がある。また、陸の道はルートが限られ、監視されやすいが、海は四方に開け、船を操る者以外は容易に立ち入ることができない。言い換えると、農に従事することは「一所懸命」を旨とし、海に従事することは、交通の自由が保障されている限り「他所懸命」が大幅に許されているとも言えるだろう。彼らの多くは、出生地を一時的あるいは永久に離れて、「海を渡り歩く者たち」ともなっていく。

天正一六（一五八八）年、豊臣秀吉が発した海賊禁止令では、「国々浦々船頭、猟師、いつれも船つかひ候もの」が、すべて海賊扱いにされている。さらに、この海賊禁止令に関連した薩摩島津家の文書や、肥後の加藤清正の家臣宛の返書によると、海賊とされた者は「近年いづくともなく他出せる」「妻子なども持たず、ゆくえ知れずの者」だという。つまり、定住性のない、船使いの巧みな者たちが海賊というわけだ。だがこれは、あくまでも領民を支配する側から見た規定にすぎない。

海部＝海士は、米を経済の基本単位とする社会では、村・陸《おか》に対して浦・浜と呼ばれ、一等低く見られることが多かった。さらに、彼らの生活は海だけではやっていけず、他所との交易や交換に頼らざるをえなかった。通年漁をやるためには、漁場を移動していく必要もある。いうならば、移動性は彼らの生活にはつきものだった。しかも、交易が盛んになり、海上交通が発達してくるにつれて、彼らの「稼ぎ場」はしだいに増えていき、さらに戦争が続く乱世ともなれば、軍需物資の調達・輸送だけではなく、水軍としてなくてはならない兵力の一翼を担っていくことになる。

飢饉・凶作の続いた中世農村の次男・三男たちにとって、戦場が必要不可欠な稼ぎ場であったことを指摘した藤木久志の『雑兵たちの戦場』に倣って言えば、海賊行為や倭寇は、中世の漁村民にとっては生きていくために必要な一つの生活スタイルだったのであり、重要な出稼ぎ場や転職の機会だったと言っていいのではないだろうか。

海という「稼ぎ場」

その七年後に日本にやってくるイエズス会の宣教師ルイス・フロイスは、一五五五年一二月、マラッカで倭寇の活動を耳にして、こう書いている。

わたしどもは昨年、当地で、シナからきたジャンク船からつぎのことを聞いた。シナと日本とのあいだには、じつに猛烈な争いがあり、鹿児島から一大船団がシナに渡航して、シナ沿岸各地を数多く破壊した。ことにひじょうに人口の多い一都市に大打撃をくわえ、その都市におった貴族たちを捕え去った。これらの戦争の由来はふるく、永年のあいだ鎮定することがなかったということである。シナと日本との争いは、日本にいこうとするポルトガル人にとってはまことに好都合である。というのは、シナ人がその商品を載せて日本に送らないから、ポルトガル商人が日本において交易するのには、はなはだ有利となるからである〔岩生、三五頁〕。

こうして日・明の勘合《かんごう》貿易が中断し、代わってポルトガル人が九州各地で貿易をはじめることになる。痛手をこうむるのは室町幕府だけであり、他は勝手に密貿易をやれるから、むしろ好都合だったはずである。

フロイスも言っているように、倭冦の歴史は古く、鎌倉時代の中頃までさかのぼることができ、南北朝の内乱期に一度ピークを迎え、戦国末期のこの時期、再度ピークを迎えていた。まさに、戦争が海賊を増やし、海が一転して広大な稼ぎ場となる。当時活発になった倭冦の活動を、年表から拾っておく。

一五四四年　倭船二〇余隻、朝鮮慶尚道蛇梁鎮を攻撃。李朝、日朝通交の断絶を通告する。
一五四五年　この年以降、明の海商に誘導されて明に行く密貿易船、増える。

一五四七年　日・明の勘合貿易、途絶える。
一五四八年　福建の密貿易を取り締まる浙江巡撫・朱紈、双嶼港を攻撃して倭冦に打撃を与える。
一五四九年　倭冦、浙江を侵す。朱紈、自殺す。
一五五〇年　ポルトガル船、初めて平戸に入港。カピタン・モール制による南蛮貿易開始。
一五五二年　倭冦、浙江を一〇回にわたって侵す。
一五五三年　明人の王直率いる倭冦、浙江・江蘇を一四回にわたって侵す。
一五五四年　浙江等を九一回にわたって侵す。
一五五五年　倭冦、八〇日にわたって浙江・安徽省を侵し、南京に入って四千余を殺す。王直の率いる肥前五島の倭冦、朝鮮全羅道達梁浦等を侵す。
一五五六年　明の使節鄭舜功、豊後に来て倭冦の鎮圧を幕府に要請する。
一五五七年　五島を根拠地とする倭冦の頭目王直、明の浙江巡撫・胡宗憲に降伏する（二年後処刑される）。ポルトガル、マカオ居住を認められる。
一五六二年　大村純忠、ポルトガル人のために肥前横瀬を開港し、地所の半分を教会領とする。
一五六三年　明、福建に倭冦を破り、興化府城を回復するも、再び奪われる。
一五六七年　明、当初来の海禁策を解き、南海貿易解除される。この年、イスパニア人、ルソン北方カガヤン地方で日本人五〇〇～六〇〇人、日本船一二隻と遭遇し、交戦する。

記録に残るわずかな事例だけからでも、倭冦＝海賊＝商人について多くのことがわかる。

①この時期の倭寇には日本人だけではなく明人も含まれ、むしろ中核は明人だということ。
②倭寇の根拠地の一つが九州西海域にあること。特に五島《ごとう》・平戸《ひらど》はその中心的な場所であったこと。
③海賊大名である肥前松浦氏などは、むしろ倭寇に門戸を開いて利を得ていた可能性があること。
④倭寇はなんら領土的な野心をもたず、もっぱら略奪行為ばかりを繰り返していること。
⑤戦国末期を迎え、戦争が大型化・永続化してきたり、南蛮貿易や東南アジア貿易が活発化してくると、倭寇もその稼ぎ場所を変えているらしいこと。

たとえば、①②③については、秀吉の海賊禁止令がだされた翌年の天正一七（一五八九）年一〇月三日、肥前松浦氏は秀吉から以下のように命じられている。「この春、肥前松浦領内の商売船に『てつくわい』と申す唐人の大将が乗り込んで、八幡（ばはん）に出向き、唐船の荷物に海賊行為を働いたので、その者らを残らず捕らえて差し出せ、糺明はこちらでやる、連行しなければその方も同罪とする」と。

だが、その襲われた船もどうやら密貿易をやっている倭寇であり、肥前松浦領内を根拠地にしている「てつくわい」という唐人の商売船と同類であったらしい［藤木II、一三二頁］。

さらに明の末期、清に追われた明王朝を建て直すべく台湾を拠点にアジア貿易に活躍した、近松門左衛門の『国性爺合戦《こくせんやかっせん》』の主人公・国性爺こと鄭成功《ていせいこう》は、一六二四年に平戸で生まれている。彼の父鄭芝龍《ていしりゅう》は、一八歳のとき平戸にきて、在留シナ人の頭領李旦のもとで働き、のちに福建の海賊の頭領となって東シナ海を制圧し、明の海将に任じられて長崎貿易を行なった。母は日本人田川氏だという

〔岩生、四〇四頁〕。

こうみてくると、当時、平戸を中心とした肥前の国がいかに東シナ海や中国との結びつきが強かったかがわかってくる。このことは、とりもなおさず倭冦とのつながりといっていいだろう。

④については、先にあげたルイス・フロイスが一五八五年に書いた『日欧文化比較』のなかで、興味深い指摘をしている。「われわれの間では土地や都市や村およびその富を奪うために戦う。日本では戦争はほとんどいつも小麦や米や大麦を奪うためにおこなわれる」と〔フロイスI、五七五頁〕。

たしかに当時の戦争は、攻め入った先で兵糧を奪い、かつ敵の糧道を絶つために「青田刈り」が行なわれた。しかし、上杉謙信の関東出兵の時季が、越後の村々がもっとも食糧不足に見舞われる晩秋から春にかけて行なわれている例が多いことから、藤木久志はこれを一種の「出稼ぎ戦争」と見、飢饉・凶作の続いた戦国の村々にとって、農閑期・端境期《はざかいき》の戦場は、たった一つの「口減らし」の場ではなかったかと指摘している〔藤木I、九六頁〕。倭冦の略奪についても同じことがいえるのではないだろうか。

ここで一つ、フロイスは書き忘れたようだ。日本の戦争につきものだったもの、そして彼自身いくたびも目にしたことのあった人間狩り、つまり捕虜のことを。事実、一五六六年にも彼は、「平戸から海賊が来て、五島の島じまの一つを襲い、多数の人を殺傷し、彼等の所有物を奪い、二十七人を捕虜としてひっぱって行った」のを知っている〔フロイスII、三〇頁〕。

また、藤木久志は、当時の戦場での略奪品に人間を加えている。目的は身代金の要求か、人身売買だった〔藤木I、三一頁〕。しかも、そうした捕虜の一部が、ポルトガルや後に来るスペイン、さらに

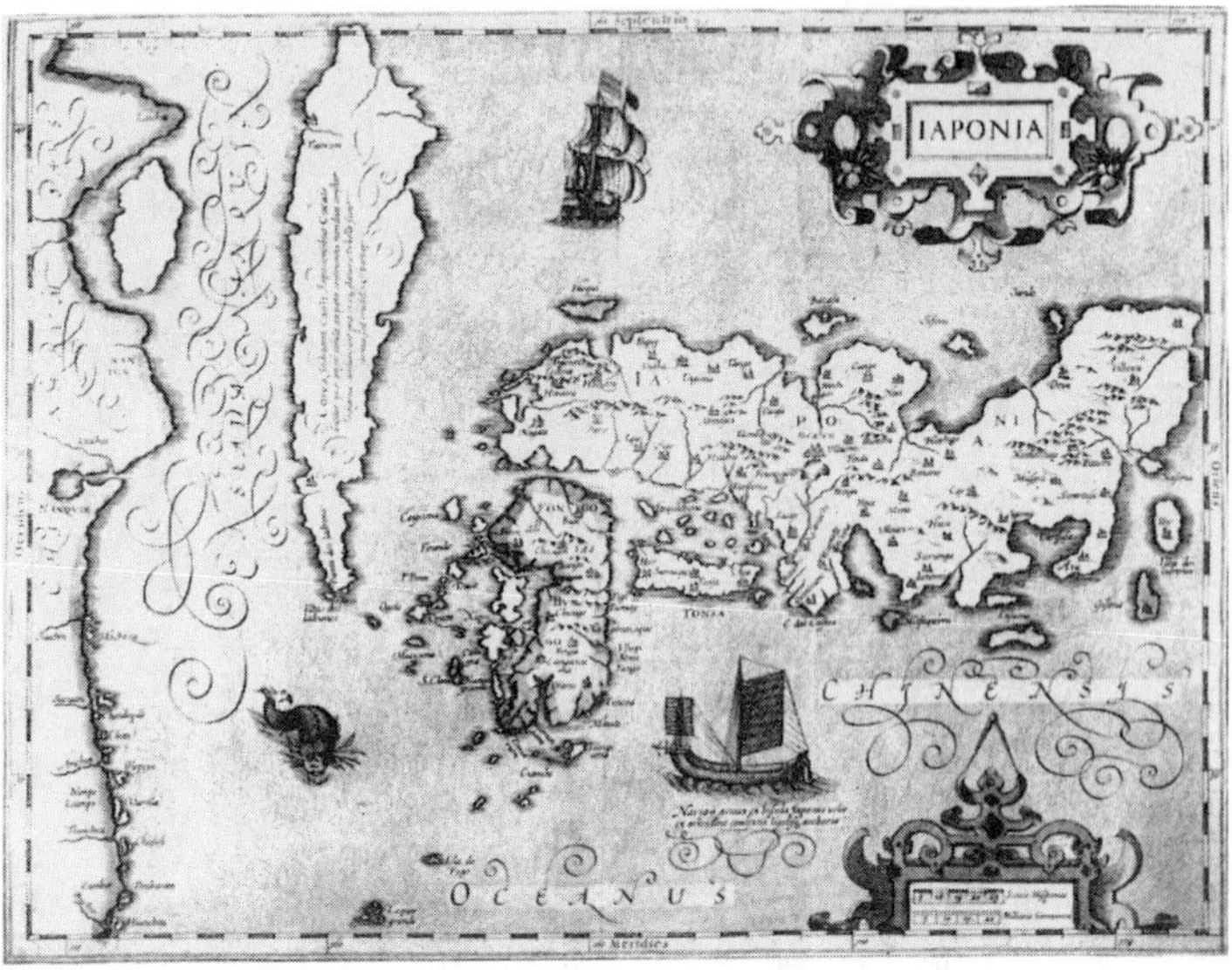

図21　メルカトル『*Atlas*』のなかの日本図（1606年刊）

はオランダの船に積まれ、奴隷や傭兵として東南アジアの各地に運ばれていった。

さて、⑤についても、フロイスを引用しておこう。一五六六年、イエズス会の宣教師二人を乗せたポルトガル船が、マカオに着く前に沈没したらしい。船が古く、そのうえ荷を積みすぎていたためと考えられた。ところが、マカオで洗礼を授かった「アントニオ・デ・メンドンサという豊後の一日本人は、カンボジヤから来た一海賊を捜し出すために船一五〇〇艘をもった船隊がシナから発航したということを、数人の目撃者と共に断言した。〔彼等の言によると〕、その船隊は海南の湾でこのぱあでれたちの乗船に遇ったのであるが、この船は檣《しょう》がなく、（中略）颱風のために楫《かじ》は折れてしまっていた。そうして、シナ人の船隊は三日三晩彼等と戦い、（中略）もうほとんど皆が死んだり傷ついたりした時に、彼等はその船に侵入して、劫奪《きょうだつ》しつくしてから、その船を沈没させたのだと彼等は言っている」〔フロイスII、三頁〕。

ここには、倭寇の出撃目標がマカオに入港するポルトガル船にあること、さらには、ポルトガルやスペインの来航で一段と活発化した東南アジア海域でもあることをうかがわせている。しかも、年表にあげた一五六七年の事例にもあるように、日本人倭寇たちがこの海域で早くも交易をはじめていて、スペインと一戦を交えるまでに利害が対立している。この時期からすでに、多くの名もなき山田長政がいたのであり、さらには、一五八九年に運命のいたずらでイギリスに渡った二人の二〇歳前後の青年が、七二頁ですでに紹介したリチャード・ハクリュートの目の前で英語を流暢にしゃべっていた事実を、越智武臣は教えてくれる〔越智、五一〇頁〕。

二人がみずからの意志で海外に出かけたのか、それとも買われていったのかはわからない。だが、一六世紀後半から一七世紀初頭にかけて、日本もたしかに「大航海時代」に突入していた（図21）。ヨーロッパの大航海時代が、航海に必要な技術や科学理論や国策的な総合商社を伴って行なわれたのに対して、日本のそれをまずリードしたのは、あくまでも新たな稼ぎ場、食い扶持《ぶち》を求めて移動する「海民」たちであった。しかし、その動きを一時的に促進し、最終的にブレーキをかけることになるのが、国内統一という「平和」の到来であった。

二　「平和」になれば職を失う

海賊禁止令——彼らはどこへ行く？

秀吉は九州を平定した翌年の天正一六（一五八八）年七月八日、世に有名な刀狩令《かたながり》と同時に、三カ条の海賊禁止令を発布した。しかし、このときの海賊禁止令は再令であり、初令にあたる資料は今のところ見つかっていないが、初令の発布は九州を平定した直後の天正一五年六月か、一六年の肥後の国衆一揆を鎮圧した直後と考えられている［藤木II、二二二頁］。

その第二条にはこうある。

国々浦々船頭、猟師、いつれも船つかひ候もの、その所の地頭、代官として速やかに相改め、向後聊かも海賊仕ましき由誓紙申し付け、連判をさせ、その国主取りあつめ申し上ぐべき事

つまり、国中の船頭や漁師など船を操る者すべてを、当地の地頭や代官がすみやかに調査して、今後いっさい海賊行為はいたしませんという誓いの連判状をとって、国主みずから秀吉に差し出せ、と。

それ以前の天正一三年か一四年九月にも、秀吉は当時伊予の国主だった小早川隆景に、能島の海賊を成敗させているし、この法令の発布後も、海賊行為が耳に入るたびに、当地の国主宛に海賊を捕らえて差し出せと命じている。

これら一連の海賊禁止令のねらいは、すでにはじまっていた南蛮貿易を豊臣政権が独占するためであり、中断している明や朝鮮との貿易再開にむけて、海上の安全を保障するためでもあった。そのためには、ぜひとも海民の実体調査が必要であり、彼らを在所の浦に留まらせ、海賊行為に赴かないように監視しておく必要があったと思われる。

さらにもう一点重要なことは、先にあげた「てつくわい」捜査の件でもわかるように、逮捕は当地の国主に任せているが、裁判権はあくまでも秀吉がもっていることである。つまり、この海賊禁止令のもう一つのねらいは、海民を秀吉の支配下におくことによって、海の支配をわがものにしようとしていることだと思われる。

だが、当時の漁村民は、なにも好き好んで海賊行為に馳せ参じたわけではない。新たな漁場を見つけるか、漁撈技術の改良・開発がないかぎり、一つの浦浜で漁をして生計をたてるには人口にかぎりがあった。「旅網《たびあみ》」といって、遠い他国にまで出かけていって漁をする理由の一つはそこにあり、海賊行為をするのも戦場に稼ぎに行くのも、結局は食うためだったのである。

食えなくなると、彼らは浦を捨て、他国に走った。すでに捕鯨業の経験を四〇年以上ももっていた土佐の安芸《あき》郡浮津浦においてさえ、不漁が数年続くと、鯨組の水主《かこ》たち一三家族五〇人は、天和二(一六八二)年の八月から一〇月にかけて、三派に分かれて九州方面に逃亡＝移住している〔羽原、二〇五頁〕。

もちろん、海賊禁止令が出されたからといって、すぐさま海賊行為がなくなるわけではない。事実、秀吉亡きあとの慶長四(一五九九)年にも、再び海賊禁止令が出されている。だが、国内が統一され、戦争がなくなり、強大な権力を背景とした監視強化のなかで、それまで水軍の下で働いていた者や海賊行為をしていた者たちは、いったいどこへ流れていったのだろうか。

その流浪先の一つが、東南アジア海域である。岩生成一は、一六世紀末から海を渡った日本人の総数を一〇万人以上とし、そのうち東南アジアに住み着いた人々は約一割と推定している［藤木I、二六六頁］。一六二〇年代になると、山田長政の活躍で知られるシャムのアユチャの日本町には、一四〇〇〜一五〇〇人の日本人が住み、同時期マニラの日本町は三〇〇〇人を数えたという。

そして彼らのもう一つの行き着いた先が、京や大坂や江戸をはじめ、各地ではじまった城下町造りの普請場、大土木工事の作業現場だった。事実、その数があまりにもすさまじかったのだろう、町へ流れ込む人口を抑えるための法令が、天正一八（一五九〇）年から矢継ぎばやに出されている。むやみに奉公先をやめるなという「浪人停止令」、その翌年に出された、不法移住者あぶりだしを目的とした戸口調査「六十六か国人掃令」、そして慶長元（一五九六）年の日雇い出稼ぎを禁じた「日用停止令」など［藤木I］。

では、海賊禁止令で「兵」と「漁」との分離を強要された漁村は、その後、「漁」をどのように確立させていったのだろうか。

海民から漁民へ

古代の海部集落は、中世になると荘園や御厨《みくりや》に組み入れられ、同じように魚介類を荘園領主のもとに運んでいた。一章ですでにふれたように、伊勢湾周辺から京へ送られていった「鯨荒巻」や「鯨桶」も、そうしたものの一つだった（三五頁参照）。そこでは、取れたものを送ればよく、みずからすすんで捕鯨業を営もうとする考えなど毛頭なかった。彼ら自身も彼らの漁撈も、荘園や御厨に属していて、自立したものではありえなかった。

そうした海部集落のあり方を根底からくつがえしていったのが、戦国の争乱であり、信長・秀吉・家康と続いた国内統一だった。その過程で、海部集落は荘園支配を離れ、在地の海賊衆や大名の水軍支配下に編入されていき、船役（水主役）を果たす代わりに、漁業権を保障されていった。河岡武春は、そうした事例をわれわれに教えてくれるが、なかでも興味深いのが、秀吉の朝鮮出兵時に水主役の負担を果たした周防《すおう》毛利領の安下庄《あげのしょう》浦や和泉国佐野浦が、その行賞として秀吉から漁業権を認められ、それがひきつづいて江戸期に入っても、水主役の負担が漁業権の賦与にむすびついている例である〔河岡、三四二〜五一頁〕。

秀吉がなぜ毛利氏領内の浦に、そんな特権を与えることができたのだろうか。想像でものを言うのは差し控えなければならないが、先にふれた海賊禁止令のねらいの一つが、海民たちに対する秀吉の直接支配の確立にあるようだと言ったことと結びついているように思われる。彼らに対する逮捕・警察権は国主にあるが、最終的な裁判・処罰権は秀吉にあることと。

文禄の朝鮮出兵（一五九二年）は、朝鮮派遣軍二〇万余（うち水軍九二〇〇人）、肥前名護屋の本営に約一〇万、京都に約一〇万の大動員だった。水主は全国の浦々から浦戸数の一〇分の一の数で徴発され（もっと比率の高いところもあった）、船頭は『多聞院日記』によると一万余人という〔同前、三四五頁〕。結果、船頭・水主の過半数が死んだと秀吉自身が認める惨状となり、浦の多くは消耗をきたすが、そうした血の代償として漁業権を与えられた浦々もまた多かったことと思われる。

船手奉行の管轄下で水主役（船役）の負担はあるが、あとは自分たちの裁量で、与えられた漁業権を最大限に生かせばよい。これが近世初頭にはじまる浦の自立であり、「兵」から分離され、漁業に専従する漁民の誕生ではなかっただろうか。彼らは、利があれば他国にも積極的に出漁するだろう。九十九里をはじめとする関東の鰯網は、元和年中（一六一五～二四）、紀州加太《かた》浦の漁人大甫七十郎という人が伝えたと『関東鰯網来由記』は記す。わが鯨にかんしても、この時期からそうした動きが活発になってくる。

三　鯨を求めて渡り歩く者たち

伊勢湾の鯨捕りたち

享保五（一七二〇）年に肥前平戸の鯨組主谷村友三《ゆうさん》が書いた、わが国最初の捕鯨専門書である『西《さい》海鯨鯢記《かいげいげいき》』によると、わが国の捕鯨業のはじまりとして、以下のように記している（従来わが国最初の捕鯨専門書とされていた、明和元〔一七六四〕年に書かれたとされる『鯨記《げいき》』は、そのほとんどがこの『西海鯨鯢記』の引用からなっていたことが判明している）。

元亀年中、三河国内海ノ者、船七、八艘ニテ沼崎（現在の野間崎か）辺ニテ突取ル。其後丹後、但馬ニモ三河ノ者往テ之ヲ取ル、利無クテ止ム。亦文禄元年、紀伊ノ国尾佐津ニ組居エル。慶長元年、紀州熊野ヱ組居エル。元和二年、西国ニ初テ来ル。

古い記録にみるかぎり、伊勢湾周辺では、一五世紀半ば頃から捕鯨が永続的に行なわれていたが、それが、元亀年中（一五七〇～七三）には利を求めて行なう捕鯨業になろうとしている。そして、文禄元（一五九二）年には、鯨組をすえるまでになっている。捕鯨業がはじまったとみていいだろう。

元亀年中といえば、織田信長が伊勢の長島一向一揆と交戦中である。しかも、この時期、三河は徳川家康が治め、水軍として千賀《ちが》氏が仕えている。知多半島や三河湾の浦々は、長島攻めや、家康と武田信玄との戦いに水主役を負担し、その代わりに、自由に漁をしてもよいという権利を手にしたのだろうか。その後の丹後や但馬への出漁は、まるで信長の勢力範囲に沿うように進んでいるので、そんなことを考えさせる。さらに、元和二（一六一六）年といえば、最後の大きな戦争であった大坂の陣が終わった翌年だが、九州へ捕鯨に出かけるまでになっている。利が見込める産業になったのだろう。

船はまだ七、八隻と少ないが、どんな種類の鯨を捕獲していたのだろうか。七、八隻としても総勢一〇〇人くらいはいたのではないだろうか。組をすえるための資金は？　取った油はどんなルートで販売されていったのだろう。堺の商人たちを通じて、京や大坂で売りさばかれたのだろうか。突き取るといっても、どんな道具を使っていたのだろう。

つぎにみる記事には、そんな疑問に少しばかり答えてくれるところがある。

関東海にて鯨を突く者

天正一八（一五九〇）年、小田原の北条氏が滅ぼされると、家康の江戸入りにともなって、千賀氏も三浦半島の三崎を本拠地にする。おそらくその縁あってか、漁業育成策かはわからないが、尾張から鯨突きの名人が三浦にやってきて、捕鯨をはじめている。その様子を、北条氏の元家臣で、当時三浦に住んでいた三浦浄心が、『慶長見聞集』のなかにこう書き残している。

愚老若き比《ころ》、関東海にて鯨取事なし。死たる鯨東海へ流れよるを、人集て肉を切取、皮をば煎じて油をとる事、度々におよぶ。（中略）くじら大魚なれ共、伊勢、尾張両国にてつく事有。是より東の国の海士はつく事を知ず。然《しかる》に文禄の比ほひ、間瀬助兵衛と云て、尾州にて鯨つきの名人、相模三浦へ来りたりしが、東海に鯨多有を見て、願ふに幸哉と、もり綱を用意し、鯨をつくを見しに、鯨子を深く思ふ魚也。故に親をばつかずして、子をつきとめいかしをく。二つの親、子をゝのが腹の下にかくし、をのが身を水の上にうかべ、剣にて肉を切さくをわきまへず、親子共に殺さるゝ、哀なりける事共也。（中略）此助兵衛鯨つくを見しより、関東諸浦の海人迄《まで》、もり綱を仕度《したく》し、鯨をつく故に、一手に百二百ヅ、毎年つく。はや廿四五年このかた、つきつくし、今は鯨も絶はて、一年にやう〳〵四ツ五ツつくと見えたり。今より後の世、鯨たえ果ぬべし。

知多半島で捕鯨業がはじまった元亀年間から二〇年後の文禄年間（一五九二〜九六）になると、早くも「鯨つきの名人」と呼ばれるほどの者が生まれている。そんな名人の一人が、綱を付けた銛《もり》を鯨

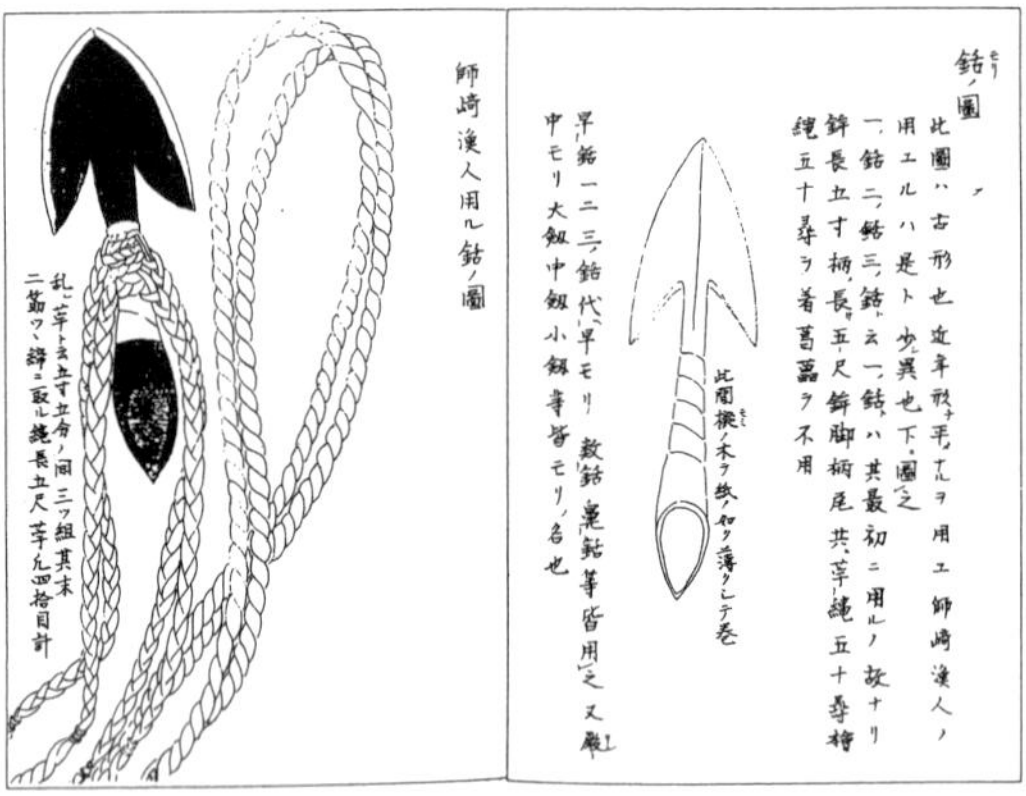

図22　知多半島師崎の古い捕鯨用銛

に突き立て、剣でとどめを刺して捕る技術を、三浦半島をはじめとする東海の浦々に伝授したらしい。しかも、「挟《はさ》み子」といって、親が子鯨を両側から守るようにして泳ぐ親子連れの鯨が、主に狙われたのであろうか。

一年に一〇〇～二〇〇頭も捕獲したというが、その多くはイルカ類で、なかには小型のゴンドウ鯨が含まれていたのかもしれない。また、この海域では、後に安房《あわ》勝山で醍醐《だいご》組がツチ鯨の突き捕り捕鯨をはじめることになるが、間瀬助兵衛が捕獲したもののなかに、体長が一〇メートルほどもあるツチ鯨がいた可能性もある。

森田勝昭は、当時用いられたであろう銛の図を紹介している［森田、一三九頁］。その図は、尾張藩士の内藤東甫《とうほ》が、一八世紀後半の尾張藩下の様子を多数の彩画入りで一〇〇巻一〇〇冊にまとめた『張州雑誌』の第一二巻、南知多を取りあげた巻に収められている（図22）。

図に付された説明によると、銛の刃の長さは約一五センチ、銛に付ける柄の長さは約一五〇センチ、銛と柄に付ける苧《お》縄・檜皮《ひわだ》の縄がともに七〇メートル前後である。しかも、銛の種類は同じだが、たぶん使い方によってであろうか、「早銛」「一ノ銛」「二ノ銛」「三ノ銛」「代へ早銛」「数銛」「鼻銛」「殿中《てんちゅう》銛」などの呼び名があり、とどめを刺すために用いる剣にも大中小の三種類があったかに記されている。また、銛の刃のことを「鉾《ほこ》」と表記しているのも注意を引く。

こうした捕鯨技術が、同時期、紀州・熊野へと伝えられ、やがてそこから西国へと伝えられていくことになる。

海士の国・紀州

九州壱岐《いき》の出身で、地元の捕鯨について多くの論文を書き残した民俗学者の山口麻太郎は、壱岐の捕鯨の起源、ひいては日本の捕鯨の起源について、以下のようなたいへん気になる記述を残している。壱岐箱崎村の箱崎八幡宮の社家の出である吉野政長の『三光譜録考勘』巻之三には、

> 夫日本に鯨を取事、紀州熊野小鯨を初とす。其次は壱州塩津浦也。遥昔より始るとかや。明応の頃迄は紀州熊野より羽指《はざし》来りて鯨を取る。其時箱崎八幡宮に金灯籠を献す。銘に明応二癸丑年十二月吉日紀州熊野在日高吉弥とあり。塩津中ノ島に蛭子尊を祭る故、恵美須浦と改む。其初、油はかりを煎して、其外は沖中に漕出し捨たり。近く有れは腐りて匂ひ悪敷とて油の煎殻をも捨、惣して鯨を食ふ事無りしと也。今は食して捨る所なし。

と記されている、と［山口I、一二二頁］。

『三光譜録考勘』は明和九（一七七二）年の著で、おそらくこれを参照したと考えられる『勇魚《いさな》取《とり》繪《え》詞《ことば》』の跋文にも「或説に、明応のころまでは、紀伊の熊野の海士、壱岐の潮津の浦にくだりいて、鯨捕をなりはひとし、そこの鎮守に夷三郎殿の社をいつきまつれるより、所の名をえびすの浦とよぶ」とある。

明応二年は一四九三年で、伊勢湾で捕鯨がはじまってからほぼ五〇年後である。もし、この記録が正しいとすると、その時期、すでに捕鯨業がはじまっていたと考えなければならなくなる。先に見たより一世紀もさかのぼる。

気になるのは、「塩津浦」という地名である。この地名は、紀州海草《かいそう》郡塩津《しおつ》浦と同じで、紀州の塩津浦一帯は古くから「旅網」で有名なところであり、慶長年間以降、寛永、寛文年間にかけて、広く瀬戸内海の島々に鯛網漁や鰯の船曳網（掛引網、中高《なかだち》網、八手《はちだ》網など）の技術を伝え、普及させた、日本でも指折りの漁撈先進地である［河岡、一〇五頁］。

しかも、この紀伊水道に面した紀州や泉州の浦々は、記録に残るかぎりでも、弘安三（一二八〇）年、享徳元（一四五二）年には遠くまで出漁しており、東は関東、西は五島・対馬まで出かけて、弘治年間（一五五五〜五八）には九十九里に地曳網を伝えたともいわれている［同前、一二三頁］。そうした「旅網」の今に残る証拠として、紀州の地名と同じ地名が房総半島に見られる。

以下は私の想像にすぎないが、壱岐の塩津浦には、たしかに明応の頃（一四九二〜一五〇一）、紀州海草郡塩津浦や日高郡あたりから「旅網」がやってきて、鰯《いわし》網漁をし、肥料の干鰯《ほしか》を作って持ち帰っていたと考えられる。そうした折に、たまたま網にからまった鯨か、網に入ってきたイルカの群れを捕獲することがあったのだろう。その油で得た金で灯籠《とうろう》を献納したのかもしれない。献納した人「日高吉弥」は、紀州日高郡の人かもしれない。

なぜ私はこの小さな記述にこだわるのか。理由は三つある。

一つは、海に生きる人々の活動範囲の広さと交流の深さ（古さ）に、改めて驚いたからである。二つは、これまで日本の捕鯨史について語るとき、えてして熊野太地浦を中心とした熊野灘の側に注目が集まるが、後に見るように、九州へ捕鯨を最初に伝えたのは、むしろ紀伊水道に面した浦々である。このことは、紀伊半島全域がまさに海部＝海士の国だということだ。

そして三つ目は、九州西海域の捕鯨業を後々まで支えることになる鯨突きの専門家である羽指《はざし》（羽差・刃刺・刃指などとも表記される）や、鯨網を扱う「双海船《そうかい》（網船）」の水主《かこ》たちが、讃岐《さぬき》・備後《びんご》・安芸・周防の島嶼部から多く雇傭されていたことである。この地域は、すでに触れたように、紀州海草郡塩津浦の漁民が、いまだ地曳網しかなかったところへ、船に乗って海上で網を揚げ下ろす船曳網の技術を伝えたところでもある。網捕り式の捕鯨時代、九州各地の鯨組は、双海船の水主たちをこの地域からスカウトした裏には、紀州から伝わった漁撈先端技術があったことを忘れないでおこう。

四　鯨組の立ちあげ——水軍の新たな活路

熊野太地浦の例

太地《たいじ》浦は日本の捕鯨業発祥の地として、その名が広く知られている。事実、慶長一一（一六〇六）

年に鯨組が結成され、その後、日本独特の捕鯨法となった「網捕り式捕鯨」をいちはやく開発し、その伝統は途切れることなく二〇世紀まで受け継がれ、南氷洋捕鯨においても名だたる砲手を数多く送りだした地でもある。

太地浦は熊野灘に突き出した岬の、ちょうどお椀の底のような所に位置しており、熊野灘に沿って南下してくる鯨を受け止めるには格好の網代《あじろ》（漁場）になっている。

ここでは、『熊野太地浦捕鯨史』を頼りに、在地の浦に在地の力で鯨組をいかに創設していったか、その一例をみることにする。

太地浦の捕鯨業開始にかかわったとされる人物として、三人の名があげられている。一人は、この地に鎌倉時代から住みつき、在地の海賊＝水軍を率いた和田一族の総領・和田金右衛門頼元《よりもと》。あと二人は、泉州堺の浪人伊右衛門と知多半島師崎《もろさき》の漁夫伝次で、両人とも海士の国の出身である。

①あとの二人がこの地に住みついたきっかけは、秀吉が聚楽第《じゅらくだい》を建造した際、材木を熊野から運ぶ途中で遭難し、流れ着いたという。二人とも食い扶持を求めて、聚楽第造営工事に加わっていたとみていいだろう。なぜなら、伊右衛門は浪人（元水軍の侍か）であり、伝次にしても水主として徴発されていたなら、その後師崎に帰ったはずだろうから。聚楽第造営は天正一三～一五（一五八五～八七）年である。

②頼元には兄頼国がいたが、頼国は朝鮮出兵時に死んでいる。水軍としての出兵だろう。頼元は後年には、紀州藩浅野家、紀州徳川家、新宮領水野氏の水軍＝水主役を仰せつかっている。

③すでに見た『西海鯨鯢記』によると、文禄元（一五九二）年、紀伊尾佐津《おさつ》に知多半島あたりか

ら鯨捕りがやってきて、組をすえるまでになっていた。しかも、その尾佐津は太地浦付近だと推定されている。

なぜ一介の浪人と漁夫の名が、長く語りつがれるまでになったのだろうか。両名は早くから③や、③のようなほかの鯨組にかかわっていたのだろうか。そうであれば、堺出身の伊右衛門は鯨油の販売ルート開拓に活躍したことだろう。

頼元は②によって手にした漁業権を生かすために、あるいは傘下の浦人たちの出稼ぎや浦抜けを防ぎ、養っていくためにも、新たな事業展開の必要を感じていたにちがいない。事実、彼はそれまでの山寄りの館を捨てて、浦に移り住んだ。ここに三者が初めて一致する点が生まれている。和田一族が抱えもつ水主と船、伊右衛門と伝次が所有する捕鯨技術と経験。当面の事業資金は、和田一族と婚姻関係のある熊野三山から工面したのかもしれない。

こうして慶長一一（一六〇六）年に「刺手組《さしてぐみ》」が組織され、太地浦で捕鯨業が開始された。当時の浦戸数は一〇〇前後と推定されるところから、鯨船二〇隻ほどでのスタートと考えられている。

元和四（一六一八）年にはさらなる飛躍を期して、鯨突きの名人を知多半島の小野浦や熊野の勝浦、三輪崎《みわさき》などからスカウトして、彼らを「刃刺《はざし》」と呼び、各自に太夫《たゆう》名を名乗らせて、その職を世襲とした。これは言うならば、職制の明確化と鯨組組織の改編であり、永続化へ向けての再スタートだったと考えられる。

捕鯨業は順調に進み、寛永一三（一六三六）年には、わが国で最初の常灯明台（灯台）が建てられ、鯨油を使って夜通し、年中無休で明かりが灯されたという。

延宝五（一六七七）年、太地の「刺手組」は「網方《あみかた》」一本にまとめられ、以後まさに太地浦は、捕鯨業の浮き沈みと運命をともにすることになる。同年の記録によると、それまで和田一族で組織する「刺手組」四組（それぞれ鯨船一二隻）と、浦方で組織する「浮世組《うきよぐみ》」（鯨船が二隻しかなく、これでは一組にならないのでそう呼ばれていた）が合同して、網方一本に組織替えがなされた［笠原、一四二頁］。つまり、この年から本格的な「網捕り式捕鯨」が開始されたわけだが、それまでは捕獲時には協力しあったが、経営はあくまでそれぞれの組が独立採算でやっていたらしい。

捕獲していた鯨は、小型のゴンドウ鯨、大型のセミ鯨とコク鯨、網捕り式がはじまってからは、それに大型のマッコウ鯨やザトウ鯨が加わった。

かくして網捕り式捕鯨は大成功を収め、太地の捕鯨は上方にまで聞こえ、井原西鶴は『日本永代蔵《にっぽんえいたいぐら》』（一六八八年刊）のなかの一編に、「天狗は家名風車」と題して、太地鯨組の繁栄ぶりを書くまでになった。

元禄四（一六九一）年には、太地鯨組の網数は一〇組（和田・太地一族で六組、浦方で四組）に増え、裕福になった者のなかから、やがて「新組」と称して、みずから「壱人立鯨船」を仕立てて勝手に捕鯨をする者が現われはじめた。こうなると、浦全体で協力して捕鯨ができなくなるばかりか、捕鯨を中心にして形成された村落の秩序が保てなくなる。そこで、正徳三（一七一三）年、和田・太地一族の者と浦方の者、さらに鯨を商う出入りの「頭立船持商人」たちから、今後いっさい勝手はいたしませんという連判を取り、古くからの海賊＝水軍の結束を再確認するにいたっている。

つぎは、藩のバックアップが強かった土佐の例をみてみよう。

土佐室戸の例

近世以降、土佐の捕鯨業を支えてきたのは、室戸《むろと》岬の突端にほど近い、津呂《つろ》・浮津《うきつ》の両浦である。しかし、この地は鯨が内深く入り込んでくる湾がなく、鯨が北から南へ向かう秋から冬と、南から北へと向かう春先とで、網代《あじろ》を変えなければならないというハンディがあった。そのために、安定した捕獲を維持するのがむつかしく、捕鯨業も幾度か中断を余儀なくされ、そのたびに藩の援助を受け、後には藩営（御手組《おてぐみ》という）になることもあった。なぜ、藩がかくも捕鯨業に手を貸すようになっていったのか、そうしたハンディを浦はどのように克服していったのかを中心にみていくことにする。参照したのは、伊豆川浅吉著『土佐捕鯨史』である。

土佐の捕鯨業開始については、①水軍主流の捕鯨業、②藩主導の殖産興業としての捕鯨業、③浦での鯨組の設立、という三段階で考える必要がある。

①水軍主流の捕鯨業については、もと泉州小島の海賊衆で、後に津呂に移り住み、長宗我部元親《ちょうそかべもとちか》や土佐藩山内氏の水軍役を務めた多田五郎右衛門が、寛永初年頃はじめたとされている。水軍役を果たす船と水主の維持、津呂浦の新たな生業、さらには捕鯨が水軍の教練にもなると考えたらしい。羽指や水主は、当初、紀州・熊野方面からスカウトしてきたのだろう。秋～冬は室戸岬を紀伊水道側にまわった椎名で、冬～春は地元の津呂で漁をし、いっとき成功をみた。寛永五（一六二八）年には、捕鯨業で二〇〇人を抱えるまでになったという。

鯨船一三隻、一隻一三人乗り（うち羽指一人）、一三隻の船にそれぞれ一二カ月と閏月《うるうづき》の名をつけ、特に閏月の船には熟練の水主が乗り、不時の際に高知へ使いとして走る急用船とした［羽原、一九七頁」。また、「小腕返し」という船の操縦法や、鯨の近づいてくる方角によって船の並び方、銛を打つ順番などが決められていたともいう。銛にも大きさと用途の違いができ、「数銛」「早銛」「中銛」「大銛」「樽銛」があり、知多半島で最初に使われていた銛にくらべると、同じ「早銛」と名のつくものでも、長さが約二倍になっている。

しかし、寛永一一（一六三四）年以降、不漁が続き、寛永一八年にはとうとう解散に追いこまれた。②殖産興業としての捕鯨業は、藩財政を建て直すために、野中兼山《けんざん》による殖産興業策の一つとしてはじめられた。きっかけは、兼山が登用した安芸郡代官尾池義左衛門が、類縁の尾池四郎右衛門を尾張から呼び寄せたことにはじまる。四郎右衛門は鯨船六隻をひきいて、慶安四（一六五一）年に浮津にきて、冬は足摺《あしずり》方面の佐賀浦で、春は津呂・浮津で捕鯨をはじめた。だが、これも当初は大漁だったが、明暦三（一六五七）年には中止している。

しかも、この頃から、浦では若者ばかりでなく家族そろって薩摩方面に逃亡する者が多くなってくる。そこで、津呂・浮津の両浦でそれぞれ出資者を募り、浦だけの地下《じげ》の鯨組を作ることにした。これが③である。

藩から船用の板一二隻分を譲りうけ、大工や鍛冶の募集にまで協力を仰いで、万治三（一六六〇）年頃、両浦の鯨組が組織された。当初は共同で捕鯨をやっていたようだが、銛を当てた順位や、当てた銛の種類で捕獲した鯨の分配率が異なってくるので、そうした「鯨合突の儀」で対立が生じ、その後は各組一年交替で、冬は椎名か足摺方面の窪津《くぼつ》で、春は津呂・浮津か窪津で捕鯨をするようになった。

津呂組は藩の資金援助をうけて、寛文九（一六六九）年から藩との共同経営に移行し、羽指や水主に鯨の捕獲数に関係なく一定の扶持米《ふちまい》を支給する「扶持米制度」をとり、藩は組の経営を先の多田五郎右衛門の孫、吉左衛門に任せた。

一方、浮津組は地下組のまま、羽指や水主は労働を提供することで株主の権利を得、出資者八六人が出資額によって捕獲した鯨を一定の比率で分配する「代分《しろわ》け制度」をとっていた。だが、この制度では、不漁が続くと羽指や水主も負債を負担しなければならず、後には藩から借米をして扶持米制度をとるようになる。それにともなって、出資者には捕獲高の一〇分の二を与えることにし、鯨の仲買の権利を与えた。出資者には地元民のほかに、紀州の紀三井寺、印南、唐津の商人たちも加わっていた。

津呂組は天和三（一六八三）年から、浮津組は二年後の貞享二年から、網捕り式捕鯨を熊野太地浦から学んではじめたが、その後も両組ともに資金面で藩の援助を仰ぎ、さらには阿波《あわ》や上方《かみがた》の商人たちから借金をしながら、なんとか鯨組を維持していくことになる。

以上、もっとも水軍的な要素の強い二つの例をみてきたが、鯨組に対する水軍兵力としての期待は、鎖国＝「海の平和」が実現する近世初期までであり、しかも、それはあくまでも藩側からするものであり、各浦々において行なわれた捕鯨業は、当初から浦が生きていくために選びとった生業の一つだったにちがいない。だからこそ、慶安三（一六五〇）年の時点で少なくとも二一カ村に鯨組があった志摩地方では［笠原、一三七頁］、その後、利がないのでどこも早々とやめてしまった。だが、津呂・浮津では、捕鯨に代わるほどの生業が他にみつからなかったので、必死で捕鯨業を守りぬく以外になかったものと思われる。

これに対して、町方の商人たちが中心となり、当初から営利目的で捕鯨業をはじめ、藩もそれを奨励したのが九州西海域だった。なぜ、こうした違いが生まれてきたのかを念頭に置きながら、九州での捕鯨業開始の動きを追ってみることにする。

五　近世随一のビッグビジネスの誕生

捕鯨を奨励する大名

九州西海域は対面に朝鮮半島をひかえ、東シナ海から日本海へとぬける、ちょうど細くなった入口部分に位置しており、ここを回游していく鯨を捕らえるには絶好の場所である。しかも、地形が入り組んでいて湾も多く、島も無数に散らばっていて、捕鯨の網代《あじろ》に適した所が多い。そんな地の利もあってか、一七世紀半ば頃には、七三もの鯨組が、五島・壱岐・対馬・大村の島々浦々に組をすえていたという。さらに、この地で捕獲される鯨は、熊野や土佐のものにくらべて大きかったらしく、利が大きい分だけ組の組織も大きかったようだ。

そんな地の利を心得ていたのか、天正末（一五八〇年代末）頃、肥前唐津《からつ》城主寺沢広高は、呼子浦《よぶこ》あるいは小川《おがわ》島あたりに鯨組を組織しようと考え、紀州熊野から漁夫を雇い入れるために使者を出したことがある、と伝えられている〔山口Ⅰ、一三五頁〕。

慶長九（一六〇四）年になると、筑前《ちくぜん》黒田藩では、藩の水軍を統括する船手衆の下で捕鯨が試みられている。黒田如水（孝高）は船手衆の一人に宛てた書状で、捕鯨に触れてつぎのように言っている。「去年は捕鯨に精をだして鯨を捕ったか。そうでなければせっかく揃えた捕鯨道具もむだになってしまうので、しっかり精を出すように。毛利輝元より持ちきたった船屋形の材木で船を仕立てるとよい。長政にもこの旨を伝えおいてくれ」と〔鳥巣、五六頁〕。

その甲斐《かい》あってか、成果もあがっている。国元の黒田長政から京都へ宛てた書状によると、「鯨を送るから、以前に進物にしたように鯨桶にして、そちらには一四、五個ほど残しておいて、あとはすべて伏見（家康）への贈り物にせよ」と。また、後の書状では、「方々への進物の鯨樽だが、上からしっかり縄をかけて、見栄えをよくするように。進物の数は目録にある通りだから、うまく配分してやってくれ」と。家康からの返書には「鯨三桶到来祝着《しゅうちゃく》に候《そうろう》」とある。もっぱら進物用の塩漬鯨の記述だが、別の長政の書状には「鯨之油積越、うけ取候」ともある〔同前、五七頁〕。

筑前出身で黒田藩の儒学者だった貝原益軒《かいばらえきけん》（一六三〇～一七一四）は、『大和本草《やまとほんぞう》』にこう記している。「慶長年中、筑紫《ちくし》諸浦の漁人、初てほこを以てつき得て、油をとり、肉をすつ。其後肉を食し、腸《わた》と骨をすつ。又其後わたを食す。其後頭骨を食す」と。

ここに「ほこ」で突いて捕ったとあるので、日本の捕鯨の一時期に「ほこ（鉾）」で突き捕る時期があったように記した文献がかなりある。だが、これはまったくの誤りである。すでに知多半島の師崎あたりで用いられていた銛の図にもあったように、当時は銛の刃身を「鉾」とも言っていた（一二六～七頁参照）。また、人見必大の『本朝食鑑』にも「鯨を刺す鉾を森（銛）という」とある。だから、筑前でも銛を用いて鯨を捕った。場所はどこだったのだろうか。『西海鯨鯢記』には、往年鯨組がすえられた浦として、筑前では小呂島《おろしま》と梶目ノ大島の名があげられている。

興味深いのは、上層階級では早くから鯨肉を食べているのに、庶民層では初め肉を食べなかったように書かれていることだ。これと同じ内容が、先の壱岐の捕鯨の起源について書かれていた『三光譜録考勘』にもあった（一二七頁参照）。壱岐の例は、年代も早く、人口も多くない所なのでそうかとも思えるが、九州随一の大都市博多を抱えた筑前でも、当初はあるいはそうだったのだろうか。一五五〇年代には、三河湾の篠島ではすでに「たけり（陰茎）」を食べるほど鯨に精通していたのに（一章三六頁参照）、捕獲技術と同時に食文化も入ってくるとは必ずしも言えないようだ。

では、九州ではいつごろから鯨を食べるようになったのだろうか。平戸の吉村五右衛門組では、万治元〜二（一六五八〜五九）年の売り上げのなかに、油の売り上げとは別に、「鯨売物の代銀」三〇貫目があった［小葉田、一六頁］。詳細は不明だが、そのなかには肉の売り上げ代金も含まれていたと思われる。また、寛文年間（一六六一〜七三）のことを主に書き記したとされる「山本霜木覚書」には、セミ鯨一頭の赤身・たつは（立羽）・おはいき（尾羽毛）の売り立て代金が、銀二、三貫目ほどになったとある［同前、一二頁註］。

一七世紀半ばすぎには鯨の肉も一般に知れわたり、万治年中（一六五八〜六一）には、それまでは食用にのみしていた鯨の筋が、新たに綿打ち弓の弦《つる》に利用されるまでになっている［西海鯨鯢記］。また、先にあった「頭骨を食す」の頭骨とは、骨の中の髄のことである。

先を急ぐまい。慶長年間に一度はじめられたかにみえた九州での捕鯨が、その後、二〇年以上もブランクになる。九州の諸大名がもっと利益をもたらす朱印船貿易に走ったためだと思われる。だが、

図23　オランダ平戸商館

その朱印船貿易も、慶長一四（一六〇九）年、西国大名が所有している五〇〇石以上の船が、幕府によって没収されるにいたって不可能となり、慶長一七年以降は、西国大名のだれ一人として朱印船を派遣するものはいなくなる。

そうしたなかで唯一漁夫の利を得たのが、平戸城主松浦氏と、彼から特権を与えられていた平戸の商人たちだった。

オランダ平戸商館

慶長一四（一六〇九）年五月、二隻のオランダ船が平戸に入港し、幕府から貿易の許可がおりると、八月にオランダ東インド会社の平戸商館が開設された。つづいて慶長一八年には、イギリス東インド会社も平戸に商館を開いた。以後、寛永一八（一六四一）年四月にオランダ商館が長崎出島に移るまで、平戸は長崎とともに南蛮・黒船貿易の取り引き港として栄えることになる（図23）。

貿易は後には長崎奉行の管轄下に置かれ、幕府特許の商人たちによって主に行なわれたが、両商館の入用品や船の艤装品は、城主松浦氏や平戸の特権商人たちから購入している。

加藤栄一は、一六二〇年八月二日から同年一二月三一日までに、オランダ平戸商館が購入した物品の諸勘定を、品目別にまとめている［加藤、八〇〜三頁の表］。（俵は四斗入り、買い付け価格は丁銀、アラキ酒は焼酎のこと）

米穀	九四八〇俵	一一三貫二三匁八分
小豆	一〇八三俵	一〇貫九五五匁九分
干魚	二万六九五〇斤（約一六トン）	六貫一九八匁五分
アラキ酒	二五五石七斗五升	一三貫四七〇匁五分
火縄	一万九四五〇斤（約一一・七トン）	六貫八〇七匁五分
刀剣類	日本刀三〇〇口、長・短槍四五四口	四貫二二四匁
火薬	正味一万七二七一斤（約一〇トン）	二九貫九三六匁七分
（合計価格）		一八四貫六一六匁九分

驚くなかれ、食糧と軍需物資のみを購入している。これはほんの一例にすぎないが、加藤栄一は多くの積荷の例から判断して、一六二〇年頃までのオランダ平戸商館の役割は、東南アジア海域に展開されたオランダ勢力の軍需物資や戦略物資の調達基地、さらにはオランダ船の洋上における海賊＝略奪行為によって捕獲した貨物の集荷基地であり、日本との貿易で利益を上げようとは考えられていなかったとしている［同前、六八頁］。購入品のなかの刀剣類を身につけるのは当然日本人だから、多く

の日本人傭兵や労働者が東南アジア海域に送りだされたことはいうまでもない。だが、この興味深い問題については、残念だがここではふれられない。

さて、購入価格全体の約六一パーセントを占めている米穀のうち、五八三〇俵を平野屋作兵衛から、残り二七五〇俵を松浦家勘定方リザエモンから購入している。平野屋作兵衛はほかに干魚のすべてと、ヤソザエモンと共同でアラキ酒のすべてを納めて、米穀と合わせると総額九〇貫九七八匁六分、全体の実に四九パーセントにものぼっている。

見ての通り、城主松浦氏はみずからも商売をしているが、平野屋作兵衛が納めた米穀はすべて松浦氏からの払米であろうから、もっとも利益をあげているのは藩主自身だといっていい。後年になると、商館長に対して他藩の米や材木を購入しないように要求したり、他藩の米を購入した者に所払いなどの処罰を課してもいる。さらには、すべての米をみずからが販売している年度もある［同前、八四頁］。

ヨーロッパの大航海が最後に到達した「ジパング」貿易を、オランダが独占していくのに陰ながら手を貸したことになる藩主と特権商人――。しかも、当時オランダは、二章ですでに見たとおり、北極圏のスピッツベルゲン島での捕鯨でも、独占的な地歩を築きつつあった。スピッツベルゲンと平戸。しかし、偶然にしてはあまりにもできすぎていることが、このあとすぐに起こるから、なおのこと驚かされる。

「他国より何ほど参り候とも苦しからず」

イギリスが東南アジア海域の貿易競争でオランダに敗れ（アンボイナ島事件）、平戸商館を閉鎖した翌年の寛永元（一六二四）年、平戸城主松浦隆信は、それに代わる新たな藩米の売り込み先を見つけたのか、江戸から国元に書状を送った。

鯨衝（突）、当年は平戸の者でやりはじめようという者がいるが、しっかり取り立ててやるよう申しつけておけ。もっとも、他国よりやってくる者たちはほかの場所にもありつくように、くれぐれも申しつけて召し置くように。どれだけやってきてもかまわない。払米についてはうまく手筈をして、他国から大勢やってくるように計らえ。このことは船奉行両人にしっかりと申しつけ、大勢来すぎたときには、別にまた手筈をするよう、くれぐれも船奉行両人に申しつけておけ。（中略）鯨衝の仲間に侍が加わることはかたく禁じる［小葉田、二二一頁］。

この年、平戸で鯨組の準備をする者が現われた。しかも、前々から他国の鯨捕りたちがやってきてもいるらしい。それらの者に藩米を購入させれば米の需要がふえるので、もっとたくさんやってくるように工夫しろ、とも言っている。他国とはいったいどこのことだろう。平戸で鯨組を準備している者とは？『西海鯨鯢記』にはこうある。

元和二年、西国ニ初テ来ル。寛永元年共云、紀州藤代ノ住藤松半右衛門ト云者、船十艘ニテ平戸多久島飯盛ニ居ル。翌丑年、紀州ノ与四兵衛ト云者、船二十艘ニテ大嶋ノ的山ニ居ル。寅年、平戸ノ平野屋作兵衛、飯盛ニ居ル。平戸ノ町人鯨組是ヲ始トス。夘年、宮之町組、田助浦ニ居ル。明石善太夫、吉村五兵衛、薄香浦ニ居ル。山川久悦、壱州印通寺浦ニ居ル。壱岐国鯨組始也。

元和二（一六一六）年頃から、九州に鯨を捕りにやってきはじめている。それが三河の者か紀州の者か、はたしてどこで捕鯨をしたのだろう。松浦隆信の書状が書かれた年の寛永元（一六二四）年は、紀州海草郡藤代から藤松半右衛門が平戸領内の度島《たくしま》にやってきた。書状ではそれ以前から領内にやってきているように読める。この頃になると、鯨船も一〇隻、二〇隻と多くなっている。鯨組一組の人数も一〇〇〜二〇〇名を数えただろう。

寛永三（一六二六）年には、平戸の町人平野屋作兵衛が鯨組をはじめた。オランダ商館出入りのあの特権商人である。書状にある準備中の者とは、この平野屋作兵衛のことだったのだろうか。その翌年には、平戸の宮之町の町人が共同で鯨組をはじめた。利益がでると踏んだのだろう。それとも、松浦氏に奨められてのことだろうか。

この時期、九州の他地域でも捕鯨業を営む者が現われている。寛永二年、播州の横山五郎兵衛が大村領の大島で、その後は小値賀《おじか》島で鯨組をはじめた。壱岐の恵美須《えびす》浦では、肥前大村の深沢伊太夫が寛永初めにはじめ、五島の有川では、寛永三年に紀州有田郡湯浅の庄助なる者が組頭となって捕鯨業をはじめ、同年、熊野古座《こざ》浦の三郎太郎も、有川村の名主江口甚右衛門と組んで鯨組をはじめたという［山口I、一二三頁］。

紀伊水道に面した紀州の浦々から九州にやってくる者が多いのが一つの特徴だが、播州の者がいるのには少し驚かされる。この者は平戸の町人と同じく商人なのだろうか、それとも海士集落の有力者なのだろうか。九州西海域の捕鯨業のはじまりは、たとえそこに他国からやってきた鯨捕りたちの影響があったとはいえ、南蛮・黒船貿易で資本を蓄えた地元商人たちが、捕鯨技術をもった者を雇い入れて、在地の浦ではなく他所の浦や島に、捕鯨の季節だけの鯨組を営む形でスタートしている例が多い。規模は小さいが、オランダ・イギリスの北極圏捕鯨のスタイルと似ている点が興味深い。

こうして、九州での鯨組は、明暦・万治頃（一六五五〜六一）になると、七三組にもなり、東は山陰の隠岐《おき》や長門から、南は薩摩の甑島《こしきじま》まで、「浦々所々人々見立テ行カザル所ナシ」という活況を呈するにいたる。

当時捕獲していた鯨の種類は、セミ鯨がもっとも多く、コク鯨・ザトウ鯨がそれにつぎ、後の網取り式になると、ナガス鯨も捕獲可能になっていった。

藩財政を潤す運上銀

いかに湾や入江が入り組み、島が多いといっても、鯨が近くを回游していく場所はおのずとかぎられよう。当然、複数の鯨組が同じ漁場を使うことになる。すると、土佐の例でも少し触れたように、一頭の鯨を複数の組で追い回すことになり、組のちがう者同士で「合突」になることがある。あるいは銛が刺さって死んだ鯨（平戸領では「沈鯨（シモリ鯨）」と呼ばれた）が流れ着いたり、海上で拾いあげたりすることが多くなってくる。そうした場合の鯨の配分を取り決めた「定」が、平戸藩では一六五〇年前後から作られはじめる〔山口II、三三七頁〕。

熊野太地浦でも、延宝三（一六七五）年の近隣七カ浦と取り結んだ定書きによると、近年鯨の作法が乱れてきたので、近隣の鯨組が寄り集まって古法を受けついで一一カ条を定めることにしたとして、鯨突合をはじめとした細かな規定が作られている。古法があるからには、鯨突合の定はもっと早くから作られていたはずだが、太地に現存する寛文四（一六六四）年の一二人の署名のある定書きは、どうやら平戸の町方を中心とした定書きだと思われる。なぜなら、文中に「壱本志もり候はば」とあり、これは「シモリ鯨」のことだろうし、署名している一二人のなかに、当時の平戸の鯨組主だった「江口十左衛門」「谷河利兵衛」の名があり、ほかにも平戸の町年寄・乙名《おとな》だった者や鯨組主と同じ名字「吉村」「磯部」があり、「油谷与四兵衛」は肥前大村城下の鯨組主である。

話が少し脇にそれたが、寛文四年以前に、すでに太地浦と平戸の両地方の交流が、あるいは定書きを参考しあうまでに深かったことを教えてくれて興味深い。

さて、平戸藩主松浦氏は、当初鯨組を奨励する理由に、藩米の新たな購入先をみていたが、寛文元（一六六一）年の吉村五右衛門組に対して、米は他藩から購入しないよう約束までとっている〔小葉田、九頁〕。ちなみにこの年の吉村組は、冬は壱岐に、明けて春は五島列島の鯛《たい》の浦《うら》に組を置いていた〔同前、一四頁〕。藩にとって鯨組のメリットはそれだけではない。ほかに鯨組からあがる税＝運上銀《うんじようぎん》があった。

平戸藩では、セミ鯨一頭を捕獲すると、当初は銀三〇〇匁、その後は銀一〇枚（銀一枚＝四三匁）になり、寛文四（一六六四）年からは銀一五枚となったが、元禄元（一六八八）年からは、突き捕った鯨は銀一〇枚、網で捕った鯨は三〇頭までは一頭につき銀一貫目、三一頭目からは銀三〇枚の運上が課せられた〔松下、一一頁〕。九州にも元禄期以前に網捕り式が伝えられ、広く普及していったことが、運上銀の規定からうかがい知ることができる。

万治元〜二（一六五八〜五九）年次の吉村五右衛門組は、セミ鯨一九頭（うち子持ち鯨四頭）、ザトウ鯨二頭（うち子持ち一頭）を捕獲している〔小葉田、一四頁〕。油の売り上げ銀二〇〇貫以上、肉等の鯨売物の代銀三〇貫、諸経費一二〇〜一三〇貫、利益一〇八貫余を計上している〔同前、一六頁〕。仮に運上が銀一〇枚として、ザトウ鯨の運上銀をセミ鯨の半額とすると、この年の吉村組の運上銀は八貫六〇〇匁となる。当時、平戸には七組の鯨組があったので〔同前、二〇頁〕、どの組も吉村組とほぼ同数の捕獲があったとすると、全体の運上銀は六〇貫に達している。

なお、享保一〇（一七二五）年から明治六（一八七三）年まで、ほぼ途切れることなく捕鯨業を営んだ平戸領生月《いきつき》島の益富《ますとみ》組は、近世の鯨組のなかで最大規模を誇り、多いときには三〜四組を組織し、二〇〇〇〜三〇〇〇人を抱えるほどだった。しかも、文政一二（一八二九）年には、捕鯨業を世に知らしめるべく、絵入りの版本『勇魚《いさな》取《とり》繪《え》詞《ことば》』をみずからの手で出版している。

その一四〇年有余にわたる捕鯨業収益を要約した「漁獲明細帳」（表欠文書で「鯨組万控帳」と仮題されることもある）によると、鯨捕獲数二万一七九〇頭、売り上げ金三三二万四八五〇両、運上金七六万九九六〇両、藩への献金一万五五二五両、藩の貸上金二四万二一三〇両余となっている〔同前、四頁〕。このほか鯨油を現物または代銀で納め、さらに鯨組で消費する米はすべて藩からの払米である。藩にとって鯨組がいかに大きな存在、いや、なくてはならない存在であったかがわかるだろう。

つぎの章では、まずはじめに、鯨組とはいったいどんな組織であったかを、じっくりと見ていくことにする。

第四章　網捕り式捕鯨文化の成立

近代ヨーロッパの捕鯨業が、本国を遠くはなれ、鯨の生息海域まで出かけていって、経済効率のよい鯨油と鯨ヒゲだけを採取したのとちがって、日本の捕鯨業は、一つの浦を基地にして、そこに回游してくる鯨を待ちかまえて捕り、捨てるところがないほどに鯨のすべてを利用した。しかも、それらの浦の多くは、もとから海部＝海士の住んでいる所でもあったし、鯨組を最初に組織した者も、そうした「海民」を配下に従えた海賊＝水軍出身者が多く、捕鯨技術を担う者たちもすべて、海部＝海士集落の出身者たちだった。だから、当然のようにそこには、古くから受け継がれてきた漁撈文化が色濃く反映していて、経済効率だけでは推し量れない独特の様相が現われてくる。この章では、そうした点に目をすえながら、当時、セミ鯨やマッコウ鯨のほかに、世界でただひとりザトウ鯨やナガス鯨までをも捕獲していた、日本独自の「網捕り式捕鯨」とその文化について見ていくことにする。

一　鯨組の全容

突組

綱をつけた銛を鯨体に数本から十数本打ち込んで鯨と船とを繋ぎ、鯨を見失わないようにしておいてから、鯨が弱ってきたところを両刃の剣で急所を刺して倒す。この狩猟といっていいほどの作業を担うのが「羽指《はざし》（刃指・羽差・刃刺なども表記される）」と呼ばれる銛打ちの名人たちであり、この羽指を中心にして組織されるのが「突組」である（図24）。

慶長一一（一六〇六）年、熊野太地浦にはじめて組織された五組の「刺手組」も、突組である。これに、組主である「旦那」や、鯨の来游を知らせる山見《やまみ》番、鯨船を漕ぐ水主《かこ》（加子とも表記される）、鯨の解体・搾油作業などを担う納屋の者を加えて、「突き捕り式捕鯨」の鯨組ができあがる。

その人員構成を、平戸の吉村五衛門組の寛文二（一六六二）年の例でみると、鯨船一七隻——二二六人、本船（運漕用か）二隻——九人、納屋——四三人の計二七八人で構成されている［小葉田、一二頁］。鯨船一隻にほぼ一三人が乗り込んでいる。

捕獲した鯨は、油がもっとも多く取れるセミ鯨が多く、年平均で一一～一三頭、八～九頭以上捕獲すると黒字になったようだ［同前、一四～五頁表］。もっとも、「突組ノ時ハ十年之内、利ヲ得事三年、元ニ成事三年、損失三年、不仕合ノ者多シテ断絶セリ」と、『西海鯨鯢記《さいかいげいげいき》』は記している。

回游してくる鯨をただ待ちかまえて捕るだけなので、天候や海流の変化に左右されやすい不安定さ

図24　捕鯨図屛風（部分）．土佐光則によって描かれた突き捕り式時代の代表的な捕鯨図

はぬぐえなかった。それに加えて、九州では、浦々に突組が濫立し、所によっては通鯨が妨げられるほどだったともいわれている。

しかし、突組が大幅に姿を消していくのは、網捕り式が開発されてからだと思われる。網捕り式になると、突き捕り式のように、一つの漁場を複数の突組で利用することが不可能になり、網を張る網《あ》代《じろ》へ沖合いから鯨を追い込んでくるようになるので、いつしか一つの鯨組が広い海域を独占するようになる。そのため、各地で漁場をめぐって紛争が起こった（五章参照）。

しかも、長大な網をいくつも用意し、その網を揚げ下ろす専用の船と水主が必要になり、その資金に耐えられる者だけが組を維持することができた。さらに、従来の突組に、新たに「網組（網船）」が加わるので、各船の操作・行動によりいっそうの統率性が要求されることになる。

延宝五（一六七七）年から太地浦ではじめられた網捕り式が、九州にも伝えられて普及した元禄四（一六九一）年には、それまで平戸に七組あった鯨組が二組にまで減っているし［同前、二〇頁］、明暦・万治の頃（一六五五〜六一）に七三組を数えた九州全体の鯨組も、享保五（一七二〇）年頃には、網代が九カ所に激減し［西海鯨鯢記］、寛政一一（一七九九）年の時点では、七組の鯨組が一八カ所の浦に組をすえるだけとなっていた［土佐室戸浮津組捕鯨史料、五〜一〇頁］。突組（突き捕り式）と網組（網捕り式）は、同じ鯨組といってもカテゴリーを異にしているといえそうだ。

網組の登場

鯨網の開発の利点は、網で鯨の行く手をさえぎり、鯨が網をかぶることによって動きが鈍くなるので、より的確に銛が打ち込めるようになったことと、銛綱によって鯨に船が曳かれていく時間やスピードがそれまでより減少し、途中で取り逃がすことが減ったことにあると考えられる。さらに、太地では、網のなかった時代には見過ごすことにしていたザトウ鯨が捕獲できるようになり、九州西海域でも、網捕り式になってからナガス鯨や、時にシロナガス鯨が捕獲できるようになった。

網捕り式になって、鯨に的確に銛を打ち込めるようになったことを傍証しているのが、銛の種類の減少だろう。太地ではもともと他よりも銛の種類が多く、その数も最後まで変わらなかったようだが、土佐では五種類あった銛が、最後には「早銛」と「大銛」の二種類になり［伊豆川I、四八頁］、九州でも突き捕り式時代には六種類あったのが、一七二〇年頃には四種類になり〔西海鯨鯢記〕、一七七〇年代以降は「早銛」と「万銛《よろず》」の二種類になっている〔肥前州産物圖考ほか〕（図25）。

網は当初、藁縄で作られたが、弱いことと水を含むと重くなりすぎるので、丈夫な麻の苧《お》縄製になった。網の大きさは、長州・土佐では最後まで他より小さかったが〔羽原Ⅰ、四八一頁、土佐室戸浮津組捕鯨史料、七頁〕、そのほかはどこでも一八尋《ひろ》（一尋＝一・五メートルで二七メートル）四方を一反《たん》とし、一反ごとに藁縄で結びあわせて一九反を一隻の網船に積み、二隻の船がそれぞれに積んだ網の端を細縄で結んで（計三八反で一結《むすび》という）、艫《とも》を合わせるようにしておいてから両側に漕ぎ開いていきながら網を下ろしていく。これを、鯨の進行方向に弧を描くように二重、三重に張っていく。

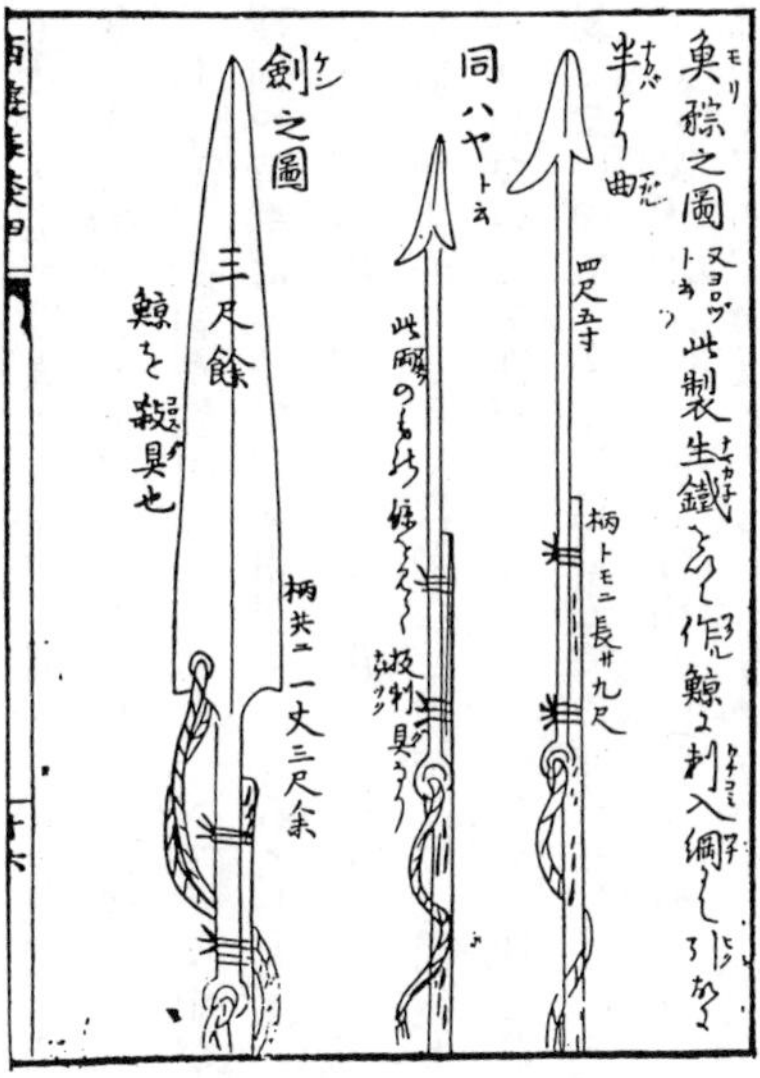

図25　捕鯨用銛と剣の図
（右より万銛，早銛，剣）

当初はどのように網を張って捕獲していたかよくはわからないが、「元禄一一（一六九八）年、大村ノ深沢義平次、壱岐国瀬戸浦ニテ蒼海《そうかい》ニ網ヲ張リ、鯨ヲ追掛取ル」方法を考案した〔西海鯨鯢記〕。網取り式はそれ以前に九州に伝えられていたので、深沢義平次のはじめた「蒼海に網を張って鯨を追いかけて捕る」方法が、斬新かつ画期的だったのだろう、同時代に鯨組を経営していた谷村友三《ゆうさん》は、その著『西海鯨鯢記』

にわざわざそう記している。そのためだろう、九州の鯨組では網船のことを「双海船《そうかい》」と呼び、双海船を曳く船を「双海付船」とも呼んでいる。

しかし、網組が登場したからといって、突組がいつも網組とペアでやっていたわけではない。鯨の種類や時季によって、突組が主になることもあったようだ。『勇魚《いさな》取繪詞《とりえことば》』によると、コク鯨は気性が強く賢いので、追い立てる声にも驚かないし、網代にも近づかない。たとえ網に掛かっても、暴れて網を壊すので、多くは網なしで銛だけで捕るとしている。また、南から北へ向かう春季の鯨は、さかりがついて気性が荒くなっているため、沖を群がり通るのを追いかけて網に追いこもうとしても容易でないので、多くは銛にて突き捕るとしている。

さらに太地では、鯨の種類と鯨発見の遅速によって、突組（突方）と網組（網方）の協力の仕方を細かく定め、褒賞としてもらう鯨皮の配分の仕方も定めている［熊野太地浦捕鯨史、三九六〜七頁］。また、各地の鯨組には、突組だけで捕ったときの褒賞制度も、別個に設けられていた。網捕り式になって協同歩調をとっているにもかかわらず、両者にはそれぞれのプライドと強い対抗意識があったようだ。

網捕り式に移行すると、税＝運上銀（口銀）においても、網を用いないで捕った鯨（突鯨）と、網を用いて捕った鯨（網鯨）とが区別され、太地では元禄四（一六九一）年の「定」によると、網鯨は売り上げ金の二〇分の一、突鯨は無税とされている［笠原、一四二頁］。また、平戸藩においても、元禄元（一六八八）年より突鯨と網鯨の運上が別立てになり、税額は突鯨の方が低くなっている［松下、一一頁］。おそらく、網捕り式になって、その多くが網を用いて捕られ、鯨組一組の捕獲頭数も数倍に増えたための措置と考えられる。五島の有川組では、元禄一一（一六九八）年に八三頭を仕留め、これが今までに知られている九州の鯨組での年間捕獲頭数の最高とされている［郡家、二二頁］。

しかし、比較的容易に鯨が捕獲できるようになった網捕り式になって、より労働が強化されたらしい。鯨組の組主でもある谷村友三は言う。「昔、突組之時ハ正月元日ハ殺生ヲ厭《いと》ヒ沖立セザリシモ、網組金銀多入ルニ依《より》テ元日モ休ム事ナシ。一日ニ鯨五、七本モ取日有レバナリ」と［西海鯨鯢記］。資本の論理がすでに優先されはじめていたようだ。

納屋場の仕事

鯨組の基地が置かれた浦には、作業用の納屋や収納蔵がいくつも建てられた。そこでの仕事は大きくわけて二つある。

一つは、捕鯨シーズンがはじまる前に、毎年、苫《とま》掛けの納屋の部分を建て直し、捕鯨に必要な船や網、その他諸道具を新造したり、修理したりする「前細工《まえざいく》」の作業が行なわれた（図26）。この作業は毎年夏から秋にかけて行なわれるので、土佐ではこの作業を「夏替え」と呼んだ［吉岡、三五頁］。

もう一つは、捕獲した鯨を浜に陸揚げして解体し、各部分を所定の納屋に運んで油を採取したり、骨を細かく砕いたり、肉を塩漬けにしたり、筋や鯨ヒゲを取ったりする仕事である。

前細工については、享和二（一八〇二）年の鯨組の経営にかかわる事項を書き上げてある『前目勝本鯨組永続鑑《えいぞくかがみ》』によると、苫掛けの納屋を建て直して搾油用のかまどを造ったりするのに、人夫三〇〇〜五〇〇人が動員され、船大工や樽屋などの職人のほかに手伝いの者総勢六〇人が、一二〇日をかけ

図26　前細工で鯨網を作っているところ

て船や櫓《ろ》、樽などの諸道具を作っている。また、網の新造や修理は、双海船の水主でもある備後国の田島の者が、網大工とともに総勢二二人で一〇〇日かけて行なっている。その網縄の材料である苧を綯《な》うのは、おそらく他所の例からしても近在の婦女子の内職だったと思われる。

捕鯨シーズンがはじまると、鯨を最初に解体する「魚《うお》切《ぎり》」や筋を取りさばく「筋師」など、専門的な技術を必要とする者が季節雇用され、鯨が捕獲されるたびに、轆《ろく》轤《ろ》（万力車、神楽山《かぐらさん》ともいう）で鯨を浜に引き上げる際に鯨に網をかける役目の「網刺《あみさし》」（「追廻《おいまわし》」ともいう）や、轆轤を回す際の音頭取りでもある「太鼓《たいこ》叩《たたき》」までが雇われているのがおもしろい（一七二頁参照）。そのほか、近在から日雇いで人が集められる。数は、平戸領生月《いきつき》島御《み》崎《さき》の益富《ますとみ》組の納屋場では、大納屋に二〇〇人余、小納屋に一一〇人余、骨納屋に五〇人余である。

海上で捕鯨をする突組と網組が、すべて季節雇いの専門職であるのに対して、納屋で働く者の多くは、近在の浦々から日雇いで集められた。これはいうならば、鯨組が基地を置いている浦の人たちにとっても、鯨はまさしく仕事を与えてくれる「エビス神」でもあった。

総勢九〇〇人の大組織

捕鯨シーズンはだいたい秋から春までだが、紀州熊野、土佐、九州で多少の違いがある。

太地の場合、マッコウ鯨やセミ鯨が九月下旬頃から一二月まで南下していき、三~四月頃に再び北上していくという〔熊野太地浦捕鯨史、二五八頁〕。

土佐では、羽指を称して「七ケ月大名」と呼んだ。これは、七カ月近い漁期中、その羽指の舟に乗り込む水主の最下位の者が、なにくれとなく羽指に付き添い、下駄まで持ち運んだからだという〔吉岡、四八頁〕。享和二~三(一八〇二~〇三)年や文化元~三(一八〇四~〇六)年の記録をみるかぎりでは、漁期は旧暦の九月中旬から翌二月下旬~三月上旬までである〔土佐室戸浮津組捕鯨史料〕。

その点、九州の鯨組では、当初から他国の羽指や水主を季節雇用していた関係からか、捕鯨期間がいつしか固定していき、唐津領の小川島でも、平戸領の壱岐や生月島でも、北から南へ向かう鯨を捕る冬組(冬浦)は「小寒十日前から彼岸十日前まで」、南から北へ向かう鯨を捕る春組(春浦)は「彼岸十日前から春土用明けて二十日ばかり」と、まるで慣用句のように定まっていた。それを現在の暦に直すと、だいたい一二月二五日前後から三月一〇日頃までが冬組、三月一〇日頃から五月二五日頃までが春組になる。ほぼ五カ月間、一五〇日というところだろうか。

その期間、さらには前細工の期間もふくめて、賃金のほかに一日一人あたり九合~一升の米が与え

表2　生島仁左衛門組の陣容（1796年）

●経営陣	組主，別当
●大納屋	（定雇い・季節雇い　計68人）
	支配人3，勘定方2，小部頭2，目代20，魚切10，中切6，釜掛6，追廻6，番人3，飯焚4，網大工2，船大工2，鍛冶大工1，桶屋1，日雇い100〜200人
●小納屋	（定雇い・季節雇い　計20人）
	支配人2，帳面役1，小部頭1，目代8，魚切5，追廻2，飯焚1，日雇い50〜70人
●筋納屋	（定雇い・季節雇い　計17人）
	支配人1，目代2，筋拵12，水汲1，飯焚1
●骨納屋	（定雇い・季節雇い　計8人）
	支配人1，目代2，油取2，骨割1，追廻1，飯焚1，日雇い50〜100人
●沖場	（すべて季節雇い　計428人）
	羽指26（うち親父4），増水主（羽指見習）4，水主398
●船	（計38隻）
	追船（勢子船）16，鯨船（納屋船）1，鯨船（替船）3，鯨船（小網を積むチロリ船）2，双海船（百石積）6，鯨船（双海付船）6，持双船4

られ、そのほか味噌や酒が与えられることもあった。『前目勝本鯨組永続鑑』には、前細工に雇う人員のなかに「米踏」二人がいる。米を精米する役だったのだろうか。生月島の益富組では、酒蔵を建てて鯨組で消費する酒まで造っている。さらに、漁期間中は内科・外科の医者を抱え、諸国から芸人を呼び寄せたりもしている。

浮世絵師から洋風画家に転身した、かの有名な司馬《しば》江漢《こうかん》は、天明八（一七八八）年一二月四日から翌一月四日まで、平戸の生月島の益富組のもとに滞在した。その間、四国阿波から来ている力持・曲持などの芸を見物したり、正月二日には浄瑠璃語りが来たので、益富組の一族の者が浜に小屋を掛けて、みずから人形を使って文楽芝居を上演してみせたので、「田夫漁夫、老若男女数百人、おし合へし合大さわぎ」になった、と記している［司馬I、一五六頁］。

表2は、唐津領呼子《よぶこ》から五島の柏浦・黄島に出かけて捕鯨業を営んだ生島《しょうじま》組の組織構成である。これで見

ると、定雇いと季節雇いが総勢五四一人（突き捕り式だった吉村組のほぼ倍になっている）、日雇いを加えると八〇〇人を越す大組織である。この組織を維持するのに要した品々の主なものを、同規模の生月島の益富組から拾い上げてみる。

米二五〇〇俵、酒一六〇樽（四斗入）、味噌大豆一〇〇俵、塩二〇〇〇俵、畳一三〇帖、苧《からむし》一万六〇〇〇斤（九・六トン）、薪一五〇万斤（九〇〇トン）、炭四〇〇俵、油用の樽二〇〇〇、わらじ一万足など。

その規模がおおよそ想像していただけただろうか。当時、日本でもっとも大きかっただろうと思われる壱岐の前目や勝本浦の鯨組は、納屋の定雇いと季節雇いが一二二人、沖場六七〇人、総勢八〇〇人、これに鯨が捕獲された時の日雇い一五五人が加わって、冬組・春組合わせて毎年ほぼ五〇頭の鯨を捕った［前目勝本 鯨組永続鑑］。

つぎはいよいよ、どのようにして鯨を捕獲し、浜に運び、解体・処理したかをみていこう。

二 「刺子・水主の働き、戦国の人の如し」

史上最大の狩猟業

田上繁は、鯨が海の巨大な哺乳動物であり、それを捕獲するために専門の組織が作られたことなどからして、日本の捕鯨業を歴史的に解明するためには、漁業一般の視野のみでなく、陸上の動物や海獣類などの狩猟とも比較検討すべきことを述べ、捕鯨にあたる言葉として「鯨猟」の文字を特別に使っている［田上、三八〇頁］。もっともな指摘である。

海上三里から五里の広い範囲にわたって、三〇～四〇隻もの船が展開し、沖合いはるかからやってくる鯨を規律のとれた動きで網代に追い込み、網を張り、銛を打ち込み、血みどろの死闘を繰り広げて数時間、いや、陽のある一日を一頭の鯨を仕留めるのにまるまる費やすことも稀ではなかった網捕り式捕鯨は、文字通り史上最大の狩猟業といっても過言ではない。

そのためかどうかにわかには判断できないが、『狩之作法聞書』（宝永四年）の冒頭で「凡《おおよそ》かりくらは武事の肝要也」とうたわれているその「かりくら（鹿狩）」と同様の作法が、捕鯨にも随所に見られて興味深い。

見晴らしのきく場所で鯨を見張り、鯨がやってくると法螺貝《ほらがい》を吹き、幟《のぼり》や狼煙《のろし》を上げて合図を送り、船団を指揮する統率者は両手に采配《さいはい》をもって「下知《げち》」し、寒風吹きすさぶ冬の海を、ふんどし・鉢巻姿の水主どもが勢子《せこ》船を漕いで鯨を追い、鯨に銛を投げ打つさまは、たしかに「武事」そのものだったにちがいない。

その証拠に、網捕り式捕鯨を目にした当時の人たちも、異口同音に「戦場の将たるが如」くといい［秀島鼓渓］、「極めて偉観たり」といい［小野寺鳳谷］、「一、二の銛の前後を争ふは軍船に異ならず」といい［木崎盛標］、「刺子《はざし》・水主の者の働き、誠に戦国の人の如し」といい［司馬江漢II］、鯨が網の下を潜って逃げたために追撃が中止されると、「モシコ、ニテ捕ラ得ナバ、眼下ニソノ撃刺《ツキキリ》進退ノ様ヲモ見ベキモノヲ」と口惜しがるほどだった［草場佩川］。

そのさまはまさに勇壮・雄渾――今日のわれわれからすると残忍・残虐と批判の声が上がるかもし

れないが――ときにはみずからの命と引き換えに史上最大の動物の命を奪う狩猟＝捕鯨は、そのことがもっとも際立つ、激しい、人間の生業だったにちがいない。そのためか、捕鯨業にはほかでは見られない独特の風俗・習慣がたくさんあった。

勢子船の出動

鯨組の一日は、夜明け前の正七ツ時（午前四時頃）、羽指の乗り込む鯨船（そのなかでも特に鯨を追い込む船を勢子船と呼んだ）の漕ぎ出しにはじまる。太地浦の鯨組の宗家に生まれた太地五郎作は、若き頃見聞したそのときのさまを、つぎのように述べている。

> 纜《ともづな》を解いて一種特別の艫聲《ろごえ》を威勢よく合唱しつゝ漕ぎ行くのである。其の艫聲の意味は、何と云う言葉であるか謡ふ者も聞くものも其仔細を知らずに永い間の習慣的にやり来つて居るのであるが、然し之を謡ひ初めた時には相当の意味あるものであつた事であらうと思ふのである、夫れは斯く申すのである『よおよよい』と艫押《ともおし》の翁《おやぢ》が音頭をとると水夫全體聲を和して『ゐーい』と囃《はや》すのである。今度は艫押が『よいとかんと』と聲を張揚げると水夫全體が前同様『ゐーい』と和唱する。三番目に更に艫押が『もおひところゐだ』と大声を発すると惣員同音して『ゐーいよおーよおーよーお』と息のつゞく限りよおーよおーを連呼しつゝ漕ぎ行くのである。東天将《まさ》に白まんとするの時、漁浦《ぎょほ》に幾数艘の舟が、次から次へと此の舟謡《ふなうた》を唱ひつゝ出舟《でふね》する光景は此の太地浦に措《お》いて他に見る事の出来ぬ一種の古典的感を致するのである［太地、三三～四頁］。

こうして各船が舟歌を唱和しつつ海上の数カ所に、遠くは五里、六里もはなれた沖合まで漕ぎ出していく。これを「沖立《おきだち》」といい、海上の所定の場所で鯨を見張るのを「流し番」と呼んだ。双海船と双海付船、持双《もっそう》船は、網代（網がとどくほど海底が浅い場所がよい）近くに待機した。

快速・機敏を旨とする勢子船はとてもスマートで、長さ一〇メートル余、幅二メートル内外［柴田、一〇頁］。その外面は抵抗を減らすために漆塗りされていたというが、実は漆ではなく、桐油か荏胡《えご》麻《ま》・松脂《まつやに》などに赤・白・黒・青の顔料を溶いて、一隻一隻に独自の装飾が施されていた（なお、九州ではのちに金箔・銀箔を用いることもあった）。

そうして飾り立てられた船に、羽指一人をふくんだ一四、五人が乗り込む。羽指を筆頭にそれぞれの役目・位階がはっきりと定まっていて、羽指のつぎに「刺水主（増水主ともいう）」と呼ばれる羽指見習いや艫押《ともおし》（舵取り）がいて、その下に八挺の櫓を漕ぐ水主が八人、ほかに雑用係の「取付《とりつき》」や炊事係の「炊《かしき》」と呼ばれる若者などが乗り込んだ［吉岡、四六頁］。

また、船の種類ごとに一番、二番、三番とすべてに順位があり、勢子船の一番から三番までの羽指は特に「親父」と呼ばれ、手に采配をもってすべての船を指揮し、双海船の一番羽指も「網戸《みと》親父」と呼ばれて、網を張る指揮をとった。

どの船にもそれぞれに必要な捕鯨道具が積まれているのはもちろんだが、そのほかに一～二日分の糧米と、炊事と防寒用でもあるのだろうか、鉄《かな》風呂と火床が積まれている。

山見番

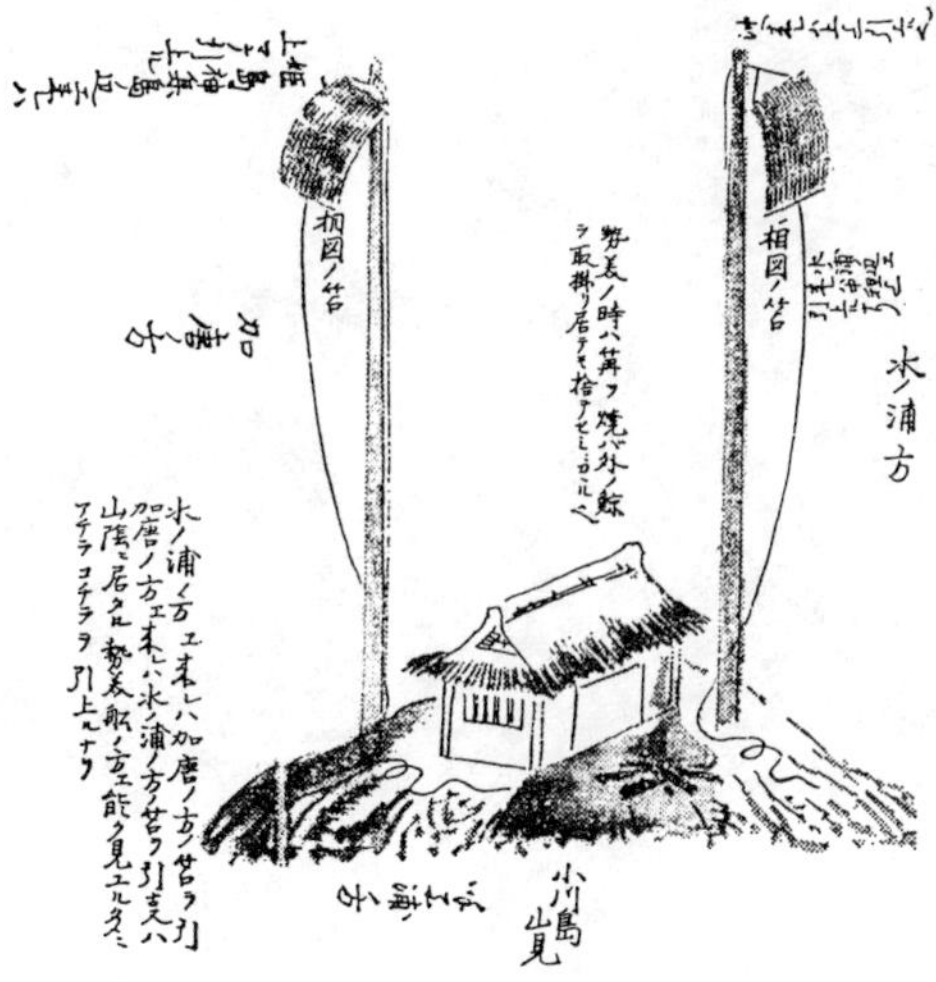

図27　山見番所
（肥前唐津領小川島の例）

山見《やまみ》番は海上での流し番に対して、見通しのきく高い所から鯨の来游を見張る役である。数カ所に設けられた山見番所には二、三人が常駐し、「遠眼鏡」を使って鯨を見張り、見つけると法螺貝を吹いたり、旗や幟、苫などを揚げたり、狼煙《のろし》やかがり火で海上の船に合図を送った（図27）。

鯨は泳ぎ方や潮の噴き方で種類がわかるという。したがって、合図も鯨の種類によって異なり、やってくる方向や子連れかどうかなども同時に知らせた。

こうした伝達方法は、海賊＝水軍が海上で闘うときに使ったもので、それを捕鯨技術に取り込んだのだろう、と田上繁は指摘している。しかも、太地の山見番所は、「城山」という字《あざ》名が残っている場所にあり、かってはそこに出城があったことをうかがわせ、そこから海上を行き交う船を見張っていたのではないかという［田上、三九一頁］。

図28　鯨を追い込む

鯨を追う

鯨を見つけると、勢子船は印を船に立て（鯨の種類や子の有無によって印を立てる位置など細かな決まりがあった）、「アリャ〳〵」と掛け声をかけて、猛スピードで鯨に向かって漕ぎ出す。櫓が八挺立てであるため、櫓と櫓で波の上を突っ張るようにして突き進む。勢子船に乗り込んで捕鯨を実見した司馬江漢は、その「飛ぶが如」きスピードに気分を悪くしたのか、船の中にうつ伏した〔司馬Ⅰ、一五一頁〕。

実際のスピードは、九ノットを軽く超えていたらしい〔柴田、一七頁〕。

鯨の背後に回り込んだ勢子船は、沖から網代に向かって鯨を追い込んでいく。一番親父の乗る船が鯨の真後ろにつき、親父は鯨の進行方向を見定めて采配を振って船団を指揮し、鯨が右に旋回すると勢子船は先回りして右をふさぎ、左に行くと左側に先回りして行く手をふさぐ。そうやって、船と船との間隔を八〇～一〇〇メートルほどに保って三方から取り囲むようにし

図29　双海船が網を張る

て、鯨を網代まで追い立てる。そのとき、羽指は狩棒で船の外側の舷をたたき、「エイエイ」と声を張りあげて鯨を脅して駆り立てていく（図28）。

生月島の益富組で捕鯨を実見したことのある仙台藩士大槻《おおつき》清準《せいじゅん》の『鯨史稿《げいしこう》』によると、当初は狩棒ではなく太鼓をたたいて鯨を追い立てていたが、音が水中に響かず鯨が怖じけづかないので、狩棒に代えたという［大槻、三九四〜五頁］。

鯨が網代に近づくと、一番親父は他の三人の親父に合図して、網を下ろすかどうかをたずねる。このとき、一人でも反対があると網は下ろさない。慎重にも慎重を期すらしい［勇魚取繪詞］。

網を張る

双海船は二隻で一結《むすび》の網を揚げ下ろしするので、いつも二隻がペアで行動する。いや、正しくは四隻が一組といったほうがいい。双海船は他の鯨船にくらべて大きく（百石積）、しかも乗り組んでいる水主は網を張る作業をするので、いずれの双海船も双海付船に曳かれながら網を張っていく。

鯨の正面に網戸《みと》親父の乗った船の一組が控え、鯨の斜め左右に一組ずつが控えて、三段構えになって待ち受ける。そして、鯨が網代の手前二〇〇〜三〇〇メートルに近づくと、網戸親父の采配でいっせいに網を下ろしていく。

艫と艫を向かい合わせにしておいて、左右に漕ぎわかれていきながら弧を描くように、鯨を取り囲むような形に網を張る。それはちょうど網が鯨の正面部分で三重に、左右に離れるにしたがって二重、一重になるように張っていく（図29）。

一結の網の全長は約一〇〇〇メートル。網には桐製の「網葉《あば》」と呼ばれる浮きが上部にたくさん付いているので、網はちょうど海中に垂らされた幕のような状態になる。

網が張られると、勢子船は狩棒で舷をたたき、狩り声をあげて、鯨を網に向かって激しく駆り立てる。しかし、鯨によっては音に動じないものもいるらしい。そんなときは、小さいほうの早銛を投げて鯨を網に追い込むこともある。

鯨が行き場を失って網に掛かってもがくと、一反ごとの網のつなぎ目は藁縄でつないであるのですぐに切れて、鯨の頭やからだにまとわりつく。網は鯨を掬い捕るのではなく、あくまでも鯨のからだにからみついて、泳ぎを不自由にさせるのが目的なので、網のつなぎは弱くしてある。強いとかえって網が壊されるおそれがあるからだ。

銛を打つ

鯨が網をかぶったまま囲みから逃れ出ようと浮き上がってきたところを、勢子船はわれ先にと鯨を追って漕ぎ寄せる。一番、二番、三番の銛を突き当てた者には、「勝負皮」と呼ばれる褒賞が与えられるからだ。

そのとき、羽指は舳先《へさき》に立ったまま、船が鯨の背中に乗りかかるほど近づいた瞬間、万銛《よろずもり》を投げ打つ。銛は上に高く投げ上げて、落下の力で鯨体に深く突き刺さるように、さらに突き刺さった銛が向こう側に傾くように投げる(一五一頁の図24参照)。そして、万銛を突き当てた船は、銛を突いた印を船に立てる。

銛は生鉄《なまがね》で作られていて、銛に付いた綱を鯨が曳くと、曲がってさらに深くくい込んでいく。こうして、鯨は船を曳きながら潜り、浮き上がるたびに銛を受け、そのたびに曳いていく船数が増えていって、やがて潜水もままならなくなってくる。江漢はその様子を、「次第に鯨よわりて、潮を吹かずして気のみ吹く」といっている[司馬I、一五一頁]。

そして、機をみて鯨の左右に勢子船を寄せ、船の上から羽指たちが刃渡り九〇センチもある両刃の剣を、鯨の背や脇腹めがけて替わる替わる突き立てる。血が噴き出し、鯨は大きな声を発して暴れ、羽指も水主も返り血を浴び、そのすさまじきさまはとても形容のかぎりではない、という[太地、四五〜六頁]。これを「剣切《けんぎり》」といい、鯨にとどめを刺すために行なう。

決死の通過儀礼

セミ鯨とマッコウ鯨以外の鯨は、死ぬと沈んでしまう。死んで沈んだ鯨を、九州では「沈鯨《シモリ》」と呼び、それを見つけ捕獲した場合の鯨の分配について、さまざまな規定まで定められていた。

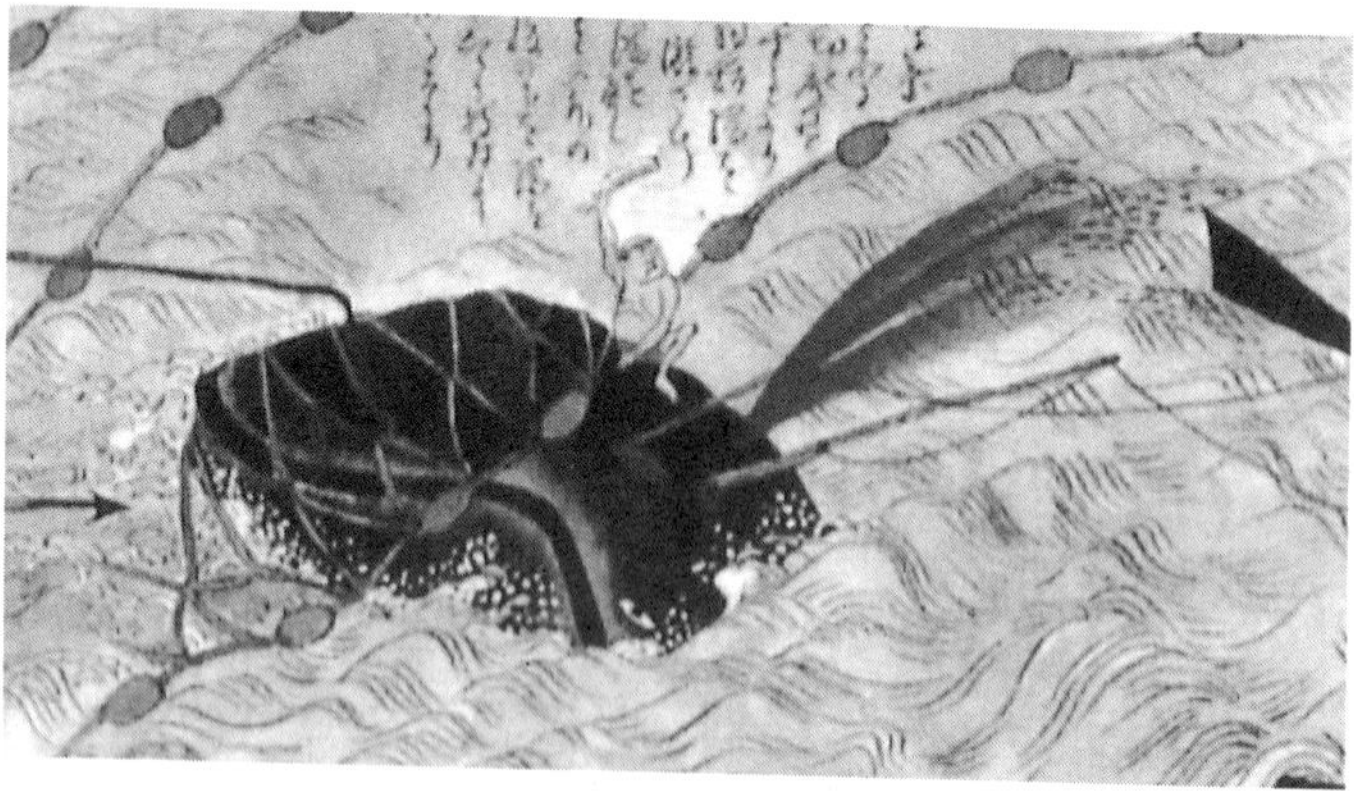

図30　壮絶な「鼻切」

鯨をシモリ鯨にしないために、当初は「大万銛《おおよろずもり》」を突き立てて沈む鯨を引き上げていたようだが、失敗が多かったのだろう。二隻の船に丸太をさし渡してやぐらに組み、それに鯨をくくり付ける方法が開発された。これを「持双《もっそう》にかける」といい、その船を持双船（持左右船とも表記する）という。

持双にかけるためには、鯨が生きているあいだに、鯨の背中に綱を通して吊り上げ、腹側にも綱を掛けまわして支え上げなければならない。この危険極まりない作業を行なうのが、羽指見習いの「刺水主《きしかこ》」や下位の若い羽指たちだった。彼らにとってこの作業は、一人前の羽指になるための通過儀礼的な意味をもっていたので、彼らは必死で先を争ったらしい［太地、四七〜八頁］。

なかでも特に「鼻切《はなぎり》」という作業は、みずからの命を賭して行なわれる「鯨猟」のクライマックスを象徴するものだったからこそ、それが羽指たちの通過儀礼にもなりえたのだと思われる。

鯨がまだ生きているあいだに、彼らは海に飛び込んで鯨の頭部や背中に取り付き、「手形包丁」で潮噴き孔（鼻孔）のあいだの障子を切る。これが鼻切で、やり終えると手をかざして合図した（図30）。

つづいて別の者が綱を持って飛び込み、切った障子に障子吊りの綱を通す。さらに別の者が鯨の背中に取り付いて、背びれかその付近を切る。これを「手形切《てがたぎり》」という。そしてここにも綱を通す。

この鼻切と手形切は、鯨の種類によってどちらか一方のものもあり、コク鯨にいたってはどちらもやらなかったようだ。また、ナガス鯨の場合は、皮が薄くて銛がきかないので、網に掛けるとすぐに鼻切をして持双にかけ、「長柄包丁」で背中を幾筋も縦に切って殺したという［勇魚取繪詞］。

鼻切と手形切がすむと、今度は綱を持って鯨の下をかいくぐり、鯨の胸と腹の二カ所に「胴縄」を掛けまわす。そして、二隻の持双船が鯨をはさんで並び、そのあいだに架け渡してある持双柱二本に、それぞれ四本の綱を結びつけて、やっと持双がかけ終わる。

これらの作業はとても危険だった。鯨の胸びれや尾びれにかかるとひとたまりもないし、鼻切や手形切の最中に鯨が暴れたり、長く潜ったりすると、海底に頭やからだをぶつけることもあったようだ。そんなとき、自力で浮かび上がれなくなった者の髻《たぶさ》をつかんで、船に引っぱり上げなければならない。だから、羽指の頭の髷《まげ》は特別に長くしてあったという［同前］（一七九頁の図34参照）。

合　掌

持双にかけると、再度「剣切」が行なわれる。今度は羽指たちが二隻の持双船に乗り込んで、最後のとどめを刺す。しかし、このときばかりは、さすがの羽指たちも平常心ではいられなかったようだ。

剣が鯨の臓腑にとどくと、切り口から海水が入って水面が泡立ち（これを九州では特に「湧《わく》」と言った）、まわりはすでに文字通り血の海である。そのとき、鯨は「身ヲノシ、大息ヲツキ、一声嘋《な》キテ、舟ヲ負《お》イナガラ二、三反舞《べん》ウ事茶臼ヲ廻スガ如シ。喉ゴロ〳〵ト鳴テ息絶ス。此時、鹿子《カコ》・羽指同音ニ南無阿弥陀仏々々ト唱イテ、三国一ヂャ、オセビトリスマイタ、ト謡《うた》モヲカシ」と、谷村友三は書いている［西海鯨鯢記］。

また、『勇魚取繪詞』はそのときの様子を、「身もひゆるばかりおそろし」といい、『西海鯨鯢記』とほぼ同様の文を記している。明治になっても太地五郎作は、鯨から噴き出す血潮や馬のいななくに似た大声を発して荒れ狂う鯨に、「実に天地を鳴動せしむる感が致す」とし、さらに「水陸動物中此の最巨大の生物の最後を見届ける時の心境は如何に国利民福の為とは申せ其瞬間の気分は何とも云えない感に打たれるものである。心ある者は瞑目唱名を致す者さへある」と述べている［太地、四六、五一頁］。

さもありなん、合掌。

凱旋

こうして、鯨と人間とのまさに血みどろの闘いが終わると、勢子船は二列に並んで持双船を曳き、舳先に印を押し立てて、納屋場へと鯨を運んでいく。そのとき、一番親父の船だけは威勢のいい櫓声を合唱しながら、皆より先に納屋へ帰り、「注進」におよぶ。

注進とは、何事か起きたときにそれを急ぎ報告することだが、鯨組では鯨を捕獲するたびに注進が行なわれた。一頭一頭の捕獲がまさに「事件」「変事」にほかならなかった。

太地の注進がもっとも儀式ばり、芝居がかってさえいたそうだが、「そもそも今日の魚は」にはじまって、鯨を発見したときから仕留めるまでの経緯が、組の重役たちを前にして、身ぶり手ぶり声色《こわいろ》混じりでくわしく報告される。そのとき、肥前唐津領の生島組では、「注進盃」が酌み交わされた。土佐の浮津組では、漁場が室戸岬を越えた三津《みつ》にあるときは、山見番が代わって注進役をはたしている。勢子船が銛を一本突き立てると、山見番が陸路山を越えて「お義理注進」をまず行なう。つぎに鯨が仕留められると、また山を越えて走り、室戸の町に入ると、鯨一頭のときは片肌をぬぎ、二頭のときは両肌をぬいで「注進じゃえ〳〵」と声張上げて組に駆け込み、捕獲の経緯を報告したという[吉岡、一五頁]。

そうこうするうちに、持双船に曳かれて鯨が浜近くまで運ばれてくる。生月島御崎の益富組では、いっせいに櫓声をあげ、納屋場の者は総出で太鼓を打ち、「えたりやおう」と鬨《とき》を合わせて出迎えた。そして、浜から二〇〇～三〇〇メートルのところまで来ると、鯨を切りさばく役の「魚切《うおぎり》」に鯨を引き渡した。

天明八（一七八八）年一二月一六日、司馬江漢が実見したときの捕鯨は、鯨を追い込みはじめたのが日没前の晩七ツ時（午後四時頃）、浜へ曳いて帰ったのが、夜の四ツ時（午後一〇時頃）前だった。六時間におよんだ闘いの成果は、一〇間余もあるセミ鯨だった。

解体・処理

図31は、生月島の益富組の鯨解体作業のさまを描いたものである。石垣で築かれた岸には轆轤《ろくろ》がす

図31　鯨寄せ場でのセミ鯨の解体作業

えられていて、それで鯨を浜に引っぱり寄せる。つづいて、潮噴き孔から尾の付け根までの長さが測られる。この大きさで、およその売買価格、さらには税の額が決められる。そして、いよいよ解体がはじまる。

鯨の背中や脇で、長刀状の「大切包丁」をふるって鯨を切りさばいているのが「魚切」。鯨に綱をかけて轆轤で引き、鯨の向きを変えたり、鯨の皮を剝いだり、切り離された部分を引き上げるのが「網刺（指）」の役目。ぶっさき羽織やたっつけ袴《ばかま》姿の者たちが、「別当」「支配人」「目代《もくだい》」「小部頭《こぶがしら》」「若衆」などと呼ばれる納屋場の監督官や雑用係の者たちであろう。さらに、小切りにされた肉を「鉤棒《かぎぼう》」にぶらさげて、前後二人で大納屋にかついでいく者もいる。鯨にからまっていた網を解いて、網納屋に運んでいく者たちもいる。轆轤のそばで拍子を取ったり、太鼓を打つ者も見える。このときの浜のにぎわいは、いかばかりであったろうか。

私には前々から一つ気になっていたことがある。この絵にもあるように、九州の鯨組ではどこでも、鯨の頭を先にして岸に着けるのだが（二四五頁の図39も参照）、太地や土佐の捕鯨図を見ると、自然の浜にいずれも尾を先にして着岸している。したがって、解体の手順は、九州ではおおむね背中、脇、頭、胴、尾と進められるが、太地はわからないが土佐では、尾のほうからはじまって最後に頭部におよんでいる［吉岡、一六頁］。

当初は単に地方色くらいに思っていたが、尾を先にすると、重い大きな鯨の頭が沖になり、潮が満ちてくるとその大部分が水に漬かり、作業効率が悪いのではないかと思えてきた。それに、ものを手前に引き寄せる場合、重心が後ろにあるものより前にあるものを引くほうが、いくぶんか楽になる。

それで、いろいろ史料を調べていくと、同じことを感じていた者に出会った。両人とも土佐の人で、いずれも九州の鯨組を視察した折にそのことに気づいたようだ。一人は寛政一一（一七九九）年の二月から三月にかけて視察した土佐藩の役人大津義三郎。もう一人は文化六（一八〇九）年四月二八、二九日に、肥前呼子浦の中尾甚六組をたずねた津呂組奥宮仁右衛門である。両人とも鯨船や網、銛など捕鯨道具や捕鯨技術を広く見聞し、土佐と比較しているが、ここでは解体作業にかかわる部分のみふれることにする。

奥宮は言う。持双船で頭を前にして運んできたのを、土佐ではわざわざ浜に上げる際にターンさせている。これは無駄だ。しかも、重いほうが沖になり、夜がふけてくると轆轤をまわす人夫もいなくなって頭部だけが残ったり、解体作業が中断した場合など、盗みを働く者がいるし、第一頭部が傷んでしまう、と［桑田、一四六頁］。

大津は言う。九州の鯨寄せ場は石垣が築かれ、一段高い所に轆轤が設置されているので、引くと同時に引き上げる力も働くため、轆轤引きの効率がよい。その点、土佐は砂地の自然の浜なので、引き綱が砂にうずまって一つの轆轤に五〇人も必要になる。しかも、土佐では八尋（約一二メートル）ほどの鯨を一日かかってさばいているが、九州では一三尋の鯨を夜明けからはじめて午前八時頃にはさばき終わり、壱岐の前目や勝本浦では一日に八、九頭は軽くさばいている。もっとも、勝本は一つの鯨寄せ場に轆轤が一四基、前目にいたっては二つの寄せ場に一六基ある。解体作業の遅速はまずもって轆轤の綱さばきにかかっているようだ、と［土佐室戸浮津組捕鯨史料、一一頁］。だが、残念ながら、二人の意見は、その後、土佐の鯨組で生かされた形跡がない。

さて、鯨寄せ場で解体された鯨の各部分は、所定の納屋に運ばれて、さらにそこで細かく切りさばかれ、最終的な加工処理がなされていった。

大納屋と小納屋

捕鯨道具や入用物を収納している納屋を除いて、鯨を加工・処理する納屋は大きく二種類にわけられる。大納屋と小納屋である。あるいはこの分類は九州の鯨組だけにあてはまることかもしれない。太地については資料が残っていないので、この点についてはわからない。ただ、土佐では、皮も肉も解体後すぐに鯨仲買商たちに売り、鯨組がみずから油を採取していたわけではない（商人たちがグループを組んで搾油していたようだ）。土佐の鯨組がみずからの手で処理していたのは、骨と筋だけで、「魚切」たちが骨から油を採取した［伊豆川Ⅰ、一一六頁］。したがって、土佐の鯨組にある納屋は、骨納屋（「製油場」）と筋納屋だけということになる。

たしかに、大納屋・小納屋と呼ばれる作業場はあるのだが、一方、この呼び名は、それぞれの納屋の経営者のちがいを示してもいる。大納屋は鯨組直営の納屋であり、小納屋は組主以外の者たちが、鯨組と契約して、鯨の特定の部分だけを買い取って加工作業をしている納屋のことをいう。鯨の頭部(「かばち」という)、アバラ、胸びれ(立羽《たつば》という)、開《かい》ノ元《もと》(雌雄の生殖器のこと)、臓物などを、それぞれ一つ、あるいは複数を買い取って処理作業をしているのが小納屋である。したがって、小納屋で行なわれる作業は各鯨組によっても、あるいは年によっても多少ちがうことがある。

小納屋で加工処理される鯨の各部分は「小納屋道具」と呼ばれ、漁期前にあらかじめ値段が決められていて、小納屋を経営する者たちは決められた前払い金を納め、漁期後に決済した。この方式だと、鯨組の経営者にとっては、「前細工」費用の一部をこの前納金でまかなうことができ、とても好都合だったようだ(これについては五章で詳しくふれることにする)。

次頁の図32と図33は、生月島の益富組の大納屋と骨納屋の様子である。鯨組の納屋は鯨製品の生産工場である。大納屋から見ていこう。

右手前に「別当」や「帳役」、さらに納屋に出入りする者が肉などを隠し持っていないかどうかを見張る「探番《さぐり》」などがいる。左手前は「魚棚《うおだな》」と呼ばれ、下に簀の子板が敷いてあり、鯨寄せ場で大まかに切りさばかれた皮や肉がここに運ばれて冷やされ、血抜きされて、小さく切りさばかれる。そのうち、食用にされる赤身や尾は塩漬けにされ、脂皮は右奥にずらり七、八〇人が並んでいる「小切場」で、さらに細かく切り刻まれ、左奥の搾油場に運ばれて釜ゆでされ、油を取る。搾油場にはかまどが十数基並んでいて、それぞれに釜が据えられている。かまどは焚き口の上に土壁が塗られ、火

図32　大納屋での作業風景

図33　骨納屋での作業風景

が釜の中の油に燃え移るのを防ぐとともに、土壁の内側には樋が通してあり、釜の油を汲んで樋に流すと、納屋奥に据えつけられている十数個の大きな壺に油が自動的に流れ込む仕掛けになっていた。

骨納屋には、大納屋や小納屋で肉や筋がきれいに削ぎ落とされた骨がすべて運ばれてくる。骨を「段切鋸」で挽き、斧で砕き、最後に山刀《なた》で細かく打ち砕いて釜で煮出し、油を取る。一度油を取った煎粕《にかす》をさらに臼で搗《つ》き、再度煮出して油を取り、粕は肥料にされた。

この徹底ぶりには頭の下がる思いがするが、南無阿弥陀仏と唱えながらも「三国一の大セミを捕ったぞ！」と叫ばざるをえないその「ヲカシ」さ、生きていくためには動物の命を奪わざるをえない人間という存在のコンプレックスが、このように捨てるところがないまでに鯨を徹底利用させていたのだと思いたい。

谷村友三は骨から油を取るこの方法について、明暦の頃（一六五五〜五八年）、「谷村氏何某ト云者取初シヨリ今ニ絶ズ」と、『西海鯨鯢記』にわざわざ書き記している。この谷村氏何某とは、自身の父三蔵のことに違いあるまい。

このように、納屋では作業分担がはっきりと定まり、流れ作業式に鯨の各部分の加工処理が行なわれていった。

以上、鯨を捕獲し、それを解体・処理するまでの工程を見てきた。沖場は一つの統率のもとに、各自の持てる技量を結集して行なわれる狩猟＝「かりくら」であり、納屋場はそれぞれの分担がはっきり定まった、流れ作業＝工場制手工業（マニュファクチュア）である。そのため、沖場には武士＝水軍的なメンタリティが随所に感じられ、納屋場には工場的＝効率的＝商人的なメンタリティが多く感じられる。一見相反するかに思われるこの二つの要素を一つにまとめあげているのは、いったいなんだったのだろうか。

それは、「鯨一頭を得れば七浦が潤う」とまで言われた鯨のもつ豊かさ、「エビス神」＝鯨の稀なる豊饒性だろうか。だからこそ、捕獲のたびに儀式ばった「注進」が行なわれ、捕獲された鯨は、鳴り物入りの沸き立つような歓呼・歓声のうちに迎えられなければならなかったのではないだろうか。本来なら畏怖されもするはずの「エビス神」＝鯨が、こうしてお祭りのような「浜のにぎわい」のなかで、文字通り商売繁昌の「おエビス様」に変身していった。沖場の者は尋常ではない生き物との「勝負」を褒賞され、納屋場の者はその巨大さ＝豊かさのおこぼれにあずかる（鯨を捕獲することで羽指・水主に与えられる太地の「勝負皮」は、土佐・九州では「所務皮」と呼び名を変えているが、これは呼び名だけの問題ではないように思われる）。

だが、「エビス神」から御利生をいただくためには、人間の側からも神々をあらかじめ祝福しておかなければならなかった。つぎは、少し視点を変えて、祝い＝慶びの表現でもあった、いくつかの儀式や慣習をとりあげてみることにする。

三　儀式・祝祭としての捕鯨

組出祝い

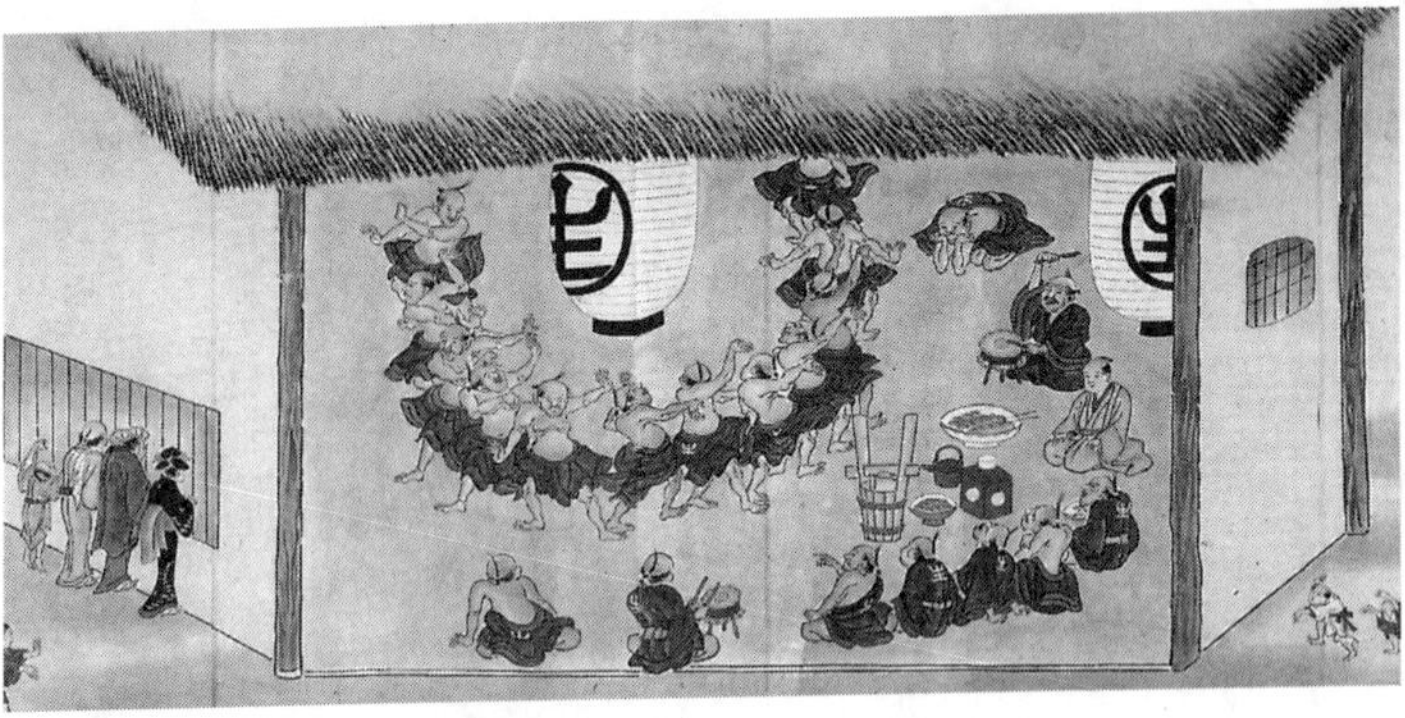

図34　羽指踊．羽指たちの大振りの髷にも注目

捕鯨シーズン中、鯨組を浦に構えておくことを「組陣」と言い〔大槻、四三四頁〕、組陣のはじめを祝って、「組出（組仕出）」が行なわれる。

『前目勝本鯨組永続鑑』によると、小寒一〇日頃の吉祥日を選んで、組主宅に地元の羽指たちが集まり、御吸物・御盃・御肴・餅をちょうだいし、「羽指歌」を唱って組仕出を祝う。これは一種の前祝いで、他国からやってくる羽指たちが全員そろったところで、改めて総組仕出が行なわれる。

一番鶏の声にあわせて羽指が勘定納屋に集まり、御吸物・御盃・餅をたまわる。さらに、一年の日数分の餅と銭一貫文を納屋のまん中と東西南北に撒き、羽指たちが先を争ってそれを拾い、そのさまを大群の鯨を網代に追い込むのに見立てて、エイヤ、エイヤと両肌ぬいで太鼓を打鳴らし、「羽指踊」をにぎやかにおどって、大漁の予祝が執り行なわれる（図34）。

友押（艫押）たちは、大納屋の釜の前で吸物・餅をいただき、水主たちは餅だけいただき、鯨船をすべて納屋場前の渚に勢ぞろいさせて、午前六時頃、全員がうちそろって沖立する。そのとき、組主は正装の裃《かみしも》姿で「誠に大将軍の備へなり」という。

生月島の益富組でも、小寒の節の前後の丑《うし》の日を選んで、組主宅に羽指が集まって酒宴を設け、羽指踊をおどって門出を祝う。そして、牛角紋の組の旗印を舳先に立て、鯨を捕獲したときの注進のさまをまねて「仕形声《しかたごえ》」をあげ、太鼓を打鳴らして予祝をし、船を漕ぎめぐらして船上から山や神仏を遥拝する［勇魚取繪詞］。

そのときの「羽指踊」は、こんな歌詞をともなっておどられる（生島組の例）。

♪掛け添え〳〵旦那さま組よナア〳〵、親も掛け添え子も添えて、大勢美《せみ》は〳〵旦那さまに、お伊勢御利生で今年勢美掛けよ、ナア明日勢美掛けよ、これもお伊勢の御利生かな、大勢美は〳〵旦那さまに

♪明日は吉日砧《きぬた》打つ（狩棒で舟の舷をたたくのが砧を打つのに似ているからか）、ハイヨ〳〵、おかた姫子も出てうちやれ、砧踊はおんもしろや、ハイヨ、なおも砧のおもしろや

♪天の星さえよばいめす、ハイヨ〳〵、羽指よばいはとがもなし、砧踊はおんもしろや、ハイヨ、なおも砧のおもしろや

♪旦那さまの御組には、いかなるお恵比寿ござるやら、掛け添え勢美をよ、大勢美掛け添えた

♪旦那さまの油蔵、いかなる福よしが吹いたやら、練り添え油を、油練り添え

♪今年の稲はあぜに寄り掛かった、サアはち巻〳〵、茜《あかね》はち巻は旦那様、羽差衆大勢美の皮をしつかとしめかけた、踊れば拍子おもしろや、一国二国三国一じゃ、網に今年は大掛けしょ

〳〵、エイ〳〵

唱われている意味はいたって単純だ。旦那様や組のためにセミ鯨をたくさん捕ろう。鯨が捕れるのはお伊勢さんやエビスさんの御利生あってのことだ。その御利生で明日は大セミが捕れるぞ。しっかり狩棒をたたいて、砧踊りをおどるから、娘子たちよ、いっしょにおどってくれ。天の星だって流れ星（よばい星ともいう）になって夜這いするではないか、ましてや羽指は……と、このときばかりは無礼講が許されている。「夜這い」を「齢」と解釈した福本和夫説では、せっかくのエロスの悦びがかき消されてしまうのではないだろうか［福本、一三〇頁］。

なお、「お伊勢」とは伊勢神宮のことで、古くから「海民」との結びつきが強く、信仰の対象とされてきた。

五島の有川組でも、組出の日に、餅、吸物、尾羽毛《おばいけ》（鯨の尾）、酒が振る舞われるほかに、江戸の目黒不動尊や浅草観音をはじめ、江ノ島の弁財天、三島の大明神、京都の北野天満宮、大坂の住吉大明神など全国各地の有名な神仏と地元の神仏、あわせて九六社に神楽《かぐら》を奉納している。神楽は捕鯨シーズンの終わる組上がりのときにも、漁のお礼として奉納された［有川鯨組式法定］。

初魚の奉納

初物を神仏に奉納するのは、農業や漁業で広くみられる習慣だが、鯨組でも冬組・春組で最初に捕れた鯨の肉や皮を、「初魚」「初尾」として近在の神仏に奉納した。有川組では近在一五社へ［同前］、太地浦では一九カ所の神仏へ奉納している［熊野太地浦捕鯨史、四一五頁］。また、有川組では先にあげた遠国の神仏には「初尾銀」が奉納された。

それだけではない。太地では、網捕り式が本格的にはじめられた延宝五（一六七七）年から、和歌山藩を通じて禁裏へ、新宮領主を通じて将軍家へ、それぞれ鯨肉を献納することになった［同前、二七六頁］。もちろん、藩主をはじめ、藩の重役たちにも献納したことはいうまでもない。

有川組の享保一五（一七三〇）年の例では、藩主はもとより、若殿、奥方をはじめ、家老衆、奉行衆、さらには福江城下の有力商人たちまで総勢四〇カ所中に、赤身や尾羽毛などを差し上げている［有川鯨組式法定］。藩主たちが江戸在府の折は、江戸まで送り届けるのが決まりだった。

天保一四（一八四三）年、益富組が五島の黒瀬浦に鯨組をすえたとき、「初魚」に要した鯨の総量は、赤身だけでもおおよそ一五八〇斤、約一トンにのぼっている［五島黒瀬組定］。

鯨がいかに大きいとはいえ、初物として毎年これほど多方面に、大量に献納される産物がほかにあっただろうか。差し出す側にももらう側にも、実利のほかに何か一種誇らかな気分でもあったのだろうか（事実、幕末の不漁時には鯨組から初魚の停止を願い出ている）。

さらに、鯨を捕獲するたびに、まず最初に鯨の背の皮を切り取り（益富組ではこの皮を「かけめ」と呼んだ）、納屋に祀られている「魚神」や近在各地の神々に捧げられた。生島組では、鯨を捕獲した日は酒が羽指一人に四合ずつ、水主に二合ずつ渡され、彼らはそれを飲み交わしながら、太鼓を打ち、手拍子で「羽指歌」を唱って労をねぎらい、明日の大漁を予祝した。

羽指や水主たちが羽指歌を唱ってお祝い気分にひたっている頃、捕獲した鯨を切りさばいている鯨

図35 「かんだら」

寄せ場や納屋のなかで、人込みにまぎれて鯨の「盗み取り」が横行した。その盗み取りは「かんだら」と呼ばれ、しかも、それは半ば許された行為でもあったらしい（図35）。

「かんだら」の風習

まず、「かんだら」がどういうものか、当時の人々の書き残したものによってみておこう。生島組の組主である生島《しょうじま》仁左衛門は、そのさまをこう述べている。

> その所の者、他村の者、大小人寄り集まり、大人は鯨収納の働き、日雇となる。子供は大勢寄り集まり、てんでに小さき包丁を持て皮肉を切りて逃げるを、切らせんと追いつおわれつ、切りつ引きつ、血身どろに成りて入乱せりをふ有り様、そのあやうきに身をにやす事ともなり［鯨魚鑬笑録］。

寛政一〇（一七九八）年一二月、太地を訪れて捕鯨を実見した高遠藩士坂本天山はこう書いている。

村婦小児モ皆藍褸《らんる》ヲ著テ手ニ小刀ヲ持テ群リ聚《あつま》リ、人目ヲ厭《いと》ハズ、肉ヲ二三斤宛截竊《せっせつ》シテ、愛子ヲ抱キタル如クニ懐ニシテ逃ゲ去ル。羽指（魚切の誤りだろう）共肉ノ余ヲ足ノ下ニ踏隠シテ、吾妻子ニ与フル体ハ、旧来ノ仕クセト見エタリ［南紀遊嚢］。

弘化二（一八四五）年正月八日、土佐浮津組での鯨さばき場の様子を『夷男道行』は以下のように記している。

鯨の上へ大勢人あがり、明松《たいまつ》を魚の上にていく所もたきたて、所は浪打きは、長きほう丁やら先長刀《なぎなた》の如きものを段々持来り切さばく、（中略）其所を穢多《えた》などおびたゞしく籠をこしに付盗に来り、あからさまにおびたゞしく盗取、あまり目立けると竹のつえを以てさん〳〵にたゝく、されどことゝもせず直に来りて又盗取、（中略）また血をくみとらんと三四十人程はだかにて柄杓《ひしゃく》を以てくみに来り我先にあらそふ事、実にも此時は戦場にことならず［羽原II、二一九頁］。

鯨を捕った歓びと、轆轤を巻く掛け声や、鯨の解体作業に立ち働く者たちで沸き返っている浜。そのごった返しのなかで、「かんだら」は人目をはばかることなく堂々と行なわれている。しかも、その多くが近在から集まってくる婦女子によって行なわれ、それぞれ手に包丁を持ち、ときには腰に籠さえ付けて、なかには魚切も「かんだら」を働いている。鯨の血を汲みにきているのは、田畑の肥料にするためである。

どうしてこんな風習が生まれたのだろうか。

倉田一郎によると、「かんだら」に似た行為は、ドウシンボウ、モスケ、トウスケなどと呼ばれて、全国各地の漁村で広くみられ、浦の浜とそこで捕れる漁獲物が浦全体のモヤイ（共有）であった時代の名残りだとしている。そのため、一人か家族単位で行なわれる突漁や釣漁には「かんだら」はなく、「かんだら」が行なわれるのは捕鯨のほかでは、もっぱら網漁に限られていたらしい。

つまり、「かんだら」が行なわれるのは、網元や船主階層と彼らに雇われる漁師階層に分離した形で行なわれる漁業に限られている。そこでは、生産手段を持たない漁師たちが、浜やそこで捕れる漁獲物の私有や独占にどうしてもなじめなかったために、こうした風習が生まれてきたのではないかという。しかも、漁村の近くに住む漁師以外の者にまで、ちょっと作業を手伝っただけで漁獲物の一部をもらい受ける権利が認められ、イヲモライ（魚貰い）とかサイモライ（菜貰い）という風習が広まっていった［倉田、二二五頁］。

倉田一郎の考えを認めたうえで、山口麻太郎は「かんだら」の語源が卑罵《ひば》を表わす言葉だとしている。カンダラのダラは悪太郎、三太郎などというときの太郎であり、カンは烏《からす》で、烏勘三郎が本来の形だが、より強く卑罵を表わすために、三郎を太郎にしたのだという（『勇魚取繪詞』では「かんだら」を「間太郎」、大槻清準は『鯨史稿』で「勘太郎」と表記している）。

さらに、烏は古くから吉凶を告げる鳥とみなされ、善神・悪神を兼ね備えていて、祭祀《さいし》されてきた。その烏の役を捕鯨ではたしているのが、「ライ」と呼ばれる海鳥（アホウドリ）で、『勇魚取繪詞』でも「ライ」はとても鯨を好み、はるかな沖合いから鯨にしたってやってきて、鯨を解体しているそばから肉を一羽が四、五斤も食べるが、皆はこの鳥を「エビス」だといって可愛がり、いくら肉を取っても追い払うことはない、と記されている（図35、一七二頁図31の右下にも描かれている）。「かんだら」は卑罵がこめられた言葉ではあるが、一方で明日の海幸を予兆する「エビス神」として喜ばれ、もらいにくる者にはいくばくかでも与えるべきだと考えられたのではないか、ともいう［山口、三五六頁］。

いずれにしろ、「かんだら」の根底には、多くの者が協力しあって捕獲したものはみんなのものだという観念が働いていて、山や海という異界からやってくるものは、それ自身が「エビス神」か、神の贈り物だとする宗教的な観念が、さらにその思いを補強していたと考えられる。そして、実際にこうした観念が現実場面に行為として現われ出るのは、歓びに満ちあふれた「浜のにぎわい」という祝祭的な空間があったればこそ、とも言えるのではないだろうか。

土佐の窪津浦は、津呂組に海域を捕鯨網代として提供していたが、浦人が鯨組に定雇いされているわけでもなく、鯨組とは深い関係をもっていなかったが、鯨が捕獲されると浦人は包丁を手にして、「手羽切」と称して「かんだら」行為におよんでいたところ、津呂組の組主奥宮氏は、浦人の包丁が切れそうにないのを見て、包丁を新調して彼らに与えてさえいる［伊豆川Ⅰ、三六九頁］。

しかし、先に挙げた記述にもあったように、「かんだら」を働く者は、ときに竹や棒でたたかれ、追い払われもした。組主にすれば作業の妨げになるだけではなく、組の風紀が乱れ、たとえほんの一部であれもうけを損ねることにもなった。それに対して鯨組はどう対処していったのだろうか。そして、いま一つ気になるのが、いったいどんな人たちが鯨の解体作業場で働いていたのかということだ。

この問題について、田上繁はいくつかの史料をあげて、鯨の解体作業にかかわる分野に、被差別民が雇用されていた可能性が大きいとしている［田上、四〇四頁］。それにかんして、以下、私の気づいた範囲でふれておく。

日雇いで他国まで出かけた鯨解体作業員

鯨組にとって「かんだら」は、アンビヴァレンツなものだったらしく、「非人番」（太地）、「探番」（益富組）、「番太郎夜廻り」（壱岐）などを置いて見張らせたが、いっこうに減った様子はない。益富組では「かんたら御差し留め之儀」の「御触」を藩に願い出ており、その代わりに「かんたら銀」を与えることにした［武野、二頁］。古くからの風習を藩権力を借りて、金銭に置き換えようとする合理主義がここにある。

五島の有川組では、元禄四（一六九一）年に有川六カ村に対して、「日雇いにくる者はほんの少しの盗みをしてもいけない。もし盗みをした者がいたら仲間内から申しでて、その者を二度と日雇いに入れないこと」などを定めた一二カ条の定書に、全村の家持ちの者の判をとっている［有川鯨組式法定］。一種の村八分的な対処法と言えようか。

そうした取り締まりの厳しい鯨組は、日雇いで働く浦人から逆に「がんどう（強盗）組」と陰口をたたかれ憎まれたが、一方で彼らのなかにも、また鯨商人たちも、鯨組あっての物種と、かえって厳しい取り締まりを賞美する者もいたらしい［牧川、一〇二頁］。

土佐の浮津組では、初魚の際に「大切《おおぎり》（魚切に同じ）」に与える鯨皮に限って、特に「カンダリ皮」

と名前をつけている［土佐室戸浮津組捕鯨史料、九七、一九五頁］。また、魚切の習慣として明治期にもこんな例があったという。

（土佐の）津呂組では魚切は鯨を切り放ち乍《なが》らその背の上で味噌汁を食ひました。之は水中に漬つていて身体が冷却するから、それを防ぐ為に食ふのですが、それと同時に空になつた鍋の中に鯨肉を入れて持たせて帰します。それが魚切の私得となるのです。一度に十〜十二貫位持って帰るといふ。これを大きい鯨では三回位繰り返したと云ひます［吉岡、一六頁］。

七〜一〇人の魚切たちの私得として、四〇キロからときに一二〇キロもの鯨肉が、公然と、あるいは一つの権利でもあるかのように与えられていた。

魚切が作業中に味噌汁を食べる習慣は、元禄一七（一七〇四）年頃の太地にもあったかもしれない。同年の定によると、解体作業が夜にかかるときには、「赤身汁の実遣《つかわ》し物」が魚切、魚切手伝、沖陸篝立《かがりたて》の三者に与えられている［熊野太地浦捕鯨史、四一五頁］。

この土佐の例などは、あるいは寒中・夜間の特例として「かんだら」が特別に黙認されていたのかもしれない。「五島日ノ島などで漁夫の給金を極めて割安に興へる代りに、現場さへみられねば一二割方のカンダロを暗黙に認めるといふ例」［倉田、二五頁］のヴァリエーションとも言えそうだ。

田上繁は、熊野の太地や古座の鯨組、さらに安房の鯨組の例をあげながら、魚切をはじめとして鯨の解体や処理作業を担う者は、一つの仲間内を構成していたのではないかと指摘している［田上、四〇三頁〕。

事実、九州においても、その可能性は高い。慶安元（一六四八）年から寛文九（一六六九）年まで、壱岐や五島などで捕鯨に従事した平戸の吉村組では、毎年、鯨を解体・処理する魚切から炊事夫にいたるまで、肥前唐津領呼子から雇用するのが習わしだった〔小葉田、一二二頁〕。また、後年壱岐においても、彼らは一つの仲間内を構成していたようだ。魚切は捕鯨シーズンを通して雇われている季節雇用者だが、鯨寄せ場の轆轤や大納屋の魚棚で鯨の解体・処理作業を担う日雇いたちは、ほかの日雇いたちとは別個に「内札《うちふだ》」と呼ばれ、まとめて雇用されていた。そのメンバーは以下のとおりである。

日雇頭五人、網刺一二人、魚棚一二人、太鼓叩四人、小取ノ者一〇人、所々小取二人、番太郎夜廻り六人〔前目勝本 鯨組永続鑑〕

「小取《ことり》」は魚切や網刺などの仕事の補助員である。興味深いのは、彼らに頭《かしら》と呼ばれる者がいることだ。しかも、「内札」の者たちの賃金は、ほかの日雇いと同額だったが、「提《さげ》もの」として与えられる鯨の黒皮は、ほかの日雇いの一・五〜二人前、日雇頭にいたっては五人前以上（約一七キロ）が与えられている。日雇頭が彼らの代表で、「日雇頭からの願いによって斯くの如く相定む」とあるように、鯨組との雇用契約は日雇頭がやっていたようだ。日雇いという弱い立場を、集団雇用契約という形で少しでも有利に結ぼうとしていたのだろうか。

こうした雇用契約は明治になっても続いていて、佐賀県の小川島捕鯨株式会社では、「鯨魚解剖ノ内札人員」を「内札頭」と捕鯨シーズン前に決めておくことになっていた［秀村、㈡―九〇頁］。

五島の有川組には、地元から雇用する日雇いのほかに、「旅日用《たびひよう》」つまり他国からやってくる日雇いがいた。さらに、「合前子共夫々見計ひ相談之上賃金相渡可申事」とあるので、地元・他国・男女別の日雇いのほかに、「本前《ほんまえ》」＝大人、「合前《あいまえ》」＝大人と子供の中間、そして子供という、年齢別の雇用形態まであったようだ［有川鯨組式法定］。

ただ、ここで気になるのが、他国からやってくる日雇いである。日雇いは何度も言うように、鯨が捕獲されたときのみ雇われる、いたって不安定で報酬も少ない労働だ。なのに、他国からわざわざやってくるとは……。

でも、それが本当にいるのである。肥前唐津領名古屋（名護屋）村や町分の者たちが、親子二人、あるいは四人で、壱岐の勝本浦や対馬の廻り浦などの鯨組の納屋の日雇いに、鯨組の用意した「便船」で、捕鯨シーズンを通して出かけている［秀村、㈡―七八、八九頁］。しかも、捕鯨のオフシーズンになると、彼らはほんのわずかな畑作のかたわら、饅頭を作って商いしたり、魚を売り歩いたり、豆腐商いをしたり、雑貨の小売りをしたりして暮らしていた［同前、㈡―八四頁］。それは、竹中邦香が『房南捕鯨志』に言うように、ちょうど安房の鯨組の解体作業班である「出刃組」が、平日は漁業もしくは他業に従事していたのと同じである［吉原、九七頁］。

彼らが先にみた「内札」かどうかの確証はまだない。ただ、「便船」を仕立てて彼らを運んでいくくらいだから、ただの日雇いではなく、鯨組にとって彼らはなくてはならない存在だったことはたしかだろう。あるいは前もって「日雇頭（内札頭）」が雇用契約を結び、日を決めて「内札」の所在地に「便船」をまわしていると考えることもできる。こうした点から、彼らが「内札」と呼ばれた鯨解体作業班の一員だった可能性は高い。

もし、そうだとすると、九州の鯨組のなかには、ある特定の地域から鯨解体作業班を日雇いで、一括雇用していた組があったということになる。彼らが被差別民だったかどうかは、想像に想像を重ねることになるのでふれないが、親子で雇用されているところをみると、彼ら自身がもともと一つの技術を伝承している集団だったか、あるいは定期的に決まった役割の雇用を強いられたために、いつしか特定の技能集団とみなされていったかのいずれかだろうと思われる。

なお、「内札」の者たちに関係する注目すべき事例がある。益富組が五島列島福江島の黒瀬浦に組を構えていた弘化二（一八四五）年一二月一七日、備後田島から来ていた双海船の水主十吉が急死し、当地の寺に埋葬された。その葬式の節に、「内札転役ニ懸候者」たちに酒が「壱升六合弐勺五才」振る舞われている［五島黒瀬浦組定］。内札の者たちがどんな「転役」を担ったかは記されていないが、埋葬用の墓掘り役をさせられた可能性は否めない。それが正しいならば、九州の鯨組で内札と呼ばれていた者たちは、世間が忌み嫌う仕事を引き受けさせられていた「被差別民」だった可能性もある。

「かんだら」の問題から少しばかり離れてしまった感があるが、鯨組の納屋場には、わざわざ遠方から日雇いで鯨解体作業に働く集団がいたのであり、彼ら解体作業班もふくめて、彼らのまわりで行なわれていた「かんだら」を、彼らの一員である番人が見張っていたのかと思うと、思わず笑みがこぼれもするが、手に手に包丁を持って集まってくる大勢の浦人たちと彼ら番人が出身地を異にしていることを思うと、なるほどとうなずけもするのである。しかし、そこは同じ貧しい生活ぶりの者同士、

図36　骨納屋で太鼓をたたく

「タマ、、見咎《みとが》メテモ取ヲ、セタルハ打擲《ちょうちゃく》ノ真似ハカリニシテヤム」ことが多かった［草場、五〇頁］。

つぎもまた、彼ら「内札」の一員でもあった、太鼓叩きの役目を紹介しよう。

人を勇むる太鼓の音

すでに一七二頁の図31で見たように、捕獲した鯨が浜に運ばれてきたとき、納屋場の者は総出で鬨《とき》の声をあげ、太鼓を打ち鳴らして出迎えた。さらに太鼓は、轆轤を巻いて鯨を浜に引き揚げたり、皮を剝いだりするときの拍子、音頭取りとして解体作業場に欠かすことのできないものだったし、同時にそれが、浜のにぎわい、お祭り気分にいっそう華をそえることにもなった。

その太鼓が、骨納屋に並んで鯨骨をナタで細かく砕く単調な作業をしている婦女子のそばで、彼女たちの唱う歌に合わせて音頭を取ってもいたのである（図36）。

文化三（一八〇六）年一月一八〜一九日、唐津領小川島の中尾組（当時は短期間御手組《おてぐみ》になっていた）を訪れた、肥前多久郷の儒学者である草場佩川《はいせん》は、骨納屋で目にした光景をつぎのように書き記している。

婦女子数十人アリ。ミナミナ休ミノ間トミヘテ骨ニ付タル肉ヲ削リ食フモアリ。齧《かじる》モアリ。抱子・這子トモ入乱レテアリ。碓《カラウス》三ツ有テ、コレニモ女数多ヨリ集リ、囃《はやし》ヲ歌ヒテ踏ハタル。是ハ油ヲ煎《に》カシタル骨ヲ粉ニ砕クナリ。砕キタルハ甘蔗《アマキビ》ノ糞《コヤシ》トナシテ諸方ニ売運フ事ナリ。サテ庄島（佩川たちの案内役の者）促シテ多クノ女ニ骨ヲ削ラシム。婦女老若数十人、奈刀《なた》ノヤウナル包刀ヲ執《と》リ、壁ニ向テ並居、歌ヲ唱ヒ拍子ニツレテ一度ニ打ケヅル。サテ一人ノ老爺、太鼓ヲ打テ並居ル後ロヲ往来ス。コレ音頭ナリ。両端ニ見カジメノ者アリ。高ク座ヲ設テ、ソノ精不精ヲ考ヘテ、雇ヒ賃ノ増減ニテ褒貶歡懲《ほうへんかんちょう》ヲナス。是ヲ別当ト呼テ、啼《な》く子モ啼ヲヤムルホドニ畏《おそ》ル、事ナリ。大衆ヲ御スルニ、カクソレゾレノ統紀《テツマリ》アツテ、多々益弁スルノ姿アル事、尋常人《ヨノツネ》ノ謀《はかり》ナセシモノニアラズト見ヘタリ。世間ノ官務分職ノ事ナド是ニ比スレハ却《かえっ》テ耻《は》ツベキ事多シ［同前、五一頁］。

幼子や乳飲み子がハイハイしている姿までが彷彿《ほうふつ》としてくるようだ。そうした骨納屋のなかで、女性たちの仕事の手付きをうながすかのように、背後から太鼓の音がトコトン、トコトンと鳴り響いている。この太鼓の響きはたしかに佩川の言うように、労働の管理・統制の役割をはたしてもいただろう。だが、ともすると単調になりがちな労働に、いくばくかのリズムを与え、さらに先ほどまでの浜のにぎわいの余韻を伝え聞かしてもいたのではないだろうか。それにしても、彼女たちが唱っていたという歌の一節なりとも書き残しておいてくれたなら、と思うのは私だけではあるまい。

なお、生月島御崎の益富組では、捕獲した鯨の大きさによって、骨納屋は昼夜交替で深夜二時頃まで作業が続けられる日もあった［秀村、(二)―七四頁］。

四 「子持ち鯨」という矛盾物

祝い歌にも唱われる「子持ち鯨」

前節では、主に鯨組と「エビス神」＝鯨との精神的・宗教的な結びつきの面をみてきたが、ここでは一転して、鯨の豊饒性・豊漁性が鯨自体に、ひいては鯨組にもたらす負の側面に目を向けてみることにする。

鯨が捕れた日に羽指や水主たちによって唱われる「羽指歌」には、こんな一節がある。「さても見事な御組の網よ、勢美《せみ》の子持も寄りかかる、イヨ〱〱。今宵祝ひて明日勢美掛けよ、これもいわいの御利生かな、イヨイヨ〱〱」(生島組)。

「子持」とは言うまでもなく、子連れの鯨のことである。この子持ち鯨は、組出の祝いの席でおどられる「羽指踊」の歌詞にも、「親も掛け添え子も添えて」と唱われていた。当初から、どこの鯨組でも子連れの鯨が第一の捕獲対象とされてきた。いや、鯨突きの名人たちが現われはじめたときすでに、子持ち鯨は彼らの捕獲技術のなかに繰り込まれていたことを、三浦浄心は見抜いてさえいた（三章一二五頁参照）。それは、子鯨が死んでしまうまで親鯨が子を守るという鯨の習性を利用していたので、捕獲が比較的容易になり、かつ親子ともども捕ることが可能だったからでもある。

鯨は二年周期で一子を産み、ほぼ六カ月の哺乳期間があるが、いつごろから親離れするのかは、まだよくわかっていないらしい〔大村、九八頁〕。

『西海鯨鯢記』はいう。「六種ノ鯨何レモ一子ヲ産ム。偶《たまたま》胎内ニ有ル子一二尺ノ物全躰形備レリ。子成長スル事速ナリ。十月・霜月ニ産スル子、三月ニハ長サ五尋・六尋トナル。八尋ノ物ハ乳離レニテ瘦テ油ナシ。九尋ヨリ肥満ス」と。また、元唐津藩士の木崎盛標が著した『肥前州産物圖考』によると、成長にしたがって「白子（生後一カ月まで）」「黒子（生後一カ月〜一年まで）」「二年子」「三年子」などと呼ばれ、「三年子」まで親といっしょにいたことが知られる。

太地の鯨組には、元禄二（一六八九）年に作られた「産落捕鯨突　定」という、子持ち鯨の捕獲法にかんする定書が残っている〔熊野太地浦捕鯨史、三九六頁〕。近年、ザトウ鯨の子持ちを捕獲するのに、たびたび不調法をやっているので、作法をここに改めたという。

それによると、親子のうち子に銛を一本突いたら、それ以上子に銛を突いてはならない、つぎは必ず親に突くこと。もし親を先に突いたときは、つぎは子に突くこと。そのときは同時に二本突いてもかまわない。しかし、三本目は突いてはならない。これを守らないで三本目を子に突いた場合、たとえ鯨を捕獲してもその羽指に銀一枚、その船の水主たちにも銀一枚の罰金を科す。それによって子を突き殺し、親を捕り逃がした場合は、その羽指は当の捕鯨期間中、仕事からはずすとしている。

子持ち鯨がいかに重視されていたかがわかる。たぶん、親鯨を捕獲する前に子鯨を死なせてしまい、親鯨を逃がしてしまうケースが多かったのだろう。

人見必大は『本朝食鑑』（一六九二年刊）のなかで、母鯨は身をもって子をかばい、たいへん愛惜するので、まず先に子鯨に銛を付け、半死状態にしておいて、母鯨を捕獲してから子鯨を捕るのが、鯨捕りの「定法」だとしている。

益富組の捕鯨書『勇魚取繪詞』にも、子持ち鯨の習性とその捕獲法が以下のように記されている。

鯨は子を思う情が深く、なかでもザトウ鯨が一番である。ザトウ鯨の子持ちが網にかかったら、まず子に万銛を一本突いて、銛綱で子鯨を確保しておく。そうしておけば、たとえ親鯨は網をのがれていってもまた必ずもどってくる。そして、子のうなる声を聞くとそばから離れようとしないで、胸びれで網を切ろうとする。そうしているところを網にかけ、捕獲することができる。もしまた逃げたとしても、子が生きているかぎりは何度でも帰ってきて、子を助けようとする。でも、子が死んだとわかると、あきらめて逃げていく。

挾子《はさみこ》といって、雌雄のあいだに子を連れたのもいる。そのときも、まず子に万銛を突く。子の息が弱ってくると、雄はもう助かるまいと思って逃げていくが、雌が胸びれに子をのせて憐れみいたわるさまは、あの焼け野の雉子《きぎす》・夜の鶴の喩えに言われているとおりだ。

コク鯨の子持ちは気性が荒く、網を損なうので、銛でまず子を突いて、つぎに親を突く。しかし、ものすごく暴れまわるので、数艘の船で追いかけて万銛を突く。そのとき、親鯨は船を子だと思い、子鯨も船を親だと思って船底を突き上げてくるので、船がたびたび壊されることがある。

ここにはもう、鯨を単に狩猟の対象とみるよりも、親子の情が深くかよいあう動物だ、とする心が働いている。一頭の鯨が断末魔を迎えたとき、羽指・水主たちが思わず南無阿弥陀仏を三唱したり、土佐では「ジョウラク（常楽）〳〵」と唱えざるをえなかったくらいなのだから［吉岡、三六頁］、親子鯨がともに倒れるときはいかばかりだったことか。『西海鯨鯢記』の著者谷村友三は、どんな人にも「惻隠《そくいん》之心」があるから、そのときばかりは漁夫も「悲嘆スル」と書いている。

そうした心境と深く関係している、子持ち鯨や孕《はら》み鯨にかんする祟り話、因縁話が各地の鯨組に伝わっている。

羽指の見た夢

以前、電車の運転手の方々と話す機会があり、私は話の最後に何度か同じ質問をしてみたことがある。運転手になってからどんな夢を見るようになりましたか、と。すると、いつも同じ答えが返ってきた。電車を運転していて、途中で急にブレーキがきかなくなり、怖さのあまり目がさめる、というものだった。

羽指にも共通して見る夢があったらしい。太地の鯨組には「背美《せみ》の児持は夢にも視るな」という戒めの言葉があったという［太地、七四頁］。より大きな利益をもたらしてくれる子持ち鯨であるだけに、不漁が続いたりすると、なおのこと夢枕に子持ち鯨が現われることがあったにちがいない。

だが、そう願う一方で、どこかに「殺生」の観念もまたあった。そのためだろうか、子持ち鯨や孕み鯨の因縁話は、どれも夢のなかに現われた鯨が命乞いをするが、それを無視して捕ったために悲劇が起きたという共通のパターンをもっている。

山口県長門市青海島《おうみしま》通浦《かよい》には、鯨組の親方が夢に現われた挾《はさ》み子鯨の願いを無視して、翌日親子三頭とも捕ったために、まもなく親方の家は絶えたという話が伝わっている。佐賀県の呼子にも、助命を哀願する親子鯨が羽指の夢に現われ、翌日そのとおりに親子鯨がいたので捕るのをためらったが、仲間にうながされて子鯨を捕った。そして家に帰ると、銛がわが子の胸に刺さって死に、羽指も気狂ってわが子を抱いて入水したという話がある。五島の宇久《うく》島にも、組主の夢に現われた親子鯨を捕ろうとしたら、激怒した鯨に船を破壊され、組員七二人が遭難したという話がある。

浦中を悲劇が襲ったとされる例もある。宝暦八（一七五八）年一二月一八日、紀州白浦の常林寺の住職が、女性に変身した孕み鯨の夢を見た。鯨が言うには、明日この浦の沖を通るが捕らないでほしい、子を産むために南海に向かうが、無事子を産んだら帰りにまた通るから、捕るならそのときにしてほしいと嘆願した。翌日、浦の鯨組がセミの孕み鯨を捕ったのを知って、住職は組主の清助にその話をすると、清助は胎児だけは葬ることを約束した。だが、それから清助の家や、鯨を殺した羽指の六良太夫の家に妖怪が出没するようになり、六良太夫の子供をはじめ、浦中に多数の死者がでたので、孕み鯨の供養碑を建て、慰霊祭を行なった。だが、鯨組は清助の代でつぶれてしまったという［吉原、一八九～九〇頁］。

なお、そのときに建てられた供養碑は一九五七年に修復され、そのかたわらに海幸神社と二百年祭記念碑を建て、一月・五月・九月・一二月の各一八日には今も法要が行なわれているという［同前、一五三～四頁］。

このような子持ち鯨や孕み鯨にまつわる祟りをモチーフにした伝承は、目に見えない形で鯨組の人々の心情に影響を与えたはずだが、そこにはまた、「種の保存・維持」にかかわる〝危機の直観〟も作用していたのではないかと思われる。

「今より後の世、鯨たえ果ぬべし」

先の紀州白浦の孕み鯨の話では、鯨が腹のなかの子だけは助けてほしい旨を訴えている。そこには親子の情や憐れみのほかに、親子という関係が象徴する生命の継承、つまりは「種の継続・維持」に対する素朴な危機感も働いていたように思われる。そのためだろうか、子持ち鯨や孕み鯨の祟《たた》りは、家や鯨組の崩壊をもたらす形になっている。

子持ち鯨を捕ることに対して、おそらく世界で最初に反対の意思を表わしたのは、『慶長見聞集』の三浦浄心だった。彼は文禄年間（一五九二〜九六）、尾張から三浦半島にやってきた鯨突きの名人が、子持ち鯨を突き殺しているのを「哀なりける事」として、こう書いた。

助兵衛鯨つくを見しより、関東諸浦の海士迄《まで》、もり綱を仕度《したく》し、鯨をつく故に、一手に百二百ヅ、毎年つく。はや廿四五年このかた、つきつくし、今は鯨も絶はて、一年にやう〳〵四ツ五ツつくと見えたり。今より後の世、鯨たえ果ぬべし。かくのごときの大殺生、天竺《てんじく》・諸越《もろこし》にも聞及はず、一寸の虫に五分の魂有と、俗にいへるなれば、五十ひろ百ひろ有鯨の魂いかばかりならん。梵網経《ぼんもうきょう》に、われ一切萬物に随《したがい》て生を請《うけ》ずと云事なし、故に六道の衆生は皆これわが父母也。然《しかる》を殺し食するは、父母を殺してくらふと説れたり。一生の身をたすけんとて、多生の苦をおもはず、ほしいまゝなる生死妄業に着し、流転のさかひをはなれざるは愚癡《ぐち》の至也。故に非を知てあらたむるを賢き人といへり。（中略）鯨殺す人、生死の海にちんりんし、六道四生の業《ごう》のがれがたしといへり。

子持ち鯨を殺していると、今に鯨は絶えてしまうだろうという彼の推測は正しい（世界の捕鯨産業がこのことに気づき、子持ち鯨を捕獲禁止にしたのはやっと一九三一年、実行に移したのは一九三六年からである）。しかし、それを仏法の論理を借りて述べてしまうと、鯨という個別の問題が説教という一般的な形式のなかに解消されてしまう。しかも、殺生は罪とされ、殺生をするのは「愚癡の至」ということになり、そこから人間や動物の死体を扱う仕事はカースト外の最下層民の担うものとして差別されていくことになる。

当時、「多生の苦」に思いをいたして、理を究めようとしていた人がいた。すでに何度も引用してきた『西海鯨鯢記』の著者、谷村友三である。一七二〇年頃、彼は鯨の数が以前よりも減ってきたことに気づき、その理由が、銛を突いた状態で捕り逃がした手負い鯨の死亡や、鯨が一子しか産まないことにあると考えて、こう書いている。

鯨組が捕獲する鯨は、銛を突いた鯨のうちの二、三割にすぎない。残りは手負いとなって逃げる。たまたま去年銛を一、二本受けて手負いとなった鯨を今年捕獲してみると、傷のところが二、三尺四方黒く変色していて朽ちたようになっている。だとすると、銛を五～七本受けた鯨は痛死するにちがいない。しかも、鯨は一子しか産まないし、子鯨を捕るのは容易だ。年々減っていくのも道理だ。

谷村友三のいう手負い鯨に関係しているかも知れない、興味深いデータがある。佐渡奉行所の記録した「佐渡年代記」やその他の記録をもとに、新潟地方気象台が編纂した「佐渡災異誌（一九六二）」には、寛文元（一六六一）年から嘉永二（一八四九）年までのあいだに、佐渡に漂着した二九例の鯨の記録が記載されていて、それを吉原友吉は『房南捕鯨　附鯨の墓』に「佐渡島鯨漂着記録」として一表を掲載している［吉原、一六六～七頁］。

それによると、佐渡の漂着鯨は、相川《あいかわ》を中心とした西海岸に多く、時期は冬から春にかけてがもっとも多い。このことは、鯨が北から南へ向かう時期には漂着鯨がほとんどなく、九州西海域や長州が捕鯨シーズンをむかえて以降、鯨がふたたび南から北へと向かう時期にかけて漂着鯨がめだって多くなることを示している。季節による海流の変化など考慮すべきことはたくさんあるが、九州西海域や長州の捕鯨場で手負い鯨となったものの一部が、佐渡へ流れ着いたと考えることもできる。記録された二九例のうち、月日の記載のないものを除いた二七例のうち、九州・長州の捕鯨期間外のものはたったの二例しかない。これだけの例で結論めいたことを言うのは差し控えたいが、私には谷村友三の推測はかなり信憑性が高いのではないかと思われる。

鯨にかかる捕獲圧は、実際に捕獲した数よりかなり上回ったものだったことを忘れてはならない。

そうしたこともあってか、谷村友三は鯨組の組主であるにもかかわらず、「金銀は殺生の咎《とが》を負うのかどうか」と営利本意の鯨組のあり方を憂い、鯨組の行末を案じている。だが、当時、彼のように一つの現象に対してその理由を個別に究めようとする人は本当に稀だった（彼は母鯨の乳を舐《な》めて味が酸っぱいことを確認したり、母鯨の腹がいつも空っぽであることから何を食べてこんなに太るのか不思議がったり、コク鯨のえさがカニ・ナマコなどであること、ザトウ鯨のえさがカニ・ナマコなどのほかにオキアミであることも確認している）。

各地の鯨組や浦では、鯨の壮絶な死や親子の深い絆《きずな》に胸打たれ、あるいは鯨と鯨組の永続を願って、鯨の墓や碑を建て、鯨を埋葬・供養する習俗が広まっていく。鯨に対するこうした死後儀礼は、鯨をあくまでも一つの捕獲対象＝自然の生き物（資源）ととらえる欧米の自然観とは異なり、「エビス神」でもある鯨を、今度は一転して人間と同等に扱う、独特の文化を生み出していった。

功罪相半ばして──鯨の墓・鯨供養

気候や潮流など自然現象の変化に大きく左右される漁業は、経営がとても不安定なうえに、揺動常なる浪の上で死と背中合わせの仕事でもある。そのため、ほかの生業にくらべて超自然的な力を頼みにする傾向が特に強い。なかでも捕鯨は、巨大な動物を相手に命のやりとりをする狩猟でもあるため、すでに見てきたように、その捕獲技術のなかや、さらには捕鯨全体の体系のなかに、神仏と結ばれた儀礼的なシステムを数多くもっていた。

海の「魚王」である鯨には、同類のシャチのほかには人間以外に外敵は存在しない。だから、鯨を捕獲するということは、ほかの魚を捕るときのように、単にわれわれもその恵みの一部をいただいている、というわけにはいかなくなる。捕鯨では文字通り、生活していくために鯨を殺さなければならないということを、鯨捕りたちも浦人もみんな知っていた。だからそこでは、捕獲の歓びは同時に、死んでいく鯨に対する不憫《ふびん》さ、痛み＝罪でもあり、その不憫さや痛み＝罪を共有し、さらにそれを鎮《しず》め、慰めるシステムを必要とした。鯨の胎児の埋葬や鯨供養がそれである。

特に胎児の場合は、一章でもすでにふれたように、壱岐では明治期になっても、真新しい苫でくるみ、箱に納めて埋葬し、「エビス神」として祀った［折口、四〇八頁］。また、九州では羽指の羽織に包んで、土佐では襦袢《じゅばん》にくるんで手厚く埋葬し［福本、一二六頁］、さらに土佐では、洗米と清酒を供えて祭り、七日間番人をつけて、掘り起こされるのを防いだという［吉岡、三九頁］。

山口県長門市青海島通浦《おうみしまかよい》にある向岸寺の清月庵には、元禄五（一六九二）年に鯨組の代表者三人によって建てられた、立派な鯨の墓がある。墓には鯨の胎児が埋葬され、その後も明治元（一八六八）年まで、およそ七五頭の胎児が埋葬されているという［吉原、一七一頁］。

また、同じく向岸寺には、文化・文政期（一八〇四〜三〇）以降に捕獲されたすべての鯨について、戒名、捕獲場所、種類、体長、値段、月日を記した鯨の過去帳が伝えられている。ここではまた、延宝七（一六七九）年から現在に至るまで毎年「鯨回向《えこう》」も行なわれていて、鯨の位牌《いはい》とともに過去帳も仏前に置かれ、多数が参列して法要が行なわれている。なお、鯨の過去帳は四冊のうち三冊が現存し、約一〇〇〇頭の鯨が記入されている［同前、一七〇〜一頁］。

とてもユニークで、ユーモアさえ感じさせる例もある。愛媛県明浜《あけはま》町の金剛院に伝わる天保八（一八三七）年の過去帳には、人間にまじって一頭の鯨の戒名が書き残されている。その戒名は「鱗王院殿法界全果大居士」。大名クラス以上にしか付けることのない「院殿　大居士」号が、堂々と鯨の戒名として付けられている。しかも、命日の六月二一日には、高さ四〇センチもある立派な位牌を前に、毎年法要が行なわれているという［同前、一六〇〜一頁］。

和歌山県太地町の東明寺には、鯨といっしょに人間の成仏供養を願って建てられた鯨供養塔がある。明和五（一七六八）年、太地浦の八兵衛によって建てられたこの鯨の墓には、「願以此功徳普及於一切／我等与衆生皆共成仏道」と刻まれている［田上、三七四頁］。鯨も人間も仏の前では等しい存在だった。

このように鯨の霊を慰め、供養し、あるいは感謝するために建てられた鯨の墓や碑が、日本列島の各地に今も数多く残っている。吉原友吉の調査によると、鯨に関連した供養塔、鯨骨塔、灯籠、鰐口、絵馬、過去帳、位牌、梵鐘、記念碑など、鯨を供養するために作られたものはおよそ一一〇余あり、そのうちのおよそ半分が鯨の墓や供養碑である。

しかも、それらは人間の墓に準じて作られていて、捕鯨業の初期段階である寛文一一（一六七一）年に建てられたものを最古に、以降途切れることなく建てられ、二〇世紀になって建てられたものも九基を数えている。また、古いものには消滅したものも多いと考えられ、日頃鯨を捕らなかった地方でも、寄り鯨や流れ鯨を捕獲すると、大きな恵みに感謝して鯨の墓や碑が建てられた［吉原、一三五〜一二二頁］。

日本では鯨のほかにも多くの魚介類が供養されてきたが（草木まで供養する例も知られている）、過去帳まで作られた例はなく、その点からも鯨はほかの魚類とは異なる、特別なものとして取り扱われたことはまちがいない［田上、三七七頁］。

こうして鯨には、「エビス神」あるいは「エビス神」からの贈り物という、人間を超えた次元から、人間と同じように命のかよいあう情の深い生き物、さらには人間のためにやむなく犠牲となってくれた不憫な生き物、ゆえに深く感謝し、その一頭一頭の生死を捕獲のたびに注進し、その霊を慰め、供養が必要だとする、多面的で複合的な次元が与えられていった。このことは、鯨組や浦人にとって、鯨は生活の糧を与えてくれる経済的な資源であるだけでなく、ときにはそのことと鋭く拮抗しさえもする、精神的・文化的な存在でもあったといえるだろう。

その結果、鯨組では、鯨に対する深い認識と、それに裏打ちされたきめ細かな配慮・工夫がなされていく。それを捕獲技術の面と、鯨利用、特に鯨食文化の面から少しのぞいておくことにする。

五　捕獲の配慮・利用の配慮

捕獲効率を高める

二章ですでに見たように、バスク人の捕鯨をそのまま受け継いだ欧米の近代捕鯨は、捕鯨船の大型化などの改良はあったものの、以後ノルウェー式の現代捕鯨に移行するまで、捕獲技術のうえでめだった改良は行なわれなかった。捕獲の効率が下がると、彼らは、鯨のより豊富な海域を求めて移っていった。

それは、母船式の外洋捕鯨だったことと、捕獲対象がセミ鯨類とマッコウ鯨という限られた鯨種だったことも手伝って（両種とも死んでも沈まない）、あくまでも労働効率を高めることで捕鯨航海の利益を出そうとした。しかも、捕獲した鯨の利用も、労働効率を考慮して脂皮から採る鯨油とマッコウ鯨の脳油、鯨ヒゲのみに限られた（バスク人による沿岸捕鯨時代には鯨の舌が珍重され、肉も食糧とされていたが、捕鯨場が食卓から遠く離れてしまったために、肉を長期保存する方法がなく、以後欧米から鯨肉食の文化が消えてしまった）。

それに対して、大型船の建造禁止、鎖国という条件下での日本では、鯨の回游コース上に位置する浦を捕鯨基地に選んで、沿岸近くに寄ってくる鯨を待ちかまえて捕るスタイルが発達した。このスタイルだと、通鯨数が同じだとすると、捕獲の効率は、ねらった鯨をどれだけ確実に仕留めるか（手負い鯨をいかに少なくするか）で決まってくる。いうなれば、捕獲技術の優劣のみにかかってくる。よって、おのずと種々の技術改良が試みられることになる。

銛と銛綱の改良、鯨船の軽量化と外面塗装による抵抗の低減化、仕留めた鯨をシモリ鯨にしないために持双《もっそう》にかける方法の開発。そして、なんといっても最大の技術開発は、鯨網の採用とそれによる捕獲技術体系の大幅な改編だろう。それによって、捕獲可能な鯨種が増え（セミ鯨、マッコウ鯨、コク鯨、ザトウ鯨、ナガス鯨、イワシ鯨の六種が代表）、季節と鯨種によって突組と網組の使い分けが行なわれるようになり、通鯨数に対する捕獲率は一段と向上した。こうして、捕獲技術の面では一つの頂点を極めることになる。

しかし、捕獲効率の向上をめざして行なわれた技術改良が、その頂点に達してしまうと、今度は通鯨数の減少がそのまま捕獲数の減少となって現われてくる。けれども、捕鯨基地から遠くはなれることができない以上、捕獲効率をあげる手立てはもはやない。このように、網捕り式捕鯨はそもそも濫獲を続けることが不可能な捕鯨スタイルであり、鯨の減少が即鯨組の衰退につながってしまう運命をもっていた。事実、一八世紀後半になると、セミ鯨の減少がめだちはじめ、一九世紀になると、捕獲した鯨の「魚柄《うおがら》」が以前に比べて小さくなり、さらに多くの鯨組が捕獲数そのものの減少で経営の危機に陥っていく。

だが皮肉にも、このことが逆に網捕り式捕鯨を、ひいては鯨の生存・回游を長く保持させた原因とも考えることができる。この「無意識の配慮」、これが網捕り式捕鯨の鯨に対する最大の配慮だったと言えるかもしれない。

骨まで食べる

捕獲効率が高められて、ある一定の捕獲数が見込めるようになると、今度は利益効率を上げるために、捕獲した鯨をどれだけ有効に利用するかが問題となってくる。納屋場の仕事はその目的にそうよう配列され、労働集約的な形で、文字通り「骨の髄まで」利用されていった。すでに見てきたように、鯨の骨は細かく砕かれ、二度までも油が採られた。さらに、その粕は臼で搗《つ》かれ、田畑の肥料となった。

鯨がどのように食べられたかを見る前に、当時の鯨の利用法を簡単に記しておく。脂皮や油分の多い肉、骨から採られた鯨油は、灯用に、一八世紀になると、田のウンカの駆除用に大量に用いられるようになった。鯨ヒゲは櫛や笄《こうがい》、鐙《あぶみ》、鯨尺、その他いろいろな工芸品や文楽人形の目や口を動かすバネ仕掛けなどに利用された。筋は木綿の綿を打つ弓の弦に、マッコウ鯨の歯は入れ歯に利用されている。口のまわりにはえているわずかな毛まで綱に利用されている。当初捨てられていた肝（肝臓）も、後には肥料にされるようになったから、胃や十二指腸付近にある「血腸《ちわた》」と呼ばれる部分だけが唯一捨てられたようだ。

さて、鯨がいかに食べられたか、以下見ておこう。

一章でふれたように、当初、鯨を食べる習慣は、鯨を実際に捕っていた浦を除くと、一部の上層階級にかぎられていたようだが、列島各地で捕鯨業がはじまると、一般にも広く普及していった。食べる部分は、皮、肉（赤身）、腸（臓物）、骨（軟骨と髄）、その他各部位に分けられる。益富組によって文政一二（一八二九）年に『勇魚取繪詞』と同時に刊行された『鯨肉調味方』には、それらが七〇種に分類されていて、一つ一つに調理法と味の善し悪しが記されている。

調理法は、生食、焼きもの（鋤焼き）、鍋もの、煮もの、汁もの（味噌・醤油）、揚げもの、和《あ》えもの、炒めもの、酢のもの、粕漬け・味噌漬け、葛あんかけ、卵とじ、いり酒（酒にひたして食すのか）などがある。

『西海鯨鯢記』『肥前州産物圖考』『勇魚取繪詞』から推察すると、鯨食品の代表三品として、尾羽《おばい》毛《け》（鯨の尾、別名テイラ）、かばち部分の赤身（特に生は絶品）、かぶら骨の「ホリホリ」（頭骨の髄を薄く干し固めたもの）が挙げられる。

特に、かぶら骨のホリホリは、長期保存が可能で、形が熨斗《のし》紙に似ているところから、「鯨のし」

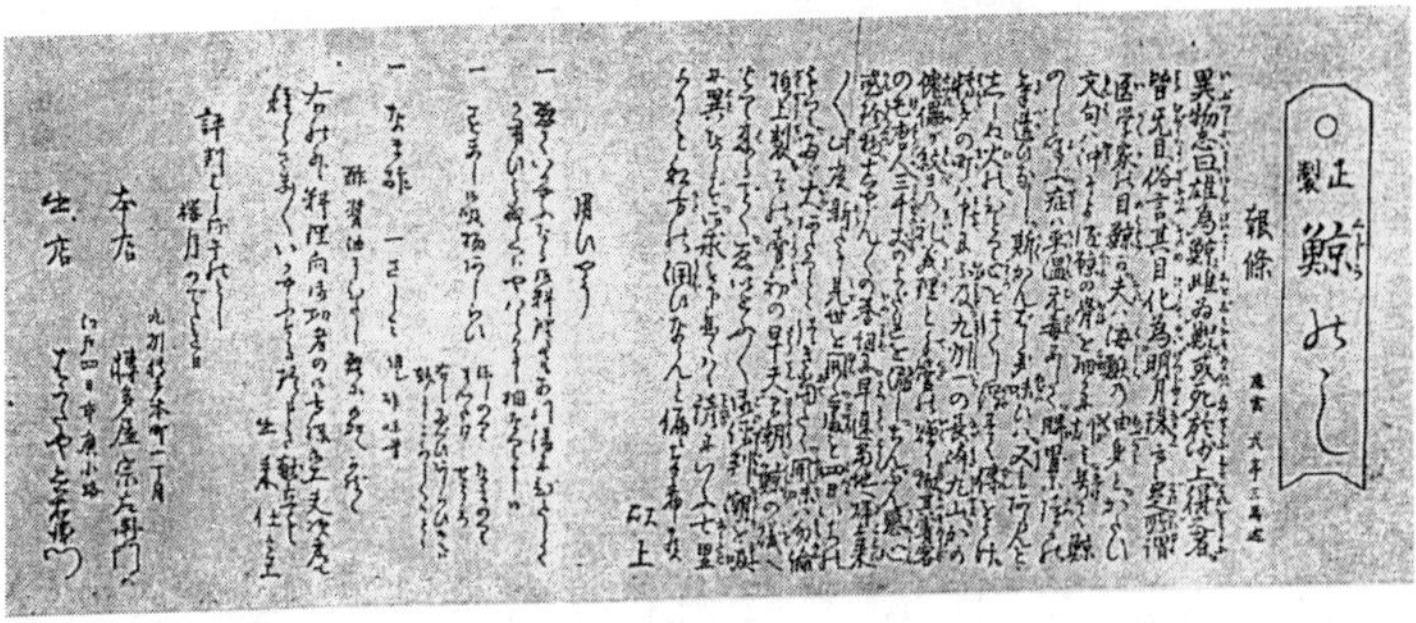

図37 「鯨のし」の報条

と名づけられて、江戸の店先でも売られるようになった。文化七（一八一〇）年と推定される「正製鯨のし」の広告ビラが残っている（図37）。九州博多本町の食品店博多屋宗左衛門が、江戸の四日市広小路（現在の中央区日本橋と江戸橋までの日本橋川の南側の通りで、近くに魚河岸があり、江戸でもっとも栄えた場所の一つだった）に出店したときの広告である。広告文は、当時の売れっ子作家である式亭三馬《しきていさんば》に依頼している。

その広告文中に「毛唐人（オランダ人）三千丈のよだれを流し、ちんぷん感心感珍物、しやかん〱の誉詞《ほめことば》」とあるが、はたして彼らオランダ人が賞味したかどうか。出島のオランダ商館の医師として来日したシーボルトは言う。

いちばん需要の多いのはセミクジラとコククジラの肉である。われわれはたびたび食べてみた。歯切れのよくない牡の種牛の肉のような味で、生のまま食べたり塩漬けにして食べたりするが、塩漬けのほうがおいしい。塩漬けにし薄い小片に切って食べる脂身は日本人の好物で、塩漬けしたオリーブのような味がする。内臓、鰭《ひれ》および鬚《ひげ》も食用となる。鬚はきれいにおろしてサラダにする［シーボルト、三四〇〜一頁］。

シーボルトは「鯨のし」は食べていないが、鯨食品はまあまあ好評だったようだ。当時、彼らヨーロッパ人には鯨を食べる習慣はなかったが、もし食べていたら、その後の鯨と捕鯨の運命は大きく変わっていたかもしれない。

一九四一年、当時アチック・ミューゼアムの研究員だった伊豆川浅吉は、彼が進めていた紀州捕鯨史研究（その原稿は残念にも戦災で消失したという）の一環として、関西・中部地方の二府一三県にわたって、各家庭での鯨食の状況をアンケート調査している［伊豆川II、一一五〜四五頁］。

その結果をみると、静岡県の伊豆地方や御前崎《おまえざき》を除いて、広い範囲で鯨を食べる習慣があることがわかる。伊豆地方や御前崎では、鯨はイワシをつれてくる「エビス神」とされて捕獲しないことになっていて、鯨は一切食べないらしい。その代わり、イルカは好んで食べられている。また、北陸地方では、夏の土用の丑の日に、うなぎの代わりに鯨を食べることが多かったようだ。

鯨の調理法を江戸期とくらべてみると、葛あんかけ、いり酒、粕漬け・味噌漬け、卵とじの調理法がみられなくなり、代わって佃煮、粕汁、雑炊、おでん（関東煮に脂皮の煮粕をコロと呼んで食す）、そして鯨肉の缶詰が新たな調理として登場している。もちろん、「鯨のし」のように手間ひまのかかる鯨商品はもはやない。

第五章 「鯨一頭、七浦潤す」

獲物としての鯨の豊かさを端的に言い表わす言葉として、「鯨一頭、七浦潤す」「鯨一頭、七浦の賑《にぎ》わい」という慣用句がある。鯨一頭を捕獲すると、近隣七カ村がその恩恵に与るというわけだが、捕鯨業が近世随一のビッグビジネスに成長すると、それに伴って人や物が大量に移動し、近隣七カ村どころか藩の財政や他国の経済にまで影響を与えるほどになった。四章では、鯨組の組織とその独自の捕鯨文化をスタティックにみてきたが、この章では、鯨組の活動を当時の時空の拡がりのなかに置き直して、少し異なった視点から考えてみることにしたい。

というのも、世界の捕鯨業がノルウェー式の現代捕鯨に移行した明治以降、それまでの網捕り式捕鯨は「古式」「旧式」として否定されることが多かったし、最後の捕鯨場だった南氷洋の「鯨資源」が枯渇した一九七〇年代以降になると、一転して、二〇〇年以上にわたって続けられたその「古式」の捕鯨スタイルが、鯨や地域社会や環境を思いやった「共同体的なもの」として再評価されることが多くなっている。いずれも、近世の鯨組や網捕り式捕鯨を、それが行なわれていた時代のなかに置き直して、その実相を見つめ直すことを怠った「片寄った評価」のように思われる。この章がその見直しの一助となれば幸いである。

一 人・物・技術の大量移動

技術伝播は人の移動

現代のように、科学言語がほぼ世界共通語になっている社会では、ある技術を移植する場合、わざわざ人が出向かなくても数式の書かれた設計図を送るだけで、新技術を伝えることができる。あるいは、人間の動きを伴った技能的な技術にしても、ビデオに収めて送れば、容易にそれを真似ることができる。しかし、共通の科学言語もビデオもない江戸時代にあって、一つの技術や技能が伝播するには、必ずそこに人の移動がなければならなかった。

技術や技能の伝播の仕方には、二つの方向性がある。一つは、技術や技能をもった者（あるいは集団）が、それを生かせる場所を求めて外へ移動していく場合。二つは、ある技術や技能を必要としている者（あるいは集団）が、その技術や技能をもっている者（あるいは集団）をスカウトしてくる場合。

わが国の捕鯨の場合、まず最初の移動は、すでに三章でみたように、捕鯨の技術を持った者たちが、鯨の回游してくる海域を求めて自主的に移動していき、各地に鯨組をすえていった。これが、捕鯨技術伝播の第一波だった。こうして、それまで技術を持っていなかった地方に技術が伝播していくことになったが、ここで注目しておきたいのは、鯨が回游してくる場所（鯨組が組をすえた浦）のほとんどが、農地にあまり恵まれていない島嶼部であり、海に生きる以外に生業のない純漁村が多かったことだろう。それが捕鯨技術を速やかに受け入れることのできた下地でもあった。

この移動が、文禄〜寛永初期（一五九二〜一六二〇年代）のほぼ三〇年間で一段落すると、つぎの技術革新は捕鯨技術が伝えられた場所で起こっている。その役目を果たしたのが熊野太地浦だった。

なかでも延宝五（一六七七）年から本格的にはじめられた網捕り式捕鯨は、鯨組の規模をいっきょに二〜三倍にしたことにおいても、さらには網代《あじろ》を独占使用するようになり、捕鯨業がほかの漁業をおしのけて特権的な地位を築いていった意味においても、たいへん大きな技術革新だったといってよい。

この網捕り式の技術開発について、太地浦や九州、長州に似通った逸話が残っている。蜘蛛が網を張って獲物を捕るのにヒントを得て、鯨網を発案したという。だが、この話に大した意味はなさそうだ。鯨網の開発には、どんな網を作ればよいのか、網をどこにどう張るのか、どうやって鯨を網に追い込むのか、莫大な資金をどうやって工面するのかといった、一朝一夕では解決できそうにない問題が山積していて、ひとりの人間が夢枕で思いつけるような事柄ではけっしてない。網捕り式の捕鯨技術が確立するまでには、多くの人々の努力と相互の技術交流があったにちがいない。

われわれが江戸時代について考えるとき、ややもすると、藩という「越えがたい」境界と、米中心の自給自足的で動きのない社会を想定しがちになる。だが、海と漁業にかんしていえば、当時「越えがたい」境界は鎖国令だけであり、海の往来はわれわれが考える以上にかなり自由に行なわれていた。その一例を、私は、太地浦に現存する寛文四（一六六四）年の定書が、実は肥前平戸藩領の鯨組の組主たちが取り交わしたものではないかということで指摘しておいた（三章一四四〜五頁参照）。

従来の研究によると、太地浦を中心とした熊野地方と九州の鯨組の交流は、網捕り式捕鯨の技術伝播にかんして初めて語られることが多かったが、実はそれよりももっと早い、突き捕り式の時代から深い交流があった。それについて笠原正夫は、とても興味深い例を紹介している。

寛文元（一六六一）年、太地にほど近い三輪崎・宇久井の両浦から九州五島列島の平島に、羽指《はざし》・水主《かこ》が季節雇用されて出向いている。三輪崎からは羽指二四人、水主二人が、宇久井浦からは羽指・水主合わせて八人が出向いている［笠原、一四五〜七頁］。しかも、この季節雇用は寛永一四（一六三七）年から毎年続いており、ちょうど九州西海域で鯨組が急増していった時期にあたっていて、どの鯨組も人員確保に大変だったとはいえ、のちに例を見ない遠方からの雇用である。

また、慶安元（一六四八）年から寛文九（一六六九）年までのあいだに、平戸の吉村組に雇用された熊野地方の羽指七名の名前が知られている［小葉田、一一頁］。笠原の紹介したなかには平戸の吉村組は含まれていないので、これらの羽指の出身地は、三輪崎・宇久井以外ということになる。また、熊野よりもさらに遠い、伊勢の渡会《わたらい》郡阿曽浦から羽指六人、水主一人が、肥前大村領の鯨組に雇用されていた例もある［山口、一二九頁］。調査・研究がさらに進めば、伊勢・熊野地方から九州への季節雇用の例がもっと多く見つかるかもしれない。

しかし、いずれにしても、捕鯨にとって最重要の羽指の雇用が圧倒的に多いことを考えると、この時期、羽指のもつ技能は、伊勢や熊野のほうが九州よりもずっと高かったのだろうか。あるいは、三輪崎・宇久井の両浦と五島の平島、伊勢の阿曽浦と大村領とのあいだに、何か特別の結びつきでもあったのだろうか。興味と想像は尽きない。

瀬戸内海と鯨組

紀伊水道から大阪湾、それに瀬戸内海の浦々や島々が、日本の捕鯨、なかでも九州西海域の捕鯨業に多大の影響を与えたというと、一見奇異な感じをもたれるかもしれない。だが、それは事実である。瀬戸内海で捕鯨が行なわれていたかどうかは不明だが、この海域にも鯨がときに回游してくることがあった。

オランダ東インド会社の医師として長崎にやってきたエンゲルベルト・ケンペルは、一六九一（元禄四）年四月三〇日、江戸参府からの帰路、瀬戸内海を航行中に鯨を見かけている［ケンペル、二三六頁］。また、豊後水道に面した愛媛県と大分県には、鯨の墓や供養碑などがかなりの数現存している。そこには鯨組はなかったが、浜に座礁した鯨や魚の網に掛かった鯨を捕獲し、供養したものが多いという［吉原、一五九〜六四頁］。

反対に、紀伊水道や紀淡水道・大阪湾側には鯨の墓や供養碑などは残っていないが、この地方から九州まで出かけていって鯨組を組織したり、鯨組で働いた者がたくさんいたことは記憶されてよいだろう。

すでに三章の一四二〜三頁でふれたように、九州西海域の捕鯨業の揺籃期、紀州海草郡藤代の藤松半右衛門や紀州有田郡湯浅の庄助が、九州まで出向いて鯨組を組織しているし、播州の横山五郎兵衛も鯨組を組織している。当初はいずれも出身地から多くの羽指や水主を連れていったと考えられる。なお、ほかに瀬戸内海の出身を思わせる鯨組や組主名に、明石善太夫、紀州藤六組、明石五郎兵衛組、播磨屋九郎左衛門組、播州明石の喜多屋などがある。

また、近世中期に記された『日方記』によると、一七世紀の中頃、日方《ひかた》地方（現在の和歌山県海南市）に、九州の五島や平戸に鯨組をすえた人や、鯨組で働いたことのある人がいたという［笠原、一四六～七頁］。

さらに驚かされるのは、九州の鯨組に雇用された瀬戸内海一帯の水主の多さである。慶安元（一六四八）年から寛文九（一六六九）年まで、平戸の吉村組では、畿内・中国・四国からやってくる「上方水主」が、地元九州の「下方水主」をはるかに上回った数で雇用されている。それらの出身地を東から順にあげると、泉州堺、摂津尼崎・兵庫、播州播磨・高砂・赤穂、讃岐の浦々と高見島、備後の鞆《とも》、それに伊予地方である。なかでも、備後の鞆と讃岐地方が多く、鞆と高見島からは羽指も出ている（上方水主の出身地として土佐の沖之島の名前も見える）［小葉田、一一一頁］。

羽指は鯨に銛を投げ打つ特殊技能者ではあったが、何よりもまず彼らに要求されるのは、高度な操船技術と冬の荒海に耐えうる体力、それに泳ぎと潜水の技術だったと思われる。当時、そうした技術をもっているのは海士《あま》たちであり、右にあげた地域はいずれも古くから海士＝海部の集落があった所と考えられる。

今日、海に潜ってアワビやサザエなどを採るのはもっぱら海女の仕事になっているが、古くは男もそれに従事しており、捕鯨業に海士が雇用されるようになってから、その仕事はいつしか女性の専売特許になってしまったのではないかという［河岡、二三八頁］。捕鯨の思わぬ影響といえよう。

網捕り式の時代になると、瀬戸内海の浦々の重要性に変化が現われてくる。鯨網を編み、網船（双海船《そうかいせん》）を操る水主が、新たに備後の田島や周防の上関《かみのせき》、室積《むろづみ》を中心とした島々から雇用されるようになった。それとともに、それまで鯨船（勢子《せこ》船）の水主を送りだしていた備後以東の地名が、讃岐（五島の有川組に雇用されている）を除いて九州の鯨組の史料から消えていく。

九州各地の海士たちが捕鯨技術をしっかり習得したからだろうか。それとも、最盛期には七三組もあった鯨組が、網捕り式に移行して激減したからだろうか。あるいは、突き捕り式と網捕り式で羽指や水主に要求される技能に違いが生じたからだろうか。

九州の鯨組が雇用する網大工は、どこも判で押したように、備後田島の者とされた。双海船の水主は、同じく田島のほかに備後の鞆（鞆にはほかの鯨船の水主もいる）、周防の上関、室積を中心に周辺の島々（祝島・八島・馬島・牛島・佐合島）から出かけていった［同前、二五一頁］。

讃岐から備前、備後、安芸、周防の島々は、三章ですでに触れたように、慶長年間（一五九六〜一六一五）から寛永・寛文年間（一六二四〜七三）にかけて、紀州の海草郡塩津浦の漁民たちが、鰯や鯛の高度な船曳網漁の技術を伝えたところでもあった［同前、一〇五〜一一三頁］。その技術が鯨網に生かされたのだろう。

船大工は、摂津兵庫のほかに、安芸の倉橋島から多く出かけていった。倉橋島は古くから瀬戸内海の海賊の中心地であり、造船業の中心地でもあった［永原、一八六頁］。船鍛冶は兵庫と鞆の人が多かった。特に鞆は、近世初頭から船釘や錨、鍬の生産が盛んだった［倉田、二九頁］。鞆では、前年の秋に出かけて、鯨の漁期が終わって村へ帰ってきたとき、「麦はうれたか、子供はマメか」が、最初に交わされる帰村のあいさつだったという［河岡、二五二頁］。

たしかに熊野の太地や古座《こざ》、土佐の津呂や浮津、さらに長州の通《かよい》や瀬戸崎《せどさき》（現在の仙崎）の鯨組は、地元の浦を中心に、主に地元の人々を組織して組が経営されていたので、それらの地方の捕鯨業は村落共同体的な側面を多分にもっていた。しかし、こと九州の鯨組にかんしては、羽指や水主の多くは他国から季節雇用されることが多かった。しかも、そのうちのかなりの割合は、見てきたように瀬戸内地方から雇用している。瀬戸内海は、伊勢湾周辺や紀伊半島の捕鯨技術が九州へと伝播していくうえで、その単なるルートの役割を果たしただけではなく、九州の捕鯨業発展の実質的な部分をも担っていたといえるだろう。

以上、主に捕鯨にかんする人と技術の移動を見てきたが、つぎに捕鯨業が必要とする物、材料の移動を見ておくことにする。

大量の前細工品

いずれの鯨組でも、捕鯨シーズンを迎えるまでに、組を約五〜六カ月のあいだ維持するのに必要な食糧や捕鯨道具を調達しておかなければならない。その調達品をすべてひっくるめて「前細工品《まえざいくひん》」という。『前目勝本 鯨組永続鑑《えいぞくかがみ》』(享和二年)によって、当時最大級の鯨組が一シーズンに必要とする主な前細工品を列挙しておく。( )内はその代金。

・食糧

米　四〇〇〇俵(三斗入り)＝一二〇〇石(銀八〇貫)

味噌　大樽六〇挺(銀一貫八〇〇匁)

酒　五〇石(銀五貫)

・網や綱用の材料

新苧　二万五〇〇〇斤＝約一五トン（銀六〇貫）

市皮《いちび》　六〇〇〇斤（銀三貫）

椎皮（新網の塗料の原料）　三万五〇〇〇斤（銀二貫八〇〇匁）

網葉《あば》（桐製の浮き）　五〇〇枚（銀一七〇匁）

・船および船用の材料

新造船——勢子船六艘、持双船二艘、双海船二艘（計、銀九貫一六〇匁）

船材——櫓二四〇挺、その他（計、銀八貫二一〇匁）

帆、船釘、塗料など（計、銀六貫九九三匁）

・納屋作業の入用品

薪　一五〇万斤＝約九〇〇トン（銀一五貫）

薪の運搬代金（銀一貫八〇〇匁）

塩　五〇〇〇俵（銀八貫五〇〇匁）

樽　大小計六三〇〇丁（銀三一貫九〇〇匁）

樽縄　一〇〇〇束（銀一貫四五〇匁）

莚《むしろ》　一万枚（銀一貫六六〇匁）

新苫　六〇〇〇枚（銀一貫五〇〇匁）

・捕獲道具

万銛　一〇本（銀一二〇匁）
剣　一〇振（銀二五〇匁）
万銛の柄　六〇〇本（銀二〇〇匁）
・納屋道具
大切庖丁　七〇枚（銀二一〇匁）
小切庖丁　五〇〇枚（銀二五〇匁）
杉簀板　四〇坪（銀三二〇匁）
松簀板　二〇坪（銀一四〇匁）
練釜　四枚（銀三〇〇匁）
五合入り柄杓　二〇〇本（銀四〇匁）
日雇い用の椀　四〇〇人前（銀一〇〇匁）
・鍛冶用品
鉄　二〇束（銀九六〇匁）
炭　二五〇俵（銀三〇〇匁）

すべてを合計すると、銀二四二貫五二匁。米に換算すると約一万二一〇〇俵（三斗入り）、約三六三〇石に相当する。これだけのものが、一シーズンの捕鯨のために毎年新たに調達される必要があった。もちろん、これらのものを運ぶ運送費は、ここには薪以外は含まれていない。

このうち、最大の買い物である米にかんしては、どこの鯨組でも、原則として藩米を購入するのが決まりだった。

鯨船は兵庫作りと熊野作りが知られていた。どちらも長さは一〇メートル余、幅二メートル内外だが、兵庫作りの方が熊野作りにくらべて少しだけ幅が広く作られていた［柴田・高山、一〇頁］。

九州の鯨組では、突き捕り式時代には、紀州の船大工に熊野作りの船を発注した例もあるが［小葉田、七頁］、生島《しょうじま》組の生島仁左衛門は、「新造鯨船は兵庫にて仕立」ると記しているし、大槻清準《おおつきせいじゅん》は大村の木村元雄（鯨組主深沢義太夫の一族縁者）から聞いた話として、「摂州兵庫ニ淡路屋総右衛門、淡路屋与兵衛ト云両人ノ船匠アリ、此者ナラテハ此舟ヲ造リ得ルモノナシ、諸州ニテ用ル鯨船ハ皆此二人ヨリ造リ出ス所ナリ」と記している［大槻、三七四頁］。

後年、九州ではもっぱら兵庫に発注したということだろう。ちなみに、太地や土佐の鯨船は熊野作り、長州のものは兵庫作りだったという［柴田・高山、一〇頁］。

鯨船の櫓材は、九州では当初から薩摩や肥後から買い求めた。網や綱の原料である苧《お》は、九州では肥後産の「熊（球磨）苧」が知られていたが、ここでは、石見《いわみ》大田産の苧を下関で購入している。

そのほか、主な前細工品の購入先を『前目勝本 鯨組永続鑑』と『二番永代記』から拾ってみると、塩、莚、帆、釜、釘、簀板《すのこいた》は上方（大坂・兵庫）から、鉄は下関から、市皮は上方または下関から、樽（空の酒樽も含む）は上方、下関、博多から購入している。

もっとも量の多い薪については、土佐では毎年、船材とともに藩所有の山から払い下げをうけた［伊豆川、二四一頁］。五島の有川組では何回かに分けて同島のいろいろな所から購入し、搬入の際に枯木や生木が混じっていないかどうか、厳重にチェックするよう言い渡している［有川鯨組式方定］。

益富《ますとみ》組が五島の黒瀬浦に春組をすえたときには、薪を同島の玉之浦で購入している［五島黒瀬組定］。同じく益富組が壱岐の勝本浦に組を構えているとき、一二六万一七〇〇斤（約七五七トン）の薪を一括購入し、その陸上げ作業に日雇三六二人、若衆一三八人が動員されている［所々組方永代記］。

こんなに大量の薪をいったいどんな方法・ルートで毎年入手したのか、薪の入手に困ったという記録を私はまだ知らない。ただ、有川組では、享保一五（一七三〇）年、組所有の杉山に、後に鯨組で使用するために四三二〇本の杉苗を植えている［有川鯨組式方定］。私の知るかぎり、これが鯨組による唯一の植林の記録である。

以上、鯨組をめぐる物の移動・流通にかんして、主に購入の面だけを見てきたが、鯨は近隣七カ村のほかに、関連する多くの業種までを潤すものだったようである。つぎは、そうした鯨組を実際にどのように経営していったのか、経営の苦心・工夫はどんなところにあったのかを探ってみることにしよう。

二　鯨組の経営

鯨組四つのタイプ

わが国の捕鯨業が近世初頭にはじまった当初、鯨組は藩の船役（水主役）を果たすことでその漁業権を保障されたり、かつての海賊＝水軍の出身者が鯨組の組織主体になった例が多いことについてはすでに触れておいた（三章参照）。ここでは、鯨組と浦（あるいは浦人）との関係、鯨組とその出資者との関係などから、鯨組のタイプについてまず考えてみる。

羽原又吉は日本の捕鯨業を以下の四タイプに分類している［羽原I、一三〇頁］。

①村落を主体とする労資共同のタイプ。あるいはその変形態として、村落内の高持《たかもち》・富豪層が出資し、浦人は労働力を提供する、あくまでも村落主体の共同タイプ。

②村落内の高持・富豪がみずから組の経営主体となり、浦人は単なる漁業労働者として参加するタイプ。

③他所から資金を借り入れるか（銀主）、その銀主と共同経営をするタイプ。

④他所の鯨組主がその浦の漁場を一定期間借り受ける、いわゆる「請浦《うけうら》」のタイプ。

この四つのタイプに実際の主な鯨組をあてはめてみると、以下のようになる。

①のタイプ――初期の太地浦、初期の土佐津呂・浮津の両組、長州の通・瀬戸崎・川尻の各浦、五島の有川組

②のタイプ――安房勝山の醍醐組、中・後期の太地浦、中・後期の津呂・浮津組

③のタイプ――安永八（一七七九）年から八年間の土佐津呂組。藩を銀主と考えると、御手組《おてぐみ》はこのタイプの一つとしてよい（御手組の代表例としては熊野の古座浦）。

④のタイプ――九州の多くの鯨組はこのタイプに含まれる。

大まかな流れからすると、①のタイプで出発した鯨組も、時がたつにつれて②や③へと移行していく傾向がみえる。これは、自然を相手にする捕鯨業の不安定さが原因と考えられ、いったん不漁が続くと、資金を外に頼らざるをえなくなることを示している。このことは、逆にいうと、①から④へ向

かうにしたがって鯨組の規模が大きくなっていく傾向をも示している。特に、④の請浦タイプの鯨組では、複数の浦に鯨組をすえることも可能であり、そうすることで経営の安定を図ったり、不漁の続く漁場を変えたりすることもできた。

九州西海域の捕鯨業が大規模に発展した理由の一つに、浦あるいは浦人との村落共同体的な結びつきが、他地方にくらべて弱かったことがあげられるかもしれない（その分、資本主義的な要素が強かったともいえる）。そのことは、九州の鯨組の組主が、平戸の例で見たように町人出身者が多く（三章参照）、また前節で触れたように、鯨組創設当初から、羽指や水主を他国から多く雇用するのが慣例となっていたことと密接に関係していると思われる。

賃金「前渡し」制のねらい

鯨組が成功するか否かは、自然条件を別にすれば、どれだけ優秀な羽指や水主を確保できるかにかかっている。

慶長一一（一六〇六）年にスタートした太地の鯨組は、一二年後の元和四（一六一八）年に、鯨突きの名人を知多半島の小野浦や熊野の勝浦、三輪崎などからスカウトして、彼らを羽指と呼び、おのおのに高い位を意味する「太夫」名を名乗らせて、水主に数倍する報酬を与え、その職を世襲とした。こうして、当時の封建的な身分制に倣う形で、村落内で羽指の育成・維持・確保につとめた。このスタイルは土佐にも受け継がれ、土佐でも羽指職は世襲とされた。

これに対して、九州の鯨組の多くは、当初から④の請浦タイプで出発したこともあって、羽指・水主は組をすえている地域以外から多数雇用される例が多かった。そのため、捕鯨シーズンが終わる組あがりのときに、つぎのシーズンの雇用を確保するために、賃金の一部前渡し＝前貸しが、明暦・万治年間（一六五五〜六一）にすでに行なわれていて〔小葉田、一一〜二頁〕、春浦が終わったときに渡す前渡し銀のことを、「手付銀」とも「下ケ銀」とも呼んでいる〔前目勝本鯨組永続鑑〕。

さらに、シーズンオフの夏や秋にも、賃金の一部前渡しが行なわれていた。万治元（一六五八）年の平戸吉村五右衛門組では、九月、一一月、冬浦のはじまる前の計三回、前渡しが行なわれ〔小葉田、一二頁〕、文化一二（一八一五）年の五島の江口甚右衛門組では、羽指や水主だけでなく納屋の者の一部にも「手付銀」「下ケ銀」のほかに、六月に「中貸」、九月に「仕舞銀」と称して前渡しが行なわれていた〔秀村、(二)―九三頁〕。こうして、捕鯨シーズンの到来前に――いや今シーズンが終わると同時に来シーズンの――雇用契約が結ばれるのが慣例だった。

ところで、羽指・水主は、グループになって同じ村落から雇用されていくのが通例で、鯨組からの賃金の受け渡しは個々の羽指や水主にするのではなく、村の役人衆や彼らの元締役に一括して渡されたようである。大槻清準は、中国地方でじかに聞いたこととして、『鯨史《げいし》稿《こう》』に以下のように書き記している。

備後ノ国田島トカ云島ハ、ヨキ水夫ドモノアル処ニテ、年々西国ヨリ水夫ヲ雇ニ来リ、漁終リテモ其給銀ハ水夫ドモヘ相対ニハ渡サズ、数十百人ノ給分ヲ一同ニ船ニ積ミ、此島ニ来リテ島役人ニ引渡スヨシナリ。コレハ水夫エ直ニ給銀ヲ渡シテ、水夫或ハ酒色等ニ使ヒ捨ルコトモアルトキハ、島ノ役人手懲《てごり》スレバ、再ビ雇フコトノナルマジキヲ慮リテ、カクハ為コトナリト云〔大槻、四二六〜七頁〕。

字面だけを読むと、なんと思いやりのあることだろうと思われるかもしれないが、その給銀のなかから一部を浦にかけられている税の支払いに回したことはいうまでもなかろう。また、こうした慣例は、羽指や水主との雇用契約が個人契約の形をとっているとはいっても、その実体は、鯨組と村落（その代表者）とのあいだで結ばれた契約だともいえるだろう。

こうして鯨組では、羽指や水主を送りだす村落側に、彼らが勝手にほかの鯨組と雇用契約を結んで移るのを防止させる役目を担わせることができた。そのような実例を、五島の有川組に残る享保二（一七一七）年の「唐津領呼子浦羽指取立之節証文」に見ることができる。

この年、彦左衛門は羽指に取り立てられ、鯨組と以下のような文面の証文を取り交わしている。「私の儀、当年より羽指に取り立てていただきありがたく思っています。この後はわがままを申して組より暇を言い渡されない内は、私から辞めるようなことはいたしません。万一、私から理不尽にも暇を願い、他組に加わるようなことがありましたら、呼子の私掛りの庄屋または唐津の浦奉行に通告して阻止なさってもかまいません。そのような事態になったとしても、私からは一言の言い訳もいたしません」と。

さらに、彦左衛門の父親と兄の同意文書が、以下のように続いている。「この後、組より暇を言い渡されない内に他組に出向くようなことがありましたら、きっと私ども二人でやめさせます。そのうえなお理不尽にも暇を願うようでしたら、証文の通り私どもの役人方へ訴えてください。そのようなことになりましても一言の言い訳もいたしません」〔有川鯨組式法定〕。

それにしても、このような証文を取り交わすということは、逆にいえば、すでに当時かなりな範囲で個人契約による自由な労働市場が形成されつつあったことをも示している。

では、①のタイプの村落共同体的な鯨組には、賃金の前渡し制度はなかったのだろうか。そんなことをする必要もなく、人員はいつも確保できたのだろうか。

たしかに、土佐の津呂・浮津組には前渡しの慣例はなかった。しかし、羽指にくらべてずっと報酬の少ない水主たちは、捕鯨のシーズンオフには鰹漁に従事する者が多く、その夏季の鰹漁が不漁のときには、鯨組では「夏貸し」と称して、水主たちに米を貸し与えて、彼らを鯨組に留め置くことに腐心している〔伊豆川、二一七頁〕。そうしなければ、捕鯨までが不漁続きになると、彼らは転職するか、他国に生活の資を求めて浦を捨てることさえあった。事実、天和二（一六八二）年の八月から一〇月にかけて、浮津浦の鯨組の水主たち一三家族五〇人は、三派に分かれて九州方面に逃亡した〔羽原II、二〇五頁〕。

熊野太地浦では、捕鯨のシーズンオフに羽指や水主たちがどんな仕事に従事していたかは、残念ながらよくわからないが、ここでは賃金の前渡しが行なわれていた。「鯨方働之者江為賃米時之遣物之事」という史料によると、「盆前かし」「秋かし」「中上りかし」「越年かし」などの前貸しと、「三月節句遣しもの」「九月節句遣しもの」「霜月十五日遣しもの」「煤払《すすはらい》遣しもの」など、節句ごとに米や餅米の給付が、主従関係を表わす「つかわしもの」の名で支給されていた〔笠原、一四九頁〕。

このような賃金前渡しの制度は、当時、捕鯨業だけではなく他の漁業にも多くみられたが、特に鯨組においては、大量の人員を、しかも特殊な技術と技能を有する者を常時確保しておく必要から生まれていったものと思われる。こうして、村落共同体的な鯨組においては、鯨組内の人員構成がますます世襲的・譜代的な性格を強めることになり、九州の鯨組においては、羽指や水主、さらに魚切を中心とした鯨解体作業員などの雇用先が、特定の地域にますます限定されていく傾向を強めていったように思われる。

ではここで、鯨組で働く者たちが実際にどれほどの賃金を得ていたか、見ておくことにしよう。

三本立ての賃金制度

日雇ではなく、季節限定の常雇の者たちの賃金は、固定給、歩合給、賞与の三種類からなっていた。

固定給――捕鯨期間中の生活を保障するという意味で、封建的な主従関係を表わす「扶持米《ふちまい》」という呼び名で、一日八合〜一升の米と、役職ごとに定められた給金が与えられた（土佐では沖場の者たちは扶持米のみ、納屋の者は多く給金のみ）。

歩合給――鯨を捕獲するたびに、鯨の皮や肉を、その働きや役職によって定められた量ずつ受け取る「所務」（太地では「勝負」と呼ばれた）や、土佐だけにみられる「菜ノ魚」「給身」と呼ばれる鯨の肉の分配。これらは、漁獲を分け合う「代《しろ》分け」の慣習の鯨版ともいえるもので、皆のやる気をくすぐる効果もあった。もっとも、土佐では、これらの皮や肉は鯨仲買人にまとめ買いしてもらい、その代金が分け与えられたし、九州では早くから「所務」は「所務銀」とも呼ばれて、同じく貨幣で支払われていた。

賞与——捕獲時の働きによって羽指・水主に与えられる鯨の皮や肉のほかに、初魚や祝いのときなどに全員に与えられるものもあった。太地の「つかわしもの」はここに分類できる。また、九州の鯨組では、捕鯨シーズン開始の小寒一〇日前よりも早くきた者には、その日数に応じた「増銀」を与えて、捕鯨をさせるところもあった。正規の捕鯨期間外に捕獲した鯨は、「臨時魚」と呼ばれた。

では、彼らは、実際にどれくらいの賃金を受け取っていたのだろうか。

固定給の「扶持米」については、一日一升として、九州ではほぼ一五〇日間、土佐は少し長くて六カ月としても、一石五斗～一石八斗くらいだろう。

固定の賃金にかんしては、前渡しの総額がその全額だとすると、万治元（一六五八）年や寛文二（一六六二）年の平戸吉村組の水主の例だと、銀九〇～一一〇匁となる［小葉田、一二頁］。ちなみに、万治元年の米価は米一俵（三斗入り）が銀一五匁から一八匁五分に高騰したらしいが、銀一五匁として米に換算すると、約一石八斗～二石二斗になる。

元禄一七（一七〇四）年六月の日付をもつ、太地鯨組の「賃銀救済法鯨漁事節遺物」によると、一、二番羽指（つまり「親父」と呼ばれる羽指の最高位）と並羽指、それに地元の水主、納屋で筋を取りさばく筋師の固定給は、それぞれ以下の通りである［熊野太地浦捕鯨史、四〇九～一七頁］（固定の賃金に米や餅（米）が含まれているのが興味を引く）。

一、二番羽指——銭一四貫一三六文、米七斗五升、餅（米）六斗

並羽指————銭一〇貫九八四文、米七斗五升、餅（米）四斗

地水主――――銭三貫九六八文、米二斗五升、餅（米）二斗

筋師本株――――銭八貫一六文、米一石二斗、餅（米）一斗

羽指は水主にくらべて、三～四倍近い固定給をもらっていた。また、筋師の固定給が相対に高いが、納屋の者は歩合給が羽指・水主にくらべて少ないからだろう。なお、「大坂日雇賃銭値上げの口上書」なる史料によると、当時の銭一貫文はほぼ銀二〇匁に相当し、当時の日雇賃金は銭一一六文とある〔幸田、三〇八～九頁〕。

つぎに、不漁が続いて捕鯨業が衰退期にあった安政年代（一八五四～六〇）の益富組の固定給をあげておく〔秀村、(二)―九八頁〕。

羽指――――――――銀三〇〇～一三〇匁

持双・勢子船の水主――――銀一三〇～一二〇匁

双海・双海付船の水主――銀二四〇～一一〇匁

双海船の水主の賃金が相対的に高額であるのが目を引く。ちなみに、安政年代の大坂での米価は、肥後米一石が銀八〇～一二〇匁だった。羽指や水主の固定給が初期にくらべて上がるどころか、実質的には半減していることがよくわかる。

歩合給については、五島の有川組が享保一二（一七二七）年暮に改定した所務銀定によると、以下のようになっていた〔有川鯨組式法定〕。

羽指――銀七〇匁（ただし、三六本目より一本につき銀二匁）

水主――銀三匁五分（ただし、三六本目より一本につき銀四分）

この規定は、その二年前までは何頭鯨を捕っても羽指は銀七〇匁、水主は銀三匁五分と決まっていたが、近年不漁が続いていて、羽指・水主に精出してもらうために彼らと相談して決めたという。ちなみに、この年の捕獲数は六三頭だったので、羽指には銀一二四匁、水主には一四匁三分の所務銀が渡ったことになる。

なお、賞与については微々たるもので、生活を支えるほどのものが与えられたわけではない。むしろ、ここでは、太地鯨組の一種の社会保障制度ともいうべき「救済法」の中身についてふれておこう［熊野太地浦捕鯨史、四〇九〜一七頁］。

太地鯨組の救済法の大きな柱の一つが、今日から見てもとても優れた高齢者対策といえる「弱人《よわひと》」の制度である。これは、高齢になって沖場で働けなくなった者を、納屋の簡単な仕事につけて賃金を与える制度で、各自の結びつきが強かった村落共同体的な鯨組ならではのものであり、かつ、この制度を作りえた一八世紀初頭の太地鯨組の繁栄ぶりをうかがわせて興味深い。

もう一つ、捕鯨期間中に死亡した者の家族を救済するために、銭と米が与えられる「死米《しにまい》」の制度である。土佐にもこれに類似の制度があり、羽指や水主の家庭に対して、その主人が死んだ場合でも男の子があれば、その子に一人前分を与え、その家を救済した。ために、女児ばかりの家では、早く男児を養子にもらう習慣があったという［吉岡、三三〜四頁］。

以上のほかに、四二歳の厄払《やくばら》いに与えられる「つかわしもの」や、漁事中に船が転覆して持ち物を失ったとき、それぞれの品に応じて弁償金が支払われた。

固定給、歩合給、賞与の三本立て賃金制度は、今日の日本の賃金制度にも多く見られて興味深い。

「救済法」にかんしては、現在よりも優れているものもある。当時としては手厚い、こうした生活保障や各種の「つかわしもの」が、はたして不漁時にも続けられたかどうかはわからない。しかし、江戸時代を通じて最大級の企業だった鯨組が、人員の確保において、また、浦人との共存共栄をどのようにはかろうとしていたかについて、その一端をこうした制度のなかに垣間見ることはできよう。

さて、ここまでは鯨組の生産部門の維持・拡充について見てきたが、つぎは捕獲した鯨やその加工品である鯨油や鯨製品を、どんな方法で、どんな販売ルートで売りさばいていたかを見ることにする。

鯨の販売ルート

鯨商品の販売には、鯨組の地先で取り引きする「浜売り」と、上方をはじめ諸地方の問屋と取り引きする「問屋売り」、それに自藩や他藩への販売の三種類があった。しかし、このいずれにおいても、太地・土佐と九州とでは大きな違いがあった。

太地には、残念ながらこの種の史料が残っていないので何もわからないが、納屋で働く者たちの人員構成や、鯨の売買にかかわっている「頭立船持商人」たちの存在から見て、土佐とほぼ同じ販売方法だったと思われる。まず、土佐のそれから見てみよう。

土佐の津呂・浮津の両組では、鯨組を作るにあたって、出資した者たちに鯨の仲買の権利を与えて、鯨の皮や肉を彼らに浜売りした。両組とも六十数名いる仲買人たちは、数名でグループをくみ、購入した脂皮から油を採取し、食用の肉や皮は生のまま塩漬けにすると、「五十集《いさば》」と呼ばれる運搬船をチャーターして、大坂の塩魚問屋へ運んだ。そこでは入札で値段が決められたので、五十集は競って先を急いだという。また、文政期（一八一八～三〇）頃からは、仲買人が購入しない鯨肉の小切れや臓物などを購入して、近隣や高知城下を売り歩く「小売物商人」が多数現われた〔伊豆川、二八九頁〕。

したがって、土佐の鯨組では、組自体で油を採取するのは骨からだけで、骨から採った油も、土佐藩が半ば強制的に市価よりも安く買い上げて、家中で灯用に用いた〔同前、一四八～九頁〕。ために、鯨組が自由に販売できる問屋売りは、骨粕と筋、鯨ヒゲだけだったといっていい。

こうして、土佐の鯨組では、搾油したり運搬したりする手間と人件費は省けたが、鯨組を一つの営利企業と考えた場合、生産面はともかく営業面においては、商人や藩に主導権をにぎられ、自主性を発揮できるような状態にはなっていなかったといっていいだろう。

その点、九州の鯨組は商人出身の組主が多かったせいもあり、また、上方まで遠く、そのあいだに瀬戸内海という当時の流通の大動脈をはさんでいることもあって、各地に地方市場が形成されており、そのことをうまく利用した独自の販売方法やルートを開拓していった。ここでは、史料がたくさん残っていて研究もすすんでいる、益富組のそれを中心に見ていくことにする。

九州の浜売りには二種類ある。納屋ですでに加工・処理した鯨製品（食用の肉や皮、骨粕など）を仲買・小売りの商人たちに売るのと、捕獲した鯨の各部分をシーズン前に決めておいた値段で小納屋経営者たちに売る、二通りである。特に後者は、九州の鯨組にしかない独特の販売方法であり、これについてはつぎで詳しく述べることにする。

問屋売りは販売額からするともっとも多く、それだけに、鯨組にとっては取り引きのうえで手腕を発揮しなければならなかった。

ところで、捕鯨業がはじまり、鯨油が大量に供給されるようになったとはいっても、当時、灯用に使う油のほとんどは植物油であり、植物油は米についで多く消費され、米とともに物価の基準となっていたほどの商品だった〔幸田、二四八頁〕。

その植物油には、菜種から搾った種油（水油ともいう）、綿の実から搾った白油（もとは黒油といわれたが、石灰で色抜きできるようになった）、胡麻油や荏《え》油・榧《かや》油などの色油があり、それに魚油までが出回っていた。しかし、鯨油は魚油よりも臭いがなく、植物油よりも安いので、植物油の代用品として、あるいは植物油と混ぜて広く庶民層に使われていった。

ご存じの通り、同じ商品でも、時期や場所によって値段は上下する。九州の鯨組では、当初からそれを見越して、鯨油の値段が上がったときに一番高い場所で販売した。明暦・万治頃（一六五五～六一）の平戸の吉村組では、すでに長崎・鷹島・筑前・小倉・下関・鞆そして上方で、値段の高下をにらんだうえで売っていた〔小葉田、一六頁〕。

時代は下って文化・文政期（一八〇四～三〇）、益富組には、上方をはじめ中国筋、筑前から肥後にかけての九州各地に、四〇ほどの取り引き問屋が存在していた。しかも、それら問屋には「出銀」と称する先納銀を納めさせておき、それに見合った量の鯨商品を売って年に一回決済をし、貸し借りがあれば、次年度に繰り越す方法をとっていた〔鳥巣、一二〇～三頁〕。

このことは、益富組と各問屋との関係は、ほぼ対等だったといってよく、鰯網漁などほかの漁業で広くみられる、資金提供者でもある問屋の言いなりで商品が安く買いたたかれることなどなかった。

さらに興味深いのは、益富組がそれら問屋を通じて前細工品を購入したり、資金不足が生じると、多額の借用をより確実に行なえるように、上方の取り引き問屋に保証人になってもらったりしていることである。また、上方の問屋には、平戸藩大坂蔵屋敷へ納める運上銀の納入代行まで担当してもらっている。こうして、益富組は、今日風にいえば、各地に特約店をもうけて自社製品を販売し、特約店契約金にあたる「出銀」を毎年先納させることで、膨大な捕鯨資金の一部にあて、さらに前細工品の購入まで代行させて、安価で良質なものを入手していたといえよう。

問屋とのあいだにこんな関係を作りえたのも、当時、鯨油や鯨ヒゲ・筋・骨粕などの鯨製品が、長期の保存がきいて、しかも広範な市場をもつ、安定した商品だったからだと思われる。その点、鯨肉や皮の食用品は、長期保存がきかないうえに、販売額も鯨油にくらべるとずっと少なく、鯨組経営の柱にはとうていなりえなかった。

鯨組と藩とのあいだで鯨油の取り引きがはじまるのは、鯨油に灯用以外の利用価値が認められてからのことである。

享保一七（一七三二）年、西日本を広く襲った大蝗害以降、鯨油が「除蝗」（田んぼに発生するウンカの駆除）に効果があることが知られるようになり、天明頃（一七八一～八九）から福岡藩や熊本藩では、毎年鯨油を鯨組から大量に購入して備蓄するようになる（福岡藩の毎年の備蓄量は四斗樽で一五〇〇丁。なお、鯨組が地元にある藩では、運上油として大量の鯨油を取り立てた）［同前、五八～六二頁］。

大蔵永常《おおくらえいじょう》の『除蝗録《じょこうろく》』（文政九年刊）によると、除蝗にはほかの油より鯨油がもっとも適していて、こんなふうに行なわれた。まず、田に水をはり、一反の田に三合の割で鯨油をまんべんなく入れ、竹で稲を左右に押し倒すようにして、穂先に逃げ登る虫を払い落としていく。つぎに、藁《わら》の箒《ほうき》で稲の葉に水を振り掛け、葉に逃げ残った虫を洗い落としていく。こうして最後に田の水を落とすと、虫は油といっしょに流される。この作業を何度か繰り返し、大発生のときには田に入れる油の量を増やした。

こうして、益富組の販売先に大口の買手である藩が加わるようになり、年によっては、全販売額の七〜八割を占めることさえあった［同前、二二七頁］。

益富組にとって、福岡藩や熊本藩との多額の商取り引きは、ときに市価よりも安く提供しなければならないこともあったが、両藩が低利で資金を貸してくれる金融先にもなりえたし、たとえ借用銀の返済がとどこおっても、来期の鯨油搬入でそれに代えてもらうなど、いくつかのメリットもあった。

江戸期の捕鯨業を全体的に見回したとき、宝永・正徳期頃（一七〇四〜一六）を境として、それまで捕鯨の先進地だった太地や土佐が、後発地の九州西海域にその地位を譲り渡しているように私には感じられる。その原因・理由については、後で詳しく検討してみることにするが（二六一頁以降を参照）、その原因の一つが今見てきたように、鯨製品のなかでもっとも販売量・販売額の大きい、しかも広範な市場価値をもつ鯨油の販売を、太地や土佐の鯨組が、当初から他人に任せてしまったところにあったのではないかと思われる。この方法だと、たしかに鯨組の規模は小さくてすむし、資金もそれだけ少額ですむ。しかし、それだと、鯨組はまるで鯨を捕るだけの組織になってしまい、セールス部門をもたない営利企業ということになってしまう。これでは企業経営としては片肺飛行である。

その点、九州の鯨組では、問屋や藩との取り引きに知恵をしぼるとともに、資金の負担をなるべく軽くし、なおかつ、鯨油の販売は鯨組の手に残せる方法として、小納屋と呼ばれる、もうひとつの鯨の加工・処理・販売組織を作って、独自に経営の合理化をはかっていった。

すでに見たように、土佐では、地元の富裕層や商人が鯨組への資金提供者となって鯨仲買人となったが、九州では、鯨組が組をすえた浦では、地元の富裕層や商人が寄り集まって鯨組から鯨の特定部分を買い取り、みずからの手で鯨を加工・処理して、みずから鯨製品を販売するシステムを作っていった。しかも、そのシステムは、彼ら小納屋経営者たちにとってメリットがあっただけではなく、鯨組にとっても大きなメリットがあった。

小納屋は〝株式会社〟の集合体

九州の鯨組には、大納屋に対して小納屋という呼び名がある。納屋そのものの大小を表わしていることもあるが、それとはまったく別に、納屋の経営主体を言い表わしていることもある。ここでいう小納屋は後者であり、大納屋が鯨組の組主が直接経営・管理している納屋であるのに対して、小納屋は組主以外の者が何人か寄り集まって、それぞれが購入した鯨の特定部分を加工・処理する納屋(またはその経営者たち)のことをいう(図38)。

毎年、六〜七月頃、鯨組と小納屋のあいだで、次期捕鯨シーズン中に捕獲する鯨の特定部分の売買契約が結ばれる[鳥巣、一五三頁]。売買される鯨の特定部分は、その年に小納屋に参加するメンバー数によって多少異なることもあるが、油を多く含んだ皮と高級な食用部分である尾羽毛《おばいけ》、それにヒゲと筋を除いた部分が、小納屋に売り渡される。それらを総称して「小納屋道具」といい、かばち(頭)、あばら、立羽《たつぱ》(胸びれ)、臓物、開《かい》の元《もと》(生殖器)などの各小納屋道具には、それぞれ決められ

図38　小納屋での作業風景

た値段がついていて、それらを購入する小納屋経営者たちは、捕鯨シーズン前に捕獲予想の数十頭分の先納銀を鯨組に支払い、シーズン終了時に決済した。

また、小納屋経営者のなかには、一人で一つないし二つの小納屋道具を購入する者もいたが、複数の参加者が出資額の比率（「口数」という株の購入数）によって利益を配分しあう小納屋も数多くあった〔同前、一八七頁〕。したがって、小納屋は、一人一株主のところもあれば、数人の株主のところもあり、それらが小納屋道具の数だけ寄り集まって、鯨組のなかに一つの小納屋を形成していたことになる。たとえていうなら、小納屋とは、いくつもの「株式会社」が入っている雑居ビルとでもいえようか。

大納屋と小納屋で加工・処理される鯨の斤量はほぼ等しいか、大納屋がやや多い程度だが、脂皮や筋や鯨ヒゲなど商品価値の高いものはほとんど大納屋、つまり鯨組の組主のもとで扱われた。また、小納屋の販売方法にも大納屋と同じく浜売りと問屋売りがあり、問屋売りの場合、大納屋のものといっしょに売ってもらうこともあった。

鯨組にとって小納屋のメリットは、なんといっても捕鯨シーズン前に支払われる先納銀にあった。その額は銀二〇〇貫を上回ることもあり、前細工費用や藩に先納する運上銀総額の半分に相当することもあった［同前、一七五頁］。それに、小納屋を維持するための人件費などをうかせることができ、経営の合理化に大きな役割をはたしたことはいうまでもない。

また、小納屋経営もかなりの利益をもたらしたとみえて、壱岐の布屋藤太のように、永年小納屋を経営し、後に鯨組主になった者もいるほどだった［同前、一九二頁］。

最後に、この小納屋制度はいつ頃からはじまったのだろうか。

『西海鯨鯢記《さいかいげいげいき》』には、「小納屋ハ商人集次第、数定カタシ」とあり、享保五（一七二〇）年頃にはすでにはじまっていたとみてよい。それより前の元禄四（一六九一）年三月の「有川六ケ村より鯨網仕出申定書物之事」には、以下の文面が見える［有川鯨組式法定］。

一　掛中之小頭衆方へ為同前、小納屋立させ可申事
　　但、あばら相応之直段渡可申事
一　江口甚右衛門殿方より此組御取立被下候為御礼、筋・白骨可進候、但、筋之儀は相応之代銀
　　御出シ可被成候

これによると、元禄四年当時、五島の有川組には、村々の小頭衆《こがしらしゅう》（役人層）が資金を出しあって経

営する小納屋がすでに存在し、あばらと筋はほかの小納屋道具にくらべて値が高かったようである。なお、この年から江口甚右衛門が有川組の経営主体となったため、彼に特別に筋と白骨の小納屋経営権を譲ったのであろう。

寛文二（一六六二）年、平戸の吉村五右衛門組が藩に提出した一札には、納屋の者四三人のあとに「一七人　商人納やの者」とある。小葉田淳は、商人納屋の者は何者か明らかではないが、土佐には鯨仲買人がいたのでそれに類した者たちだろうと推察している［小葉田、一二一～三頁］。だが、これを小納屋経営者たちであったと考えてもなんら不自然さはない。

いずれにしても、小納屋は、九州で網捕り式捕鯨がはじまってすぐの段階で、すでに存在していたことだけは確実である。ただし、小納屋はどの鯨組にも存在したわけではないらしい。生島《しょうじま》仁左衛門は、寛政八（一七九六）年にこう記している。「先納と申は（中略）それぞれ直段を極《きめ》、小納屋と云に売渡なり。その代、当の銀子を請取ゆえ先納と云。組々により道具売渡さず、大納屋持にして仕出もあり」と。代金先納制は当初からだったのだろうか。寡聞にて不知《しらず》。

三　鯨組と藩

近世初期、鯨組が誕生したばかりの頃は、藩も海上防備の一端に鯨組を位置づけていたことはたしかだが、そのうち、鎖国が国の大方針となって、オランダ・中国以外の外国船が日本近海から姿を消し、国内も「泰平の世」をむかえると、藩にとっての鯨組の役割に変化が現われてくる。捕獲技術の進歩にともなって飛躍的に捕獲頭数が増えていき、捕鯨業が一大ビッグビジネスに成長したため、藩によっては鯨組から徴収する税（口銀・運上銀）が、藩財政にとって欠かせないものとなっていく。さらに、殖産興業や貧しい漁村の救済事業としても、捕鯨業は藩にとって魅力あるものだった。

ここでは、鯨組と藩にとって、それぞれがどんな存在であったかを、三つの視角から問うてみることにする。

表3　平戸藩の経常収入に占める鯨運上銀の割合

貢租米　4万3866石（*3026貫754匁）
貨幣貢租　2056貫810匁
(**鯨組の運上銀総額　約557貫83匁)
合計　約5083貫564匁
全収入に占める貨幣貢租の割合　40.5%
貨幣貢租中に占める鯨運上銀の割合　約27.1%
全収入に占める鯨運上銀の割合　約11%

* 寛政7年肥後米大坂相場1石69匁で計算．

** 寛政7年の益富組の運上銀が334貫250匁なので，土肥組はその3分の2として計算［松下，p.7, 28］．

巨額の運上銀

まずはじめに、鯨組の運上銀《うんじょうぎん》が藩の財源のなかでどれほどの割合を占めていたか、平戸藩の寛政七（一七九五）年頃の例を見ておこう（表3）。当時、平戸藩内では、益富組が生月《いきつき》島と壱岐《いき》で、土肥《どい》組が壱岐で操業していた。

貨幣貢租の割合が高いのは、平戸藩の一つの特長であろう。その貨幣貢租中で鯨運上銀の割合が約二七パーセントを占め、全歳入中でも約一一パーセントを占めている。いかに鯨運上銀が莫大であったかがわかる。

では、鯨組にかかる運上銀はどのように決められていたのだろうか。

太地に残る「諸献上物」の史料によると、鯨総売り上げ額の一〇〇分の一〇を口銀とし、さらに貞享二（一六八五）年より、網捕り式捕鯨の網代金《あじろ》として一〇〇分の五を納めることになっていた［熊野太地浦捕鯨史、四一七頁］。

土佐では、元禄九（一六九六）年から、それまで売り上げ額の一〇分の一だった口銀が、七分の一に増額された。ここでも網捕り式に移行したからだろう。元禄九年から宝永二年の一〇年間、津呂組では年平均一八頭余を捕獲し、平均総売り上げ銀七四貫九二九匁余、口銀平均は一〇貫七〇〇匁余である［伊豆川、一四四〜六頁］。

これらはいずれも、鯨の売り上げ額に対して「歩《ぶ》一税《いちぜい》」的になっていたが（実際は一四〜一五パーセントを支払っている）、土佐では寛政一二（一八〇〇）年から、鯨一頭につき定額の運上銀を課すようになった。長州や九州では、当初から鯨一頭に対して定額の運上銀を課す方式がとられた。

特に九州では、鯨の捕獲数や種類が増えるにつれて、種類や大きさによって運上銀の額も細かく決められ、数年ごとに改定されていった（おおむね、本魚《もとうお》と呼ばれるセミ鯨に対して、雑物と呼ばれた他の鯨は半額、子は親に対して半額、春浦は冬浦に対してすべての鯨が半額、という例が多い）。そのうえ、九州の鯨組の多くは他浦の漁場を借りているので「浦請（受）銀」を藩に納め、いつの頃からか判然としないが、捕獲した鯨とは別に搾油した鯨油にも運上銀がかけられていった（長州では当初から油運上もあった）。

平戸藩では、財政が苦しくなった明和期（一七六四〜七二）から、運上銀を捕鯨シーズンのはじまる前に先納させるようになり、シーズン終了後に実際の捕獲数に基づいて精算されたが、納めすぎのときは藩が預かり、次年度に繰り越された。さらには、捕獲数の増減によって数年ごとに改定されていた鯨一頭に対する運上銀や油の運上銀が、しだいに定額化されるようになり、寛政五（一七九三）年以降は、運上銀の総額までが完全に定額化されていった〔松下、二六～七頁〕。

この完全定額先納化は、藩財政にとっては、それまで年ごとに変動のあった運上銀を恒常的な歳入として予定できるようになったうえに、その額が数年間の平均を大きく上回る増税でもあった〔同前、三六～九頁〕。先の表3は、この完全定額先納化時代のものであり、この制度は鯨組が衰退する幕末まで続いた。

藩はこうした高額の運上銀のほかに、「冥加銀」「御用銀」「貸上銀」などと称して、鯨組から金を借りたり、取り立てたりしたことはいうまでもない。しかも、断われば漁場を取り上げられたり、返上させられたりした例があるので、断わることは実際不可能だった。

最後に鯨組への藩米の払い下げについて見ておこう。

どの藩も鯨組には自藩の年貢米を払い下げている。藩にとっては大坂まで米を運ぶ運送費が浮くうえに、平戸藩では、大坂の米相場の最高値か、それ以上の値段で払い下げている。しかも、その量は、益富組が生月島、壱岐、大島の三カ所で、土肥組が壱岐で操業していたときには、合わせて二五一九石余にものぼり、平戸藩が大坂で売りに出す二一〇〇石を上回っていた〔同前、四四頁〕。

ということは、藩にとって鯨組は、年貢米の願ってもない大口の買手でもあってくれたわけだが、鯨組にとって藩米の払い下げは、巨額の運上銀になおも利息をつけて支払うに等しかった。

だが、鯨組にとって藩は、苛酷な面ばかりをもっていたわけではない。つぎはそうした面を見ておくことにする。

持ちつ持たれつの関係

漁村には古くから「磯漁は地付《じつき》次第、沖は入会《いりあい》、先例あればそれに従う」という決まりがあり、幕府も諸藩もおおむねこれにならってきた。磯漁はその浜の浦人に漁業権があり、沖合はだれにもアクセス権があり、共同利用が認められていた。

なかでも捕鯨業は、近世初期に藩の御墨付きではじまったこともあり、網捕り式に移行して網代《あじろ》を一人占めするようになってからも、先例に従うことを理由に、網代からのほかの漁船の立ち退きを要求してきた。

当初はこれでおさまっていたようだが、しだいに魚の生態にかんする知識が増え、各種の漁撈技術が開発されてくると、鯨の回游ルート上に鰤刺網《ぶりさしあみ》を設置したり、夜のイカ釣り船が鯨を驚かしたりするようになった。こうして、捕鯨業とほかの漁業とのあいだで対立が生じてくると（これについては次節でみることにする）、鯨組では自浦・他浦の別なく、ほかの漁船の立ち退き料として「舌金《さえずりきん》」（太地）、「除銀」（土佐）、「六分一銀」または「請料銀」（長州）、「浦落銀」（平戸藩）を浦に支払うようになっていった。

しかも、一九世紀になると、捕鯨業が長い不漁期に入り、そのことも影響してか、鯨組近隣の漁村は、みずからの生活のために漁業により精をだしたり、浦に支払ってもらうお金の加増を求めたり、なかにはみずからの浦にも鯨組を誘致してほしいと主張するまでになる。以下に紹介する平戸領の壱岐と大島・度《たく》島の二例は、そうした浦人の動きや訴えを、鯨組は藩の御威光や力を借りることで退けている。

図39　壱岐勝本の鯨寄せ場

壱岐の瀬戸・勝本浦といえば、近世の捕鯨業のなかでもっとも栄えた鯨組の基地であり、毎年五〇頭以上の捕獲が望める「永代不易ノ地」（『西海鯨鯢記』）とまでいわれた所だった（図39）。それが、一八一〇年代になってからここでも不漁が続くようになった。

そんな折、鰤釣縄《ぶりつりなわ》船が急増し、昼夜操業するので、通鯨の妨げになっていた。しかも、鯨の回游ルート上で操業するのは先例に背き御法度《ごはっと》だといっても、一向に聞き入れない。なかには鯨船よりもっと沖にでる船まであって、手の施しようがない。そこで、文化一〇（一八一三）年八月、土肥組と益富組は、旅船の雇い入れと夜の操業は中止すること、漁船の操業場所は鯨組が指示した場所で行なうこと、背くものがあれば、漁具を鯨組で預かることにするので、浦々にそう申し付けてほしいと、藩に願い出た［二番永代記］。

願いはすぐに聞き届けられ、御船奉行がじきじきに壱岐の浦役衆に申し渡している。平戸藩にとっては、ほかの漁業も盛んになることは望ましいことだったが、それ以上に鯨組のほうが大事だったということだろう。

つぎは、益富組の捕鯨基地である生月島御崎《みさき》のすぐ北東に位置する大島と度島の浦人が、天保九（一八三八）年八月、藩に願い出たものである。願いとはこんな内容だった。

「両島は古くから捕鯨をやってきた島ですが、いまでは浦請をして鯨組を仕出す者もなく空浦《からうら》になっており、鯨組で働いている者も三〇人ばかりで、あとはほかの稼ぎをしています。明和年間（一七六四〜七二）から文政六、七（一八二三、二四）年頃までは鮪《しび》網漁が盛んでしたが、最近では鮪漁が皆無になり、ほかの小魚漁も不漁なので、浦人は困窮し、税も支払えない状態です。益富組に以前のように鯨組を仕出すように訴えましたが、聞き入れてもらえないので、「浦落銀」丁銭一貫目のところを加増してもらいたい。そうすれば、税の支払いに回すことができます。どうかこの二つの件、よろしく御指図ください。諸漁の網代とは農家の田畑と同様のものと考えますが、それを長いあいだ他所に貸し与えられたままでは渡世がなりいかないのも道理です。もし、益富組が御指図を受けないようでしたら、組主のことは当浦の協議で鯨組を仕出せるようにしてください」［所々組方永代記］。

この願い出の結果がどうなったかはわからない。関連史料が残っていないところをみると、願いは却下されたようだ。しかも、その後、大島・度島に鯨組がすえられたこともない。だが、実は、ここに至るまでにも幾度かの紆余曲折があった。

まず、享保一三（一七二八）年に生月島御崎に捕鯨基地をすえた益富組は、その直後から鯨の回游ルート上にある大島とのあいだで海境争いを起こしている。そして、享保一八年にいったん海境が決められたにもかかわらず、大島へ「魚見」を出したとして、当時大島に組を構えていた和泉屋甚左衛門組から訴えられ、元文三（一七三八）年三月、言語道断の不届きとして過料（セミ鯨二本分の代銀）

を科せられている。このとき、こんな軽い処分ですんだのは、享保一五年に銀五〇貫目を上納し、藩より御崎浦の永代請を許され、享保一九年には組主畳屋又左衛門が五合五人扶持の士分を与えられていたからだと思われる［松下、一八～九頁］。

その後、益富組は、安永三～五（一七七四～七六）年、天明五～寛政四（一七八五～九二）年の計一一年間、冬組のみを大島に構えたことがあった。だが、その後は願い出にある通り空浦となっていた。そうなれば、だれに遠慮することもなく、益富組では大島へ流し番船を「指し越し」ただろうことは容易に想像がつく。それを大島から訴えられ、文化四（一八〇七）年から浦落銀として丁銭三貫目を支払うようになった［所々組方永代記］。

文化一四（一八一七）年には、篠崎兵右衛門が大島組を請け負うことを藩に願い出たが、益富組は藩から、大島組が仕出したら支障をきたすかとたずねられ、支障をきたすと答えると、大島組は取り止めとなった。なお、このとき、益富組から船奉行や勘定定頭など藩役人五人に、御礼として計一六両が手渡されている［二番永代記］。

翌文政元（一八一八）年にも、肥後の井福源助なる者が大島組を藩に願い出た。このときは前年のように前もって藩からたずねられることもなく、内々に源助に許可が下りたようなので、益富組としては前年同様に支障をきたすと申し上げ、そのうえ、いままで土肥組が浦請してきた壱岐のもう一つの鯨組が御手組となり、その面倒まで仰せつかっているので、万一この御崎組が不漁にでもなったら大変なので、前年通り大島組は取り止めるよう藩に申し出た。それに対する藩の返事は、今年は取り止めにするが、来年もし願い出があれば、勝手に申し付けるというものだった［同前］。

藩の態度が一年で変わったのは、土肥組が廃業し、それに代わる鯨組の出現を強く願っていたからだと思われる。

文政五（一八二二）年になると、先に壱岐の例で見たのと同様に、大島の漁船が鯨網代に入り、捕鯨の邪魔になりはじめた。先の願い出にあった通り、大島ではこの頃から鮪漁が不漁になり、それを補うためにも長縄船や鯖釣り船、夜のイカ釣り船が、「我が海の儀」を理由に数多く操業するようになった。これに対して益富組では、御崎浦は「恐れながら御上の御手当ての鯨組場所」なることを理由にあげ、網代の西側海域では操業しないこと、夜の操業も停止すること、そうしない場合は「平戸御役方」に訴え出ると、大島の村役衆に書状を送った。それは一旦は聞き入れられている［二番永代記］。

しかし、文政八（一八二五）年になると、益富組は大島への流し番船の件で、藩から大島の浦請銀を支払うように言い渡され、五年間の請浦を願い出て、一年に銀一〇貫目ずつ支払うことになった。その役得なのか交換条件なのかはわからないが、その五年のあいだにだれか大島組を願い出る者がいても許可しないこと、五年がすぎて同様の者が出てきても益富組にまず相談すること、などを決めた文書を藩とのあいだで取り交わしている［所々組方永代記］。

さらに、翌文政九年六月には、益富組と大島・度島の村役衆とのあいだで、浦落銀は文政七年までと同じく丁銭二貫目と鯨油大樽（四斗入り）一丁とし、浦請の五年がすぎてだれか大島組を仕出したいという者がいたら、願書は出さず、益富組にまず相談するという取り決めがなされた［同前］。

藩との取り決めにしても、村役衆との取り決めにしても、益富組にとっては、鯨の回游ルートの上手にあたる大島に鯨組がすえられることをどんなに警戒していたか、うかがい知ることができる。

以上の例だけで結論めいたことをいうのは差し控えたいが、当時、鯨組に代わりうるような大規模な漁業がない以上、藩にとっても近隣の浦人にとっても、鯨組は大きな収入源であり、かつ貴重な稼ぎ場だった。ために、藩は鯨組を擁護し、鯨組に所属していない浦人は、捕鯨シーズン中は網代から立ち退かなければならなかった。

しかし、一九世紀になると、どこの鯨組も不漁に悩まされるようになり、代わってほかの漁業がめざましい発展をみせ、鯨組とのあいだで網代をめぐってトラブルが増えてくる。藩は藩で慢性的な財政赤字に苦しみだし、運上銀の多寡や心付けの有無でものごとを判断しないともかぎらなくなる。さらに鯨組が立ち行かない事態をむかえると、浦人救済もあって、ますます鯨組に肩入れする必要が生じてくる（たとえば廃業した鯨組を御手組として引き受けるなど）。それはちょうど、今日の日本政府が、不況下で中小企業がいくら倒産してもなんらめだった救済策を打たないのに、大手の銀行や生命保険会社の倒産には、財政赤字にもかかわらず、国庫から多額の援助金を出すのに似ているかもしれない。

漁業だけでなく近世の全産業中で最大級の企業だった鯨組は、浦人にとっては善きにつけ悪しきにつけ、切るに切れない「運命共同体」であり、藩と鯨組との関係は、巨額の運上銀という財政的な面と、貧しい漁村にとって唯一の福の神＝「エビス様」という産業振興・社会福祉的な面とで結ばれた、持ちつ持たれつの関係だったといっていいのではないだろうか。

そしておそらく、そのことをもっともよく表わしているのが、つぎにみる藩営の鯨組＝「御手組」の例ではないかと思われる。

藩営の鯨組

藩が出資して経営する鯨組は、組を作るいきさつで二つに分けることができる。一つは貧しい浦に産業の育成をはかり、藩の財政にもプラスになることをみこんで、近世初・中期に作られた鯨組。もう一つは、不漁で窮地に陥った鯨組を救済するために資金を貸し出し、その代わりに経営権を譲り受けてはじめられた鯨組。後者の例は近世後期にどの地方でも多くなる。

ここでは、前者・後者の例を一身で体現した熊野の古座《こざ》浦の例を見ることにする。

古座浦は、夏の鰹漁、秋のサンマ漁のほかには何もなく、晩秋から初夏まで稼ぎ場のない浦だった。それが、万治年間（一六五八～六一）頃から突き捕り式の捕鯨がはじめられ、寛文四（一六六四）年には、和歌山藩から資金援助をうけて半官半民の「古座鯨方役所」が設けられ、本格的に捕鯨業に乗り出していった。

古座をはじめ近隣の一〇カ浦から羽指や水主を常時三〇〇人ほど雇い、藩から毎年三〇〇石の米を貸し与えられて、冬は古座に基地を設け、春は潮岬《しおのみさき》の西の二色に基地を置いて、潮岬沖合い一帯で捕鯨を行なった［笠原、二一二～四頁］。

だが、すぐ北の太地浦の鯨組がそうであったように、ここでも寛政頃（一七八九～一八〇一）から深刻な不漁に見舞われるようになり、ついに文政五（一八二二）年、古座鯨方役所は中止に追い込まれた。

鯨組がなくなると、ここでは冬の渡世がたちいかなくなり、浦は亡所になりかねない。そのため、翌文政六年には、藩と浦方が資金を半分ずつ出しあう形で鯨組は再開されている［同前、二一五頁］。

再開後の古座鯨方の収支をみると、文政七年から慶応三（一八六七）年の二度目の休業に至るまでの四四年間に、赤字黒字の年がちょうど半々で、藩としては運上銀は入るものの、それをはるかに上回る出資を毎年続けなければならない状態だった〔同前、二一六〜七頁〕。

慶応三年になると、新たな事態が生じている。古座をはじめ近隣一〇カ浦の庄屋が、水主の賃金増額を要求し、水主が不足するにいたった。古座鯨方役所では、一〇カ浦以外の浦々に水主をさしだすよう協力を求めた。このようなとき、その水主の賃金の前渡し分を、その当の浦で立て替えておくのが慣例だったらしい。古座鯨方役所から水主の要請をうけた江田地区の大庄屋は、以下のような内容の書状を代官所に届け、水主は送れないと断わった。

「われわれは古座近隣一〇カ浦とは異なり、鯨方から依頼があったときだけ雇われる水主なので、水主に出るよう厳しく言い付けることはできない」。それに、幕末の動乱で「諸物価が値上がりして賃金も高くなっているので、水主の賃金も上げて、捕獲したら褒美《ほうび》でも出さないことには、家族を養育することもできない」。われわれにとって「鯨方で働くことは、いささかもそのお蔭をこうむっているわけではなく、そもそも古座浦を救うためになされていることで、われわれ浦々に水主の前渡し銀を負担させることなど、なんとも嘆かわしい次第です」と〔同前、二二三〜四頁〕。

浦を救済する目的で行なわれた藩営の鯨組が、鯨組に常時雇われていない浦々にとっては、お蔭をこうむるどころか、迷惑なものでしかなかったというのだ。鯨組を中心に形成される村落共同体的な結びつきは、あくまでも鯨組に関係する浦々や浦人にとってのものであり、鯨組に関与していない浦人や浦々から見たとき、鯨組はそれとは異なったものとして存在し、見られていたということを、この江田地区の大庄屋の書状は伝えている。「鯨一頭、七浦潤す」とまで言われた捕鯨が、いつしか「鯨一頭、七浦滅ぼす」と陰口をたたかれるようになった背景の一端がここにある。

鯨組を内側からのみ見るのではなく、外側からも見つめる必要がありそうだ。つぎに紹介する捕鯨をめぐるトラブルのなかには、そうした視角がぜひとも必要なことをわれわれに教えてくれる事例もある。

四　捕鯨をめぐる対立

どこが海境か

捕鯨をめぐる対立・トラブルには、鯨組同士のものと、鯨組とほかの漁業（漁民）とのものがある。鯨組同士の対立でもっとも多いのは、隣接する鯨組が、どこまでが自分たちの漁場かで争うものだった。ここでは、その代表例として、五島の有川湾の西に面した魚目と、南に面した有川の争いを取りあげてみる［有川鯨組式法定］。

有川湾では、寛永三（一六二六）年から突き捕り式の捕鯨がはじめられ、両浦とも捕鯨を「永代の家職」とするほどになった。だが、寛文元（一六六一）年に五島福江藩より富江藩が分知した際、魚目が富江領に、有川が福江領となったために、古来からの海の定が守られなくなってしまった。魚目村は船手役を務めるれっきとした「浜百姓」の村、それに対して有川村は田畑をもつ「地方《じかた》百姓」の村であることを理由に、魚目の漁民が有川の磯に入り込んで漁や捕鯨をするので、有川ではとうとう捕鯨ができなくなってしまった。

しかも、魚目では、延宝六（一六七八）年から大村領の深沢義太夫に請浦《うけうら》をさせて捕鯨をはじめた。翌年、有川でも捕鯨の準備をはじめたが、魚目から反対されてしまった。どうやら網捕り式捕鯨が開始され、鯨を網代に追い込むために、湾全体を一人占めにしたかったのだろう。

貞享四（一六八七）年、有川村は幕府に裁定を仰いだ。幕府の裁定は元禄二（一六八九）年に下され、古来の定どおり「陸は赤之瀬、沖はまゝこ瀬を限り」とし、「磯漁は地付次第、沖は入会《いりあい》」と定めた。

これに対して魚目村は、沖というのは有川湾の沖にある安中島から外の海のことだとして、有川村に対して妨害を働いたので、またしても幕府の裁定を仰ぐことになり、翌元禄三年、再度裁定が下った。今回の裁定も前年と同じで、まゝこ瀬より沖の湾内も入会で漁業をすべし、というものだった。

こうして、三〇年も続いた海境争いに一応の決着がついたものの、陸地に捕鯨基地を置き、回遊してくる鯨を網代に追い込んで捕る網捕り式捕鯨であるかぎり、隣接している鯨組のあいだで海境を越えて互いの網代に入り込むのは必至だったというべきだろう。

実際、二度目の裁定が下った元禄三年の一一月二八日、深沢組は有川村の磯に入り込んでザトウ鯨三頭を捕ってしまった。深沢組ではことを内々に収めようとしたが、ことが幕府に達するのを恐れた大村藩は、深沢組を早々に引き揚げさせたし、その後も、明和八（一七七一）年から文化一四（一八一七）年まで、またしても海境争いが起こっている。

つぎの例は、隣接する鯨組が鯨の回游ルートの上手と下手にあって、立地に有利・不利がある場合

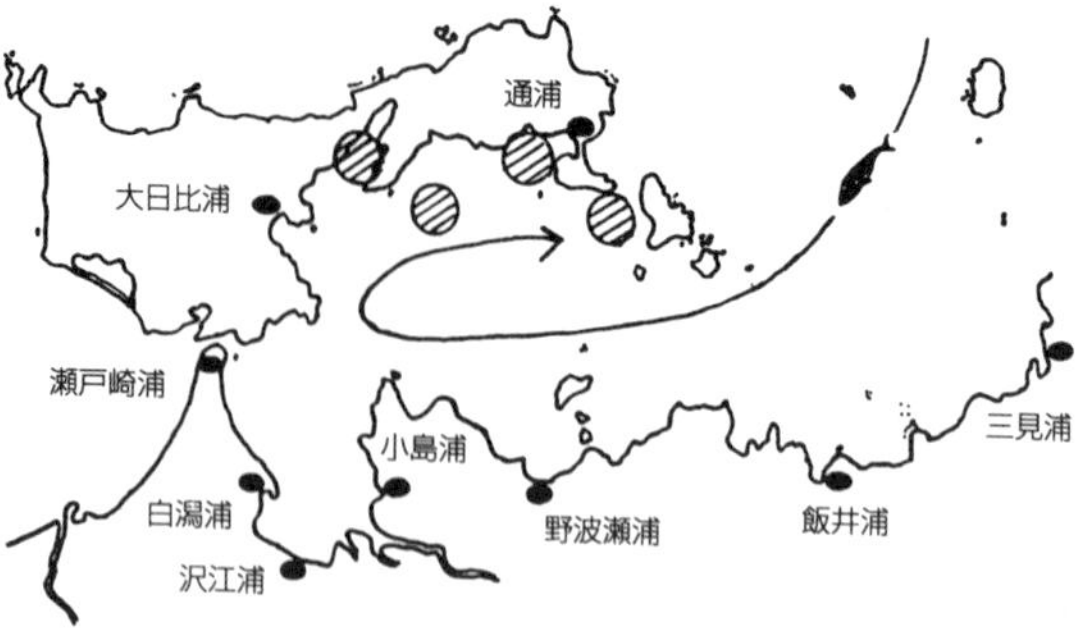

図40　長州仙崎湾の浦々と鯨の進入路と主な網代

である。

回游ルートの上手と下手

図40の地図を見ていただきたい。

長州の仙崎湾には、湾口に通浦《かよい》、湾奥に瀬戸崎《せどさき》（仙崎）浦が位置し、寛文一二（一六七二）年から突き捕り式の捕鯨がはじめられた。

当初は、紫津《しず》ケ浦《うら》など湾内の入江に迷い込んだ鯨を藁縄製の網で行く手をふさいで、銛を打ち、剣でとどめを刺して捕る小規模なものだった。ところが、延宝三（一六七五）年から苧網を使った網捕り式捕鯨がはじまると、互いに海境を越えて鯨を追い回し、海上で暴力沙汰を引き起こすまでになった［戸島、四〜五頁］。

ここの海境争いの複雑さは、一方が鯨の回游ルートの上手にあり、一方が下手にあるために、海境を決めただけでは有利・不利が解消されない。したがって、湾奥にむかって入ってくる鯨（入鯨）は瀬戸崎浦が、Uターンして湾から出ていく鯨（出鯨）は通浦が捕獲の優先権をもつことにしていた。

さらにそのうえで、延宝五年には、互いの海域から銛を受けて逃げてきた鯨については、海境を越えて双方どちらが捕獲してもよいことに決めた［羽原I、四六七頁］。つまり、単独で捕獲しそこなった鯨は、双方の協力で捕獲する「寄相取《よりあいどり》」（催合《もやい》）とし、捕った場所によってどちらの浦に運んで解体するかなど、細かな規定が定められていった。

ならばいっそのこと、両浦が合同して一つの鯨組を作れば問題は解決し、捕獲率もあがるだろうにと思うのだが、当時は浦単位で領海域や漁業権をもっていたし、両浦の鯨組は浦単位の村落共同体的なものだっただけに、合同など思いも寄らなかったにちがいない。したがって、従来の漁業では想定もしていなかったほどの広い漁場を必要とする捕鯨の海境争いには、捕鯨だけに適応される複雑な規定をもうけて対処するほかなかった。

さて、ここ仙崎湾では、瀬戸崎浦と通浦の網捕り式捕鯨の成功に刺激され、そのうえ冬季にさしたる漁業がないこともあって、ほかの浦々でも鯨組を作る動きが現われた。

そうした動きに対して、藩も両浦も、これ以上湾内に鯨組ができるのを望まなかったので、白潟浦と大日比《おおひび》浦には、瀬戸崎浦から取り分の六分の一を分け与えることにして網代からの漁船立ち退きの補償とし、すでに鯨組をもっていた野波瀬《のばせ》浦には、両浦から毎年銀三〇〇匁ずつ支払うことで鯨組の廃止が決められた［戸島、五〜九頁］。

ところで、こうした漁業補償金制度（網代使用料の支払い）が生まれてくる背景には、すでに行なっている漁業に対する浦人たちの強い権利意識が働いていることはいうまでもないが、時代が下ると、補償金ではなく、捕鯨そのものをやらせてくれるよう願い出る浦が現われた。土佐の津呂・浮津組に毎年交替で捕鯨基地と網代を提供してきた、足摺《あしずり》半島に位置する窪津《くぼつ》浦がそれである。

捕鯨権はだれにある?

安政三(一八五六)年九月、窪津浦は郡奉行所に一通の願書を提出した。内容はこうである。

窪津浦は捕鯨漁場の所在地ですが、当初より捕鯨業には関係せず、鯨の売買にも加わらず、鯨組に提供している土地や網代の使用料ももらっていません。近隣の布浦や下《しも》ノ加江《かえ》浦は、文政六(一八二三)年から、漁船の網代立ち退き料である除銀を鯨組からもらっています。伊布利《いぶり》浦も、一昨年から除銀を願い出て支払ってもらうようになりました。それら浦々との釣合いを考慮して当浦の願い出を詮議なさる場合、嘉永六(一八五三)年から浮津組が御手組となっていてちょうどよい機会と考えますので、どうか窪津浦に鯨組を許可していただけるよう詮議してください。万一、鯨組が不許可であれば、土地使用料として鯨売上げ高の一〇分の一を浦に支払うように言い渡してください。そうなれば、土地と網代を提供している当浦とほかの浦との釣合いもとれます。またもし鯨組を許可していただければ、きっと御奉行所のお考えどおりに成功し、当浦も繁栄することでしょう〔土佐室戸浮津組捕鯨史料、二一〇～一頁〕。

これに対して、津呂組は、窪津浦の捕鯨漁場は当初より藩の許可をえたものであること、窪津浦に鯨組を許可したらどの鯨組も立ちいかなくなるし、津呂・浮津組のいずれかを中止すれば、その浦はたちまち衰微すること、窪津浦には除銀を払ってなくてもそれ以上に納屋場の仕事などを提供しているし、「手羽切」という「かんだら」行為(鯨解体時の盗み取り)もおおめにみていること、などを理由に反対した〔同前、二一二〜三頁〕。

結局、窪津浦の願い出は聞き入れられなかった。だが、この願い出のなかには、古くから捕鯨業を営んでいる者たちだけに捕鯨をする権利があるのか、捕鯨場所を貸している者にも同等に捕鯨をする権利があってもいいのではないか、という新たな問いかけが含まれているように思われる。

だれに捕鯨をする権利があるのか？　だれの捕鯨網代なのか？

一八七五（明治八）年の太政官布達によって、従来の漁場占有利用権が消滅し、政府（翌年から各県）に海面借区を出願して漁業権台帳に登録する制度がとられた。その際に、新たに捕鯨を出願する漁民たちと既存の鯨組との対立として、この問題は再度浮上することになった。

ほかの漁業との対立

農地には境界線を引き、その所有をはっきりさせることは可能だが、磯はまだしも、沖合いの海を区分けして所有することはできない。したがって、海の定は古くから「磯漁は地付、沖は入会、先例あればそれに従う」とされてきた。

しかも魚は、同じ海域に浮き魚、底魚、さらには季節ごとに回游してくる魚など、習性の異なるものが海面から海底まで折り重なるように棲んでいる。そのため、一つの網代を異なった漁撈手段で立体的に同時利用することもできるし、魚の移動に伴って漁場を移していく場合もある。

漁業の特長はここにあり、たとえその網代が浦付のものであっても、その浦に網代を有効利用できる漁撈手段がない場合には、漁撈手段をもった他浦の者が、網代を使うようになるのは自然である。

先例はそうしてできあがったのだろうし、藩もまた、財政上や浦の振興の両面から集約的な漁場利用を奨励した。

土佐藩が元禄三（一六九〇）年に定めた「大定目浦中定同支配方」には、すでにそうした規定がみえる。

一、浦々の網代は先規より入会。すでに定のある所はその定に任すべし。たとえ浦付の網代であっても漁具をもっていないなら、他浦の者が入って漁をしても差止めることはできない。もし網代使用料を取っているなら先例に従うこと。

一、新浦に取り立てる場合は、五年間を無税とし、それ以降は様子をみて取り高の一〇分の一を口銀とする。

一、新網や漁船を自力で仕立てたときは、その分だけ一〇分の一の口銀を一年間免除する［伊豆川、一五五～六頁］。

近世初期にはじまった捕鯨業は、藩の後ろ楯もあって、自浦・他浦の網代を独占的に使用し、ほかの漁業がまだそれほど発展していなかったことにも助けられて、それが長いあいだの慣例となっていた。しかし、ほかの漁業が進展するにつれて、網代を独占してきた鯨組とほかの漁業とのあいだで、漁場をめぐってトラブルが生じてくるのは自然のなりゆきだった。

われわれは前節で平戸藩内の例を見てきたが、そこでは鯨組が「浦落銀」を支払ったり、藩の力を借りたりして、ほかの漁業を鯨網代から排除する形をとっていた。ここで取り上げる土佐の大魚網（鰤刺網）と鯨組とのトラブルでは、反対に鯨組が網代を明け渡す形で決着がつけられている。

鰤《ぶり》は回游魚の一種で、海底深くを岩礁伝いに沿岸から数十尋のところを移動するので、これを捕獲する大魚網は海底まで達する底刺網である。しかも、その回游ルートが鯨とほぼ一致するうえに、網代も回游ルート上を移動していき、捕鯨海域の外でも内でも網を張るので、おおいに通鯨の妨げや捕鯨そのものの邪魔になった。場所は、室戸岬の東海岸沿いと足摺半島の東側沿岸、どちらも地元の網代を鯨組が独占的に使用してきた所だった〔同前、二八〇～一頁〕。

享和元（一八〇一）年、この問題に対して、鯨組では、網を張る場所と網数、昼の漁の禁止、それに捕鯨の漁期を定めたうえで、大魚網に対して網代の使用——いや、地元への網代の一部返還というべきか——を認めた。

天保一二（一八四一）年にもトラブルが再発したらしく、新たな取り決めを行なっている。それによると、室戸岬の東海岸沿いでは、使用を認める網代も網の数も大幅に増えており、捕鯨終了の時期まで早まっている。鯨組の大幅な譲歩だった〔同前、二八一～四頁〕。

さまざまな漁業が進展していくにつれて、みずからの漁業に対する浦人の権利意識は高まり、地元の網代は地元の浦で独占的に利用しようとする動きが強まるのは、ある意味で当然かもしれない。鯨組では、浦人のこうした主張を受け入れていくほかなかった。

伊豆川浅吉は、鯨組が地元に対して譲歩せざるをえなくなった理由の一つとして、鯨組が当初もっていた藩の水軍的・公的な役割が薄れていき、単なる営利企業体に変化していったことをあげている

［同前、二八七〜八頁］。私はそれに加えて、しだいに鯨組が内外に対する求心力を失っていったこともあげておきたい。

それは、ほかの漁業が進展していくにつれて、当初鯨組がもっていた「近隣七浦までを潤す」ほどの経済的な魅力が相対的に低下していったこと、羽指や水主をはじめとして鯨組に雇用される人員が世襲化・固定化していくことで、組織構成の面で弾力性を失っていったことなどが、鯨組から求心力をしだいに失わせていった理由ではないかと考える。

つぎは、その点について、鯨組で働く人々の、時代につれた変化を見ることで考えてみたい。

五 ハイリスク・ハイリターンの蔭で

延宝五（一六七七）年、他に先駆けてはじめられた太地浦の網捕り式捕鯨は、一八世紀初頭には、先に見たような社会保障制度を鯨組のなかに作りだすほどの繁栄をみせた（二三一頁参照）。ところが、しだいに鯨が捕れなくなり、天明期（一七八一〜八九）になると、浦人のあいだで「今までは芋《いも》のへつらとけなした旦那いもいもしとはいはで南無阿弥」という、鯨組主に対する風刺歌がうたわれるようになり、つづく寛政年間（一七八九〜一八〇一）には、和歌山藩から二〇〇〇両の資金援助を仰いで、とうとう自主営業をやめ、一時期、御手組となってしまった［熊野太地浦捕鯨史、二九二頁］。

土佐でも同時期、津呂組は高知の商人の手に渡り、浮津組は御手組となり、同じように不振に喘《あえ》いでいた［伊豆川、一〇三〜四頁］。

なぜ、一八世紀の半ば以降、両地方の捕鯨業は振るわなくなっていったのだろうか。気候や潮流の変化で通鯨数が減ったのだろうか。それとも、捕鯨によって鯨の生息数そのものが減ってきたのだろうか。たしかに、九州の鯨組でも一八一〇年代になると魚柄が悪くなったり、不漁が続いたりするようになるが、捕鯨業そのものが衰退するほどではなかった。だとすると、原因は何だろうか。

江戸時代の捕鯨業の衰退の一因として、アメリカをはじめとする外国捕鯨船の日本近海での操業をあげることが多い。しかし、イギリスの捕鯨船が南米のホーン岬をまわって太平洋にはじめて進出したのは一七八八年であり、アメリカの捕鯨船が同じく太平洋に進出したのは一七九一年である。そして、彼らが広く太平洋中央海域や日本近海で操業をはじめるのは、一八二〇年前後からである（II巻六章参照）。

たしかに外国捕鯨船の出漁は、沿岸捕鯨である鯨組に大打撃を与えたのは事実だが、太地や土佐の鯨組の衰退はそれ以前にはじまっており、そこには独自の原因もまたあったと考えられる。それはいったい何だったのだろうか。

捕鯨先進地の交替

私はすでに、太地や土佐の鯨組が九州の鯨組に遅れをとった理由の一つとして、捕獲した鯨の販売方法の違いをあげておいた（二三二〜七頁参照）。それは、両地方の鯨組の経営、特に資金面で大きな差をもたらすことになったと思われる。ここでは、その違いを、捕獲技術の面でも見ておくことにする。

寛政一一（一七九九）年二月一〇日から三月七日にかけて、土佐藩士大津義三郎は九州各地の鯨組を視察し、その結果を「九州鯨組左之次第」と題して書き残した〔土佐室戸浮津組捕鯨史料、七〜一三頁〕。大津義三郎の名は同年の浮津組捕鯨史料中にも見え、それから推測すると、彼はどうやら勘定奉行所か何かの役人であったようだ。

それから一〇年後の文化六（一八〇九）年の春、今度は津呂組の奥宮仁右衛門が、室戸港に漂着した中国船を長崎へ曳航したその帰路に、肥前呼子《よぶこ》の中尾組を訪れ、帰国後、「九州鯨場仕備聞合書」を藩に提出した〔桑田、一四三〜八頁〕。

ふたりとも視察の目的は、当時不振に陥っていた土佐の鯨組をなんとか立ち直らせるために、九州の鯨組から技術面や経営面でヒントをうることにあったようだ。そのことは、見聞したことを土佐の事例と逐一くらべていることからもうかがえる。

ふたりが行なっている土佐と九州の比較は、鯨船をはじめとする捕獲道具類、鯨を網に追い込むやり方、鯨寄せ場での鯨の解体の仕方、鯨の筋の仕上げ方、さらには土佐にはなかった小納屋経営にまでおよんでいる。このうち、鯨寄せ場での解体作業については四章ですでに触れておいたので（一七二〜四頁参照）、ここではもっとも違いが大きく、後になって土佐でも改良された鯨網についてだけふれておこう。

まず、土佐の鯨網の一結《むすび》は、九州にくらべて総延長が半分くらいしかなかったようだ。網の浮き（「うけ」と呼ばれる）にも違いがあった。九州では網一反につき、長さ一尺ほどの桐網葉《あば》が四〇枚取りつけられていたが（図41）、土佐では醤油樽が三つと、長さ三尺ほどの杉網葉が三枚つけられていた。しかも、鯨が網をかぶると、醤油樽は簡単にはずれてしまうが、九州の桐網葉だと鯨が網をかぶって潜ったとき、抵抗の役目もはたした。ちなみに、太地にも土佐にも、はずれた樽を回収してまわる専用の樽船があった。

また、九州の網船（双海船《そうかい》）は一〇〇石積、土佐の網船は六〇石積と小さく、醤油樽をつけた網を張る作業は、九州にくらべてかなり手間取ったはずである。そのうえ、九州の双海船は双海付船に曳かれていくが、当時、土佐には網船を曳く船はなかった。網を張るスピードと機動性に大きな差があったと思われる。

さらに、九州の網の裾には一反につき「かがす」と呼ばれる麻縄が七五房つけられていて、錘の役目をしていたが、土佐の網の裾は市皮《いちび》という軽い麻で一〇目ばかり編まれているうえに、かがすも一反につき二五房しかなかったので、沈みにくかったという。

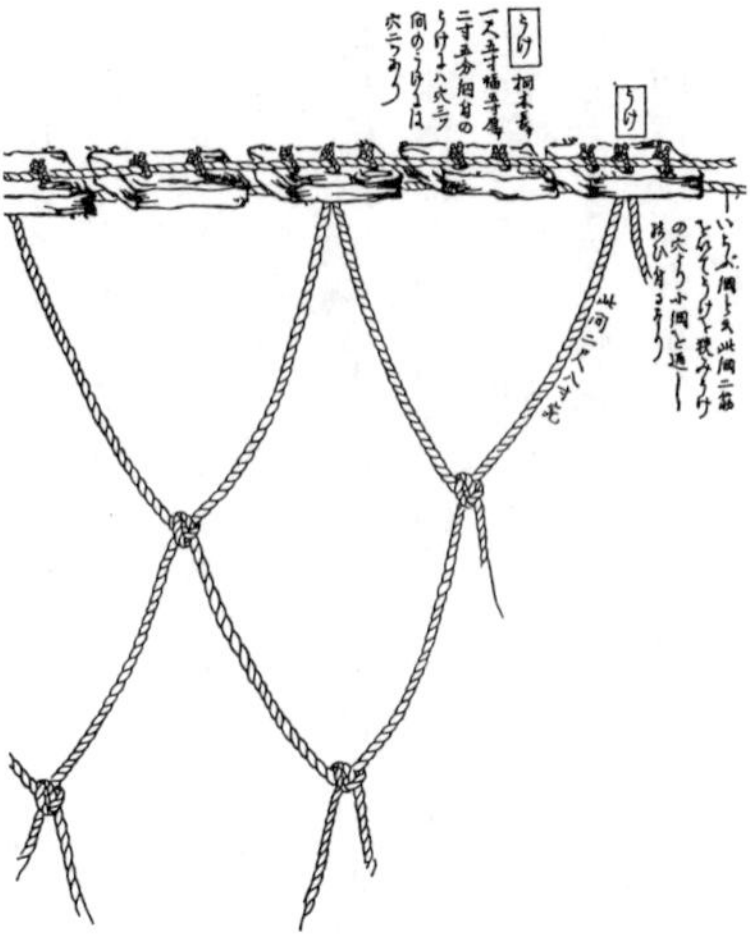

図41　鯨網につけられる桐網葉

これらの差は、九州の鯨組が網大工と網船（双海船）の水主を、網作りで有名な備後の田島から雇っていたことから生まれたものと考えられる。専門分野については、そのスペシャリストたちに技を競わせるにかぎるということだろうか。

九州の捕鯨を何度もその目で実際に見た大津義

三郎によると、九州の鯨組では、山見《やまみ》番のほかに海上で鯨を見張る「流し番船」が沖に出ていて、鯨が沖にたくさんいて網代までいちいち追い込めないときは、双海船は鯨の背後に網を張り、勢子船は鯨の正面から狩り棒をたたいて鯨を脅し、鯨が驚いて反転して逃げようとするところにちょうど網が張ってあるので、鯨は潜る前に網をかぶることになるのだろうと推測している。つまり、九州では、臨機応変にその場に見合った最良の方法がとられていた、ということだろう。

総体に九州で捕れる鯨は、種類にかかわらず、土佐や太地のものより倍も大きかった。土佐でも沖を回游していく鯨は大きいといわれているので、その差は自然条件よりも、上記のような捕獲技術の差とも考えられる。

捕獲技術の差をもっと端的に示しているのが、鯨に打ち込まれる銛の数である。寛政一一（一七九九）年一二月、太地を訪れた坂本天山は『南紀遊嚢』にこう記している。

遠見番所ニテ見物スルニ、鯨折々通レドモ、沖ニ、三里向フハ迚《とて》モ手ニ入ラズトテ取合ハズ、磯近ク通ル魚ヲ銛ノ船四、五艘ニテ付ケ廻シ、（中略）網ニカヽリタル所ヲ銛ヲ追々ニ突キ、凡《およ》ソ百本ヨリ二百本モ突テ（後略）。

これによると、太地でも土佐同様、沖に番船を出しておいて、沖合いから鯨を網代に追い込むことはなかったようだ。それにしても、なんと多くの銛を打ち込むことか。

少しオーバーではないかと思っていたら、弘化三（一八四六）年正月、古座《こざ》鯨方が取り逃がしたセミ鯨には、角銛三〇〇本余、大銛類五〇本、突剣二〇〇本が打ち込まれたらしい［笠原、二二四頁］。

太地や古座では銛の種類がもともと多く、小さい銛から順に投げていくので、数はほかよりも多くなるのは致し方ないが、本来なら手に持ってとどめを差すための剣まで鯨に投げてしまっているのを知ると、驚き以上に、鯨に挑みかかる気迫や闘争心、それに肝心の技術までが失われているような印象さえうける。

ちなみに、寛政一一年から天保七（一八三六）年までに、益富組が鯨を持双《もっそう》にかけようとして取り逃がした鯨一二例をみると、もっともたくさん銛を打ち込んだときで万銛《よろずもり》一四本に早銛二本であり、平均すると、万銛六本余に早銛二本余である［二番永代記］。捕獲技術に雲泥の差が生じていたといわざるをえない。

では、なぜこんなにも差ができてしまったのだろうか。

羽指世襲制の明暗

すでにふれたことだが、太地鯨組においては、羽指役を専業とし、その職を世襲とすることで、高度な専門技能を確実に教え伝えていく方法をとった。土佐でも同様の方法がとられた。これにより、羽指の子は一五、六歳になると「刺水主《さしかこ》」の名が与えられ、羽指見習いとして鯨船に乗り込んだ。男児に恵まれない家では、ほかの羽指の子を養子にもらった。

羽指は鯨組のなかでは、組主やその一族についで高い地位を与えられ、羽指同士のなかにもすべて序列がつけられ、その羽指といっしょに乗り込む水主たちにも序列がすべてつけられて、鯨組は組主を頂点としたピラミッド型の階層秩序を形成していた。

当初、この方法はすこぶる効果を発揮したにちがいない。特にその鯨組が浦人にとって「われらの鯨組」であり、恵みをたくさんもたらしてくれていたあいだは、鯨組の組織構成がそのまま村落共同体の組織や秩序を作りだし、逆に今度は、そうした村落共同体が鯨組を背後から強固に支えていただろうと思われる。そうしたなかから、すでに四章で見てきたような鯨組独特の文化が生まれていった。

しかし、時がたつにつれ、世襲という身分制度は、逆の作用をおよぼすようになる。伝統墨守が革新の芽を摘み、一種儀式的に見えるほどに洗練されていったその技術体系が、形のうえだけで受け継がれるようになり、形式主義や保守主義が蔓延して、一つの小さな閉鎖社会を作りだしてしまう。

しかも、貨幣経済が浸透して、鯨組が「われらの鯨組」から否が応にも営利を追及せざるをえない企業体へと変わっていくにしたがって、いくら努力しても家柄によって低い地位に甘んじなければならない水主のなかから、ほかにもっと稼ぎのよい仕事があると、そちらに移っていく者たちが増えはじめる。こうして鯨組は、まず、その内部から徐々に求心力を失っていくことになった。

享保四（一七一九）年、土佐の津呂組では、水主がほかの渡世に転じたために、水主不足となった。文化・文政期（一八〇四〜三〇）になると、水主の多くが商人に鞍替えし、彼らの息子たちも町の商家の丁稚《でっち》として奉公に出る者が急増した。また、羽指のなかでも高位の「沖合」を務める者の息子全員が商人になった例まである。世襲の特典さえみずから手放している［伊豆川、二二〇〜二二頁］。

文化六（一八〇九）年、先に紹介した津呂組の奥宮仁右衛門は、九州の鯨組の視察報告のなかで、土佐の勢子船ももともと一三人乗りだったが、近年は一〇人しか乗り込んでいない、と記している

［桑田、一四四頁］。

浮津組でも、水主不足を補うために他浦から水主を雇ったが、彼らは気がすすまないとすぐに辞めていくので、文政一一（一八二八）年には、年若い炊《かし》職《き》や雑用係の「取付《とりつき》」、さらに納屋の者を水主に取り立てて、急場をしのいでいる［伊豆川、二三二頁］。

こんな状態で満足な捕鯨ができるだろうか。それどころか、後年（明治一〇年代）になって、太地浦と土佐浮津組で、あいついで大遭難事故を起こすことになるのだが、その事故が大惨事になった人的要因の一つが、すでにこの時期、こうした形ではじまっていたと言ってよい（II巻七章参照）。

では、前貸し制度で水主の雇用を確保していたはずの太地鯨組はどうだったのだろう。ここでも、どうやら地元の浦々だけでは水主が足らなかったようだ。元禄一七（一七〇四）年六月の日付をもつ「賃金救済法鯨漁事節遺物」には、他浦から雇う「旅水主」という呼び名がすでにある［熊野太地浦捕鯨史、四一〇頁］。

さらに、一七五〇年代以降、奥熊野の須賀利浦や長島浦では、浦方の窮状を救うために太地鯨組から借金をし、その返済に毎年水主を送る契約を取り交わしている［笠原、一五〇～一頁］。これらの事例は、実際には奥熊野の浦々が太地鯨組に援助を求めたものだが、太地鯨組もその見返りとして、水主を一〇人から四八人も送ってもらっているところをみると、水主不足の悩みを抱えていたとみていいだろう。

こうした水主不足を解消し、逆に水主の志気を高め、水主を鯨組に惹き付けておくために、土佐では「望み状」制度が作られた。それは、水主に望み状を書かせ、書いた者には特別に厳しい試練を与えて技量を試し、それに合格した者から順次上に抜擢《ばってき》するという制度だった〔伊豆川、二一八～九頁〕。

この制度がどれほどの効果を生んだかはわからない。しかし、より多く鯨を捕るためには、羽指の選抜には世襲よりも個人の能力によって選ぶほうが理にかなっているだろうし、望み状制度をもうけたのも、世襲制に代わってある程度の自由競争をよしとする社会的背景が生まれてきていたためだと思われる。

しかし、不漁→水主不足→さらなる不漁→さらなる水主不足→そして資金不足という泥沼から抜け出す妙案は、ついに見つからなかった。

これに対して、九州の鯨組は、当初から羽指や水主の多くを他国から雇い入れていたので、鯨組と鯨組が組をすえた村落とのあいだには、一定の距離が置かれていた。しかも、水主を羽指に取り立てるときは、水主の人柄と能力だけで判断した。

生島組の組主生島仁左衛門は「鯨組定法書」にこう記している。

羽指に繰り上げるときは、年寄り、若者にかぎらず、これまでもよく精出して励んでくれ、今後もよき働きをしてくれる者から繰り上げることにする。目代、納屋人も同じである。贔屓《ひいき》などがあっては組が永続していかなくなるので、支配人はもちろん、頭に立つ者は心得違いがないよう心配りをすべきである。

世襲制でも年功序列でもない、完全な能力主義の世界がここにはある。さらに、こうも記している。

鯨組はいずれの組も栄え奢《おご》るものと思い、了簡違いをしている者がたいへん多いが、決してそんなことはない。お互いに事をよくわきまえて、慎みを第一にして永続することが肝要である。

ここには、大企業といえどもいつ倒産するかわからないとする、市場経済に生きる者の正当な現状認識がある。しかも、捕鯨は、気候や潮流など自然条件に大きく左右されもする。しかし、世襲制はもともと、現状が永続するものとしたうえでの制度であり、村落共同体という繭のなかで維持される。したがって、世襲制にこうした認識を望むのは酷かもしれないが、両地方において生じた捕獲技術の差、ひいては鯨組の経営維持、規模の差は、こうした認識の差からも生まれていたとも考えられる。

さて、私はここまで鯨組について長々と述べてきたが、そこで実際に働いていた羽指や水主たちが、捕鯨シーズン中にいったいどんな日々を送っていたかについては、何も述べてこなかった。実は、語ろうにも、彼らの暮らしぶりを直接伝えてくれる史料が何一つ残されていない。

そこで、私は、鯨組が羽指や水主に言い渡した組の定書きや、捕鯨シーズン中に起きた小さな事件・事故の記録などに、私の若干の想像をまじえながら、そのほんの一端でも書いておきたくなった。そのために、私はここであえて架空の水主を一人登場させて、彼が私に語って聞かせる記述スタイルをとることにした。

なお、地元に組をすえていた太地や長州の鯨組の羽指や水主の大半は、おそらく自宅から毎朝浜へ出かけただろうと思われるので、ここでは他浦に組をすえ、納屋か民家を借りて集団生活をしていた九州の羽指・水主たちを例に取り上げることにする（参照文献については、ここではじめて取りあげた文献のみ記すことにした）。

半年近くの納屋暮らし

おれたち沖場の者は、よっぽどの悪天候でもなけりゃ、毎朝七ツ時（午前四時頃）には浜におり、点呼をうける。それから、それぞれ所定の船を担ぎ上げて渚まで運び、沖へと順に漕ぎ出していく。

立春をすぎると、東の空もいくぶんか白みかけちゃくるが、いくら暗くても松明《たいまつ》はご法度《はっと》だ。なにせ、鯨組でもっとも恐れられているのは、沖での遭難と納屋の火事だ。鯨油に火がつきゃ、ひとたまりもねえや。納屋場じゃ、くわえきせるもご法度だ。だもんで、たばこ休みがもうけてある。喫煙タイムってわけよ。

船にゃ、それぞれ必要な道具のほかに、毎日、二日分の米と、三尺の縄でたばねた薪が一束ずつ渡される。食糧は万一の備え、薪は羽指が暖をとるためのものだ。鯨を持双にかけるとき、海に飛び込んで鼻切をやったり、鯨に胴縄を回したりして、からだはそれこそ凍えるくらいに冷えっちまう。だから、薪は、鯨を捕ったつど、新たに与えられることになっている。

鯨の捕り方はもう御存じだろうから、それについちゃしゃべらない。ところで、鯨といやぁ、毎日姿拝ませてくれるってわけじゃない。群れをなして現われるときは、日に三本、四本も捕れるが、影も形も見せないことがいく日も続くことだってある。特に冬浦の時分にゃ、時化《しけ》で猟に出られない日が続くことだってある。鯨が捕れなくなると、旦那（組主）以下主だった連中が、潔斎沐浴して、二夜三日の宮籠《みやごも》りをすることだってある。

おれたちにしたところで、大セミにかかればあっというまに日がくれっちまうが、猟がなけりゃ、つい暇にまかせて悪戯の一つや二つもしたくなる。考えてもみなよ、海で生まれ育ったおれたちが、からだ一つ横にすることもできねえ船に一三人も乗り込んで、海の上でただ日長一日、鯨が来るのを待ってる姿をよ。わかるだろ。

で、親父（一～三番の羽指のこと。四番の羽指は宿老《しゅくろう》、これに網船の網戸《みと》親父をふくめた五人を沖合といい、沖場の指揮官である）たちが乗り込んでいない船では、晩の肴にと釣りをはじめる者もいれば、網についてる桐網葉をちょろまかして、何やら細工物をこしらえる者もいる。山見番所のある島や磯にもやいした船では、潜って小魚や貝を採る者、磯にあがって、そこに生えてる松の枝を切ってたき火をする者さえいる。見つかれば、親父たちからさんざん小言を言われ、悪くすりゃ賃金をカットされもするんだが、なんせ無聊《ぶりょう》にゃ勝てっこない。

それがよ、鯨さえ捕れれば、万事結構づくめになる。注進酒や祝い酒が頂戴できるし、納屋場からは夜がふけるまで景気のいい歌声や物音が聞こえてくるし、こちとらも、しぜんと皆の働きや猟の自慢話に花が咲くってものよ。

ところがどうだい、猟がしけてくりゃ、皆の面《つら》だってしけてくる。そんな面といつまでもにらめっこしてると、気にくわねえ者同士どうなるかくらいは、言わずとしれてらぁね。

サイコロや花札に興じるやつもいる。なかには納屋をそっと抜け出して、村中を夜歩きとしゃれこむ御仁もいる。村祭りで知り合った娘っ子と、よろしくって寸法よ。のちのちかかァにして、連れて帰る者もなかにはいるさ。まぁ、朝七ツ時までに帰ってきてくれりゃかまやしないけど、遅れると咎《とが》は連座にされちまうから、困ったものよ、ハハハ……。

これらも皆、ご法度にはちげえねえ。だけど、どだい無理ってものよ。なして、ただでさえ血の気の多いやつらが三〇〇と集まって、借りてきた猫じゃあるまいし、羽指たちのように毎晩顔突き合わせて、漁事の打ち合わせをしたりなんざぁ、できっこあるまいて……。それによ、潮の干満や月の出入り、すばる星の入りなど、夜ごとあしたの天気を気にかけて見てられるわけのものじゃないさ。ありゃ、親父たち年寄りのすることよ。

いつだったか、たしか冬浦から春浦に移って一〇日ばかりたった頃、水主が一人出奔《しゅっぽん》したことがあったっけな。それがよ、何思ったか、やっこさん、三日ばかりたって、隣の村まで引き返してきたところを見つかっちまったらしい［鯨場日記］。

おれはいまでも腑に落ちねえ。なんで、あいつ、出奔しておきながら、わざわざ帰ってこようなどとしたのか……。途中でふっと、親兄妹の顔でも思い出しちまったか……。

そいつを思うと、無性に胸んところがよ、しめっぽくなってきちまって、泣きたい気分になってくる。

なぜかってかい？　あはっ。

不憫《ふびん》といやぁ、備後田島や鞆《とも》の者たちが、病で相果てたときだ。やつらは遠国の者だから、骸《むくろ》は組の置かれた浦の寺に葬られる。結局、故郷《くに》へ帰っていくのは位牌だけよ、なになに信士と書かれたよ。鯨組のある浦々には、そうしたやつらの墓がたくさん残ってるよ［柴田、五〇〜一頁］。

そういやぁ、肥前大村領の者たちも、疱瘡《ほうそう》（痘瘡、天然痘のこと）で相果てたときは、骸は村へは帰れない。受け取ってもらえねえそうだ。なんでも、大村や天草じゃ、疱瘡をわずらった者は村はずれに仮小屋をしかけて、以前に疱瘡をわずらったことのある者に面倒をみてもらうっていう、古くからの習いがあるってことだ［国字断毒論］。骸からでも病がうつるってかなぁ。

そうか、それでだ、たしか数年前、組出しして早々に、納屋をすべてこの浦から、ほれ、あそこに見える島に移したことがある。なんでもそのときは、この浦で疱瘡が出たって話だった。疱瘡って病はうつり病（伝染病）だっていうじゃねえか。でもよ、疱瘡神のしわざだっていうやつもいて、水主が一人疱瘡にかかったとき、祈禱師を呼んでお祓いをしてくれろって組に談判し、二夜三日祈禱をしてもらったこともあったな。まあ、どっちにしたって疱瘡はおっかねえ。

お前さん、ご存じかい、座頭のうちの十中八、九が、疱瘡がもとだっていうじゃねえか［同前］。なに、座頭たって、こりゃ、鯨の話じゃねえよ。目が不自由になった、気の毒な御仁たちのことさ。

六　蝦夷地の捕鯨開拓

北辺の防備策

蝦夷地《えぞち》に鯨がたくさん回游してくることは古くから知られていて、松前地方では、鯨がニシンを追い込んでくるので、鯨のことを「鯡《ひ》の子《こ》おこし」とも「エビス」とも呼んで捕らなかったし、アイヌももっぱら寄り鯨を捕るだけで、鯨を積極的に捕獲するにいたっては、それこそ何十年に一度の大イベントだった（一章参照）。

寛政一一（一七九九）年一二月末、平戸藩は、幕府の蝦夷地取締用掛である松平忠明から、以下のような要請をうけた。

東蝦夷のエトロフ島は寄り鯨がとても多い所だが、突き捕る術をだれも知らない。そこで、御領内から鯨猟巧者を二名、来年エトロフ島へ派遣して、捕鯨に適した場所を見きわめ、そのうえで捕鯨の計画を立てたい。ついては、鯨猟巧者二名は、来年二月下旬に下関に入港予定の高田屋嘉兵衛の辰悦丸に乗船できる手筈《てはず》になっている。また、クナシリ、エトロフの地は高田屋嘉兵衛がよく心得ている、と［服部、七九頁］。

これをうけて平戸藩では、益富組の四代目で、寛政九年に藩士に登用された山県《やまがた》二之助に、派遣する羽指の選抜を命じ、この件に関する幕府との折衝役とした。

ところで、幕府はこの時期、なぜ、エトロフ島で捕鯨を試みようなどと考えたのだろうか。それに答えるためには、歴史を一〇年ばかり遡らなければならない。

寛政元（一七八九）年五月、クナシリ島や知床《しれとこ》半島南岸のメナシ地区で、アイヌの反乱があいついで起きた。和人の進出や松前藩のアイヌ虐待が直接の原因だったが、反乱の背後に、当時、千島をウルップ島まで南下してきたロシア人の動きがあるという噂もあった。

寛政四年九月には、ロシア女帝エカテリーナの勅命をうけたラクスマンが、伊勢の漂流民大黒屋光太夫らを護送して根室に来航し、通商を求めた。

寛政八年には、イギリスの探険船が噴火湾に入り、翌年まで地図作成のために日本近海を測量した。また、同九年一一月、ロシア人がエトロフ島に上陸した。

こうした東蝦夷地での一連の動きをうけて、幕府は、寛政一〇年に一〇〇人をこえる調査団を蝦夷地に送り込んで、蝦夷全域の実地踏査を行なった〔北島、一九四頁〕。

さらに、翌寛政一一年一月には、それまで松前藩が支配していた東蝦夷地のうち、浦河《うらかわ》から知床にいたる地域および島嶼を、今後七カ年、幕府の直轄とした。そして、同年、いまだ支配のおよんでいなかったエトロフ島開拓のために派遣された、淡路島出身の商人高田屋嘉兵衛が、クナシリからエトロフへの新航路を開いた。

幕府の平戸藩に対する要請には、以上のような歴史的背景があり、しかも、エトロフ島に鯨組をすえることができれば、開拓と同時に、鯨組を海上防備にも利用できると考えたようだ。

二人の羽指を乗せた辰悦丸は、寛政一二（一八〇〇）年三月七日、下関を出帆し、三月二八日に函館到着、一カ月後の四月二七日に函館出帆、閏四月二四日にエトロフ島に着いた。

季節が早かったのか、鯨の姿はまだ見えなかったが、五月二一日にアイヌに案内されてタンネモイに行くと、すでに鯨が多く姿を見せており、捕鯨基地に適した場所も見つけている。しかし、六月一五日までタンネモイに滞在したが、濃霧が毎日のように視界をさえぎり、その間、霧が薄かった日は六日ほどしかなく、霧が晴れるのは夏土用明けてからということだった。

鯨は、ザトウ鯨が多く、セミ鯨はいないようだった。海は深すぎて網を張るのに適した網代がなく、網捕り式捕鯨には不向きな場所だった。それに、はなはだ遠いうえに荒海なので、行き来に難渋し、すべてにおいて不便な所だった。

以上の現地報告と、山県二之助が作成した、鯨組を作るのに要する費用約二万七八〇〇両という見積りをうけた松平忠明は、エトロフ島での捕鯨が容易でないことを知り、企画を見合わせることにした〔服部、八三〜八頁〕。

ところが、二年後の享和二（一八〇二）年、幕府は今度は、安房勝山の醍醐組の五代目定昌をエトロフ島に派遣した。醍醐組はほかの鯨組とちがって突き捕り式の捕鯨だったので、網捕り式の益富組とは異なる見解を持ち帰ってくると期待したのかもしれない。ただ、残念なのは、二カ月間エトロフ島で調査をした定昌は、旅先で病にかかり、それがもとで翌年没したため、このときの調査結果をうかがい知ることはできない〔吉原、一九頁〕。

文化年度になっても、蝦夷地の緊張はなお続き、文化元（一八〇四）年九月に通商を求めて長崎にやってきたロシア使節レザノフは、翌年三月に通商を拒否されると、部下に命じて、文化三年九月にカラフトを、翌四年四〜五月にはカラフト、エトロフ、利尻を襲撃させた。

幕府は、文化四年三月に蝦夷地全域を直轄地にし、同年夏、またしても平戸藩に対して、寛政一二年のエトロフ島捕鯨調査の件と、捕鯨のもくろみがなぜ取り止めとなったのか、そのくわしい説明を求めた。そこで、山県二之助（三郎太夫と改名）が二人の羽指から再度話を聞き、前回同様の回答を書面にして幕府に提出した〔服部、九〇頁〕。

幕府が、蝦夷地の海上防備の一策としていかに鯨組創設に期待をよせていたかが、この再度の問い合わせにもよく表われている。

しかし、鯨組を水軍として海防にあたらせようとする考えは、もはやあまりにも時代遅れだった。そのことを端的に物語る事件が、翌年の文化五（一八〇八）年八月に起きた。大砲三八門を装備したイギリスの軍艦フェートン号が、たった一隻で、長崎港を三日間にわたって占拠した事件がそれである。また、この事件は、嘉永六（一八五三）年に捕鯨船の寄港許可などを求めて浦賀に入港してきたペリー艦隊の、まったく予期しない前哨戦でもあったといっていいのかもしれない。

こうして、幕府による寛政末～文化初期の蝦夷地捕鯨開拓のもくろみは、何一つ実を結ばないままに終わった。その後、蝦夷地における捕鯨開拓のもくろみは、嘉永年間（一八四八～五四）以降、太地鯨組や醍醐組によって企てられはしたが、すでに衰退の極に達していた鯨組には、もはやその資金のめどさえつかなかった。

参考文献

第一章

神谷敏郎『鯨の自然誌』中公新書、一九九二年
大村秀雄『鯨を追って』岩波新書、一九六九年
秋道智彌『クジラとヒトの民族誌』東京大学出版会、一九九四年
森浩一「弥生・古墳時代の漁撈・製塩具副葬の意味」、『日本の古代』八所収、中央公論社、一九八七年
東典一「日本捕鯨のはじまり」、『WAVE』一三号、WAVE、一九八七年
名取武光Ⅰ「絵画に現われたオホーツク式文化の舟漁」、『名取武光著作集』二所収、北海道出版企画センター、一九七四年
名取武光Ⅱ『噴火湾アイヌの捕鯨』北方文化出版社、一九四四年
最上徳内「渡島筆記」、『日本庶民生活史料集成』第四巻所収、三一書房、一九六八年
折口信夫「壱岐の水」、『折口信夫全集』第一五巻所収、中公文庫、一九七六年
日高旺『黒潮のフォークロア』未來社、一九八五年
石井進『日本の歴史』七、中公文庫、一九七四年
高橋順一『鯨の日本文化誌』淡交社、一九九二年
谷村友三『西海鯨鯢記』享保五年、柴田恵司翻刻『海事史研究』第三四号、一九八〇年
『勇魚取繪詞』文政一二年、『日本庶民生活史料集成』第一〇巻所収、三一書房、一九七〇年
人見必大『本朝食鑑』四、元禄五年、平凡社東洋文庫、一九八〇年

森田勝昭『鯨と捕鯨の文化史』名古屋大学出版会、一九九四年
山瀬春政（梶取屋治右衛門）『鯨志』宝暦一〇年、『熊野太地浦捕鯨史』所収、平凡社、一九六九年

第二章

クリストーバル・コロン「計理官ルイス・デ・サンタンヘルへの書簡」、『大航海時代叢書』一所収、岩波書店、一九六五年
川田順造「十五世紀のアフリカと地中海世界」、『大航海時代叢書』二所収、岩波書店、一九六七年
ゴメス・エアネス・デ・アズララ「ギネー発見征服誌」、『大航海時代叢書』二所収、岩波書店、一九六七年
ボイス・ペンローズ『大航海時代』荒尾克己訳、筑摩書房、一九八五年
飯塚浩二「大航海の時代」、『大航海時代叢書』別巻所収、岩波書店、一九七〇年
ラリー・アシュリン・スケルトン『図説探検地図の歴史』増田義郎・信岡奈生訳、原書房、一九九一年
「マガリャンイス解説」、『大航海時代叢書』一所収、岩波書店、一九六五年
アントニオ・ピガフェッタ「最初の世界一周航海の報告書」、『大航海時代叢書』一所収、岩波書店、一九六五年
井沢実「大航海時代の先駆者ポルトガル」、『大航海時代叢書』二所収、岩波書店、一九六七年
アメリゴ・ヴェスプッチ「新世界」、『大航海時代叢書』一所収、岩波書店、一九六五年
Thorne, Robert : *Declaration*. 1527. In : *The Principall Navigations, Voyages, and Discoveries of the English Nation*, Vol. 1. London.
Best, George : *Discourse*. 1578. In : *The Principall Navigations, Voyages, and Discoveries of the English Nation*, Vol. 7. London.
Willoughby, Hugh : 1553. In : *The Principall Navigations, Voyages, and Discoveries of the English Nation*, Vol. 2. London.

Jenkinson, Anthony : 1557. In : *The Principall Navigations, Voyages, and Discoveries of the English Nation*, Vol. 2. London.

Quinn, David B. : *New American World ; A Documentary History of North America to 1612*, Vol. 4. New York : Arno Press. 5vols. 1979.

Of killing the Whale. 1575. In : *The Principall Navigations, Voyages, and Discoveries of the English Nation*, Vol. 3. London.

Parkhurst, Anthonie : 1578. In : *The Principall Navigations, Voyages, and Discoveries of the English Nation*, Vol. 8. London.

森田勝昭『鯨と捕鯨の文化史』名古屋大学出版会、一九九四年

Proulx, Jean-Pierre 1 : *Basque Whaling in Labrador in the 16th Century*. Minister of Supply and Services Canada, 1993.

Proulx, Jean-Pierre 2 : *Whaling in the North Atlantic ; From Eealiest Times to the Mid19th Century*. Minister of Supply and Services Canada, 1986.

Gerritsz., van Assum Hessel : *Histoire du pays nomme Spitsberghe*. 1613. English translation in : *Early Dutch and English voyages to Spitsbergen in seventeenth century*. William Martin Conway, ed. London, Hakulyt Society Series, II, Vol. 11. 1902.

Martens, Frederick : *The Voyage into Spitzbergen and Greenland*. In : *An Account of Several Voyages to the South and North*. London, 1694. Rpt. : Amsterdam, Da Capo Press, The Bibliotheca Australiana Series, No. 62. 1969.

第三章

福本和夫『日本捕鯨史話』法政大学出版局、一九六〇年
田上繁「熊野灘の古式捕鯨組織」、『海と列島文化』八所収、小学館、一九九二年
藤木久志Ⅰ『雑兵たちの戦場』朝日新聞社、一九九五年
岩生成一『日本の歴史』一四、中公文庫、一九七四年
藤木久志Ⅱ『豊臣平和令と戦国社会』東京大学出版会、一九八五年
ルイス・フロイスⅠ「日欧文化比較」、『大航海時代叢書』一一所収、岩波書店、一九六五年
ルイス・フロイスⅡ『日本史』四、柳谷武夫訳、平凡社東洋文庫、一九七〇年
越智武臣「解説」、『大航海時代叢書』第二期一七所収、岩波書店、一九八三年
羽原又吉『日本漁業経済史』中巻二、岩波書店、一九五四年
河岡武春『海の民』平凡社、一九八七年
『関東鰯網来由記』明和八年、『日本庶民生活史料集成』第一〇巻所収、三一書房、一九七〇年
谷村友三『西海鯨鯢記』享保五年、柴田恵司翻刻『海事史研究』第三四号、一九八〇年
三浦浄心『慶長見聞集』巻之八、『江戸叢書』二所収、江戸叢書刊行會、一九一六年
森田勝昭『鯨と捕鯨の文化史』名古屋大学出版会、一九九四年
山口麻太郎Ⅰ「初期日本捕鯨の諸問題」、『山口麻太郎著作集』三所収、佼成出版社、一九七四年
『勇魚取繪詞』文政一二年、『日本庶民生活史料集成』第一〇巻所収、三一書房、一九七〇年
『熊野太地浦捕鯨史』熊野太地浦捕鯨史編纂委員会、平凡社、一九六九年
笠原正夫『近世漁村の史的研究』名著出版、一九九三年
伊豆川浅吉『土佐捕鯨史』上・下巻、『日本常民生活資料叢書』第二三巻所収、三一書房、一九七三年
鳥巣京一『西海捕鯨の史的研究』九州大学出版会、一九九九年

貝原益軒『大和本草』宝永五年、有明書房、一九七五年
人見必大『本朝食鑑』四、元禄五年、平凡社東洋文庫、一九八〇年
小葉田淳「西海捕鯨業について」、『日本経済史の研究』所収、思文閣出版、一九七八年
加藤栄一『幕藩制国家の形成と外国貿易』校倉書房、一九九三年
山口麻太郎II「平戸藩における流物・寄り物の取り扱いについて」、『山口麻太郎著作集』三所収、佼成出版社、一九七四年
松下士朗「西海捕鯨業における運上銀について」、『創立三十五周年記念論文集』人文編、福岡大学研究所、一九六九年
なお、倭冦関連の年表は、『新版日本史年表』(岩波書店、一九八四年)、『日本の歴史』一四(岩生成一著、中公文庫、一九七四年)、『大航海時代叢書』別巻(岩波書店、一九七〇年)に基づく。

第四章

小葉田淳「西海捕鯨業について」、『日本経済史の研究』所収、思文閣出版、一九七八年
谷村友三『西海鯨鯢記』享保五年、柴田恵司翻刻『海事史研究』第三四号、一九八〇年
『土佐室戸浮津組捕鯨史料』アチック・ミューゼアム編、『日本常民生活資料叢書』第二二巻所収、三一書房、一九七三年
伊豆川浅吉I『土佐捕鯨史』上・下巻、『日本常民生活資料叢書』第二三巻所収、三一書房、一九七三年
木崎盛標『肥前州産物圖考』安永二年、『日本庶民生活史料集成』第一〇巻所収、三一書房、一九七〇年
羽原又吉I『日本漁業経済史』上巻、岩波書店、一九五二年
『勇魚取繪詞』文政一二年、『日本庶民生活史料集成』第一〇巻所収、三一書房、一九七〇年
『熊野太地浦捕鯨史』熊野太地浦捕鯨史編纂委員会、平凡社、一九六九年
松下士朗「西海捕鯨業における運上銀について」、『創立三十五周年記念論文集』人文編、福岡大学研究所、一九六九年

郡家真一「捕鯨と近世の社会組織」、『歴史手帳』八巻七号、一九八〇年
吉岡高吉『土佐室戸浮津組捕鯨實録』、『日本常民生活資料叢書』第二三巻所収、三一書房、一九七三年
「前目・勝本鯨組永続鑑」武野要子校訂・編、『福岡大学商学論叢』第二八巻四号・二九巻一号、一九八四年
司馬江漢I『江漢西遊日記』文化一二年、平凡社東洋文庫、一九八六年
田上繁「熊野灘の古式捕鯨組織」、『海と列島文化』八所収、小学館、一九九二年
『狩之作法聞書』宝永四年、『日本庶民生活史料集成』第一〇巻所収、三一書房、一九七〇年
秀島鼓渓「北溟観漁行」文政一〇年、『玄海のくじら捕り』より、佐賀県立博物館、一九八〇年
小野寺鳳谷「西游日録」弘化四〜五年、『森銑三著作集』第一〇巻所収、中央公論社、一九七一年
司馬江漢II『西遊旅譚』寛政六年、改題再版『画図西遊譚』享和三年
草場佩川「松浦古跡付捕鯨記事」文政三年、秀村選三「近世後期肥前小川島捕鯨業の一断面」より、九州大学『経済学研究』第四六巻一・二号合併号
太地五郎作『熊野太地浦捕鯨乃話』紀州人社、一九三七年
柴田恵司・高山久明「鯨船」、『海事史研究』第三三号、一九七九年
大槻清準『鯨史稿』文化五年、『江戸科学古典叢書』二、恒和出版、一九七六年
桑田精一「奥宮仁右衛門　九州鯨方聞合記録」、『土佐史談』五二号、一九三五年
「有川鯨組式法定」藤本隆士他校訂・編、『福岡大学商学論叢』第二八巻四号・二九巻一号、一九八四年
「五島黒瀬組定」秀村選三校訂・編、久留米大学『比較文化研究』第一八輯、一九九六年
福本和夫『日本捕鯨史話』法政大学出版局、一九六〇年
生島仁左衛門『鯨魚鑬笑録』（鯨絵巻）、寛政八年
坂本天山『南紀遊嚢』寛政一〇年、『熊野太地浦捕鯨史』所収、平凡社、一九六九年
羽原又吉II『日本漁業経済史』中巻二、岩波書店、一九五四年
倉田一郎「かんだら攷」、『民間傳承』第三巻三号、一九三七年

山口麻太郎「カンダラ異考」、『山口麻太郎著作集』三所収、佼成出版社、一九七四年
武野要子「壱岐捕鯨業の一研究」、『創立三十五周年記念論文集』商学編、福岡大学研究所、一九六九年
牧川鷹之祐「『鯨組方一件』の研究」、『筑紫女学園短期大学紀要』第四号
秀村選三「徳川期九州に於ける捕鯨業の労働関係(一)(二)」、九州大学『経済学研究』第一八巻一号、二号、一九五二年
大村秀雄『鯨を追って』岩波新書、一九六九年
人見必大『本朝食鑑』四、元禄五年、平凡社東洋文庫、一九八〇年
吉原友吉『房南捕鯨 附鯨の墓』相澤文庫、一九八二年
三浦浄心『慶長見聞集』巻之八、『江戸叢書』二所収、江戸叢書刊行會、一九一六年
折口信夫「壱岐の水」、『折口信夫全集』第一五巻所収、中公文庫、一九七六年
『鯨肉調味方』文政一二年、『日本庶民生活史料集成』第一〇巻所収、三一書房、一九七〇年
シーボルト『日本』第二巻、中井晶夫訳、雄松堂書店、一九七七年
伊豆川浅吉II「近畿中部地方に於ける鯨肉利用調査の報告概要」、『日本常民生活資料叢書』第二巻所収、三一書房、一九七三年

第五章

笠原正夫『近世漁村の史的研究』名著出版、一九九三年
小葉田淳「西海捕鯨業について」、『日本経済史の研究』所収、思文閣出版、一九七八年
山口麻太郎「初期日本捕鯨の諸問題」、『山口麻太郎著作集』三所収、佼成出版社、一九七四年
エンゲルベルト・ケンペル『江戸参府旅行日記』斎藤信訳、平凡社東洋文庫、一九七七年
吉原友吉『房南捕鯨 附鯨の墓』相澤文庫、一九八二年
河岡武春『海の民』平凡社、一九八七年

永原慶二『日本の歴史』一〇、中公文庫、一九七四年
倉田一良『まぼろしの鉄の旅』新人物往来社、一九八三年
「前目・勝本鯨組永続鑑」武野要子校訂・編、『福岡大学商学論叢』第二八巻四号・二九巻一号、一九八四年
柴田恵司・高山久明「鯨船」、『海事史研究』第三三号、一九七九年
大槻清準『鯨史稿』文化五年、『江戸科学古典叢書』二、恒和出版、一九七六年
「二番永代記」秀村選三校訂・編、「近世西海捕鯨業に関する史料(二)(三)」、『産業経済研究』第三七巻一号、二号、一九九六年
伊豆川浅吉『土佐捕鯨史』上・下巻、『日本常民生活資料叢書』第二三巻所収、三一書房、一九七三年
「有川鯨組式法定」藤本隆士他校訂・編、『福岡大学商学論叢』第二八巻四号・二九巻一号、一九八四年
「五島黒瀬組定」秀村選三校訂・編、久留米大学『比較文化研究』第一八輯、一九九六年
「所々組方永代記」秀村選三校訂・編、「近世西海捕鯨業に関する史料(一)」、『産業経済研究』第三六巻四号、一九九六年
羽原又吉Ⅰ『日本漁業経済史』上巻、岩波書店、一九五二年
秀村選三「徳川期九州に於ける捕鯨業の労働関係(一)(二)」、九州大学『経済学研究』第一八巻一号、二号、一九五二年
羽原又吉Ⅱ『日本漁業経済史』中巻二、岩波書店、一九五四年
『熊野太地浦捕鯨史』熊野太地浦捕鯨史編纂委員会、平凡社、一九六九年
幸田成友『江戸と大坂』冨山房百科文庫、一九九五年
吉岡高吉『土佐室戸浮津組捕鯨實録』、『日本常民生活資料叢書』第二二巻所収、三一書房、一九七三年
鳥巣京一『西海捕鯨の史的研究』九州大学出版会、一九九九年
大蔵永常『除蝗録』文政九年、『熊野太地浦捕鯨史』所収、平凡社、一九六九年
谷村友三『西海鯨鯢記』享保五年、柴田恵司翻刻『海事史研究』第三四号、一九八〇年
生島仁左衛門『鯨魚鑬笑録』(鯨絵巻)、寛政八年
松下士朗「西海捕鯨業における運上銀について」、『創立三十五周年記念論文集』人文編、福岡大学研究所、一九六九年

戸島昭「大津郡捕鯨争議㈢」、『山口県文書館研究紀要』第二〇号、一九九三年
『土佐室戸浮津組捕鯨史料』アチック・ミューゼアム編、『日本常民生活資料叢書』第二二巻所収、三一書房、一九七三年
桑田精一「奥宮仁右衛門　九州鯨方聞合記録」、『土佐史談』五二号、一九三五年
坂本天山『南紀遊嚢』寛政一〇年、『熊野太地浦捕鯨史』所収、平凡社、一九六九年
佐藤一匡（東一郎）「鯨場日記」安藤良俊校訂・編、『海事史研究』第三九号、一九八二年
柴田恵司「九州鯨組を支えた備後鞆と田島の人々」、『海事史研究』第五三号、一九九六年
橋本伯壽『国字断毒論』文化七年、『日本庶民生活史料集成』第七巻所収、三一書房、一九七〇年
服部一馬「幕末期蝦夷地における捕鯨業の企画について」、『横浜大学論叢』第五巻二号、一九五三年
北島正元『日本の歴史』一八、中公文庫、一九七四年

図表出典一覧

図

〔I巻〕

1　ザトウ鯨（米屋浩二氏撮影）

2　ムカシ鯨類ロドセタス・バロキスタネンシスの想像図（朝日新聞2001.9.20）

3　盤亀台の岩壁画（朴九秉『韓半島沿岸捕鯨史』太和出版社　1987年）

4　鬼屋窪古墳の線刻壁画（『日本の古代』8　中央公論社　1987年）

5　根室市弁天島貝塚から出土した鳥骨製の針入れ（『海と列島文化』10　小学館　1992年）

6　桔梗2遺跡から出土したシャチの土製品（『函館市桔梗2遺跡』北海道埋蔵文化財センター　1988年）

7　ゲスナーの思い描いた鯨（*Konrad Gessner ; Curious Woodcuts of Fanciful and Real Beasts*. New York, Dover Publications Inc., 1971.）

8　ヨンストンの描いた鯨（Jonstonus, J. : *Historia Naturalis*. 1650-53.）

9　『鯨志』に描かれた鯨（『熊野太地浦捕鯨史』　平凡社　1969年）

10　プトレマイオスによる世界地図（Wilford, John Noble : *The Mapmakers ; the story of the great pioneers in cartography from antiquity to the space age*. Alfred, A. Knopt, 1981.）

11　マルティン・ヴァルトゼーミュラーの世界地図（Wilford, John Noble : *The Mapmakers ; the story of the great pioneers in cartography from antiquity to the space age*.）

12　ポルトガルが立てた占領標識（『大航海時代叢書』I　岩波書店　1965年）

13　セバスティアン・カボートの肖像（*The Principall Navigations, Voyages, and Discoveries of the English Nation*. Vol. 1.）

14　バレンツが探査した北極圏の地図（Skelton, Raleigh Ashlin : *Decorative printed maps of the 15 th to 18 th centuries*. London, Staples Press, 1952.）

15　バレンツ隊の越冬の様子（Veer, Gerrit de : *The three voyages of William Barents to the Arctic regions*.）

16　オランダ人とバスク人の捕鯨者（Proulx, Jean-Pierre : *Whaling in the North Atlantic ; From Eealiest Times to the Mid-19th Century*. Minister of Supply and Services Canada, 1986）

17　マルテンスの描いたホッキョク鯨とナガス鯨（Martens, Frederick : *The Voyage into Spitzbergen and Greenland. In : An Account of Several Voyages to the South and North*. London. 1694. Rpt. : Amsterdam, Da Capo Press, The Bibliotheca

Australiana Series, No. 62. 1969.)
18 スピッツベルゲンでの捕鯨（*Purchas His Pilgrimes*. Vol. 13. Rpt. : Glasgow. 20 vols. 1905-07.)
19 バレンツ隊の越冬準備（Veer, Gerrit de : *The three voyages of William Barents to the Arctic regions.*)
20 グランヴィルの石版画「ネーデルランド王の乗合馬車」(『世界版画　パリ国立図書館版』12，筑摩書房　1979年)
21 メルカトル『*Atlas*』のなかの日本図（Skelton, Raleigh Ashlin : *Decorative printed maps of the 15th to 18th centuries*. London, Staples Press, 1952.)
22 知多半島師崎の古い捕鯨用銛（内藤東甫『張州雑誌』第12巻　名古屋市蓬左文庫所蔵）
23 オランダ平戸商館（Walter, Lutz [ed.] : *Japan ; A Cartographic Vision, European Printed Maps from the Early 16 th to the 19 th Century*. Prestel-Verlag, Munich, New York, 1994.)
24 土佐光則画の捕鯨図屛風（大阪市立博物館所蔵）
25 捕鯨用銛と剣の図（司馬江漢『画図西遊譚』複製本）
26 前細工のさま（生島仁左衛門『鯨絵巻』 国立史料館所蔵）
27 山見番所（木崎盛標『肥前州産物圖考』の内，「小児の弄鯨一件」の巻　国立公文書館内閣文庫所蔵）
28 鯨を追い込む（生島仁左衛門『鯨絵巻』 国立史料館所蔵）
29 双海船が網を張る（生島仁左衛門『鯨絵巻』 国立史料館所蔵）
30 「鼻切」(木崎盛標『捕鯨絵巻』 国立史料館所蔵）
31 鯨寄せ場でのセミ鯨の解体作業（『勇魚取繪詞』 東京大学附属図書館所蔵）
32 大納屋での作業風景（『勇魚取繪詞』 東京大学附属図書館所蔵）
33 骨納屋での作業風景（『勇魚取繪詞』 東京大学附属図書館所蔵）
34 羽指踊（生島仁左衛門『鯨絵巻』 国立史料館所蔵）
35 「かんだら」(木崎盛標『捕鯨絵巻』 国立史料館所蔵）
36 骨納屋で太鼓をたたく（生島仁左衛門『鯨絵巻』 国立史料館所蔵）
37 「鯨のし」の報条（国立史料館所蔵）
38 小納屋での作業風景（『勇魚取繪詞』 東京大学附属図書館所蔵）
39 壱岐勝本の鯨寄せ場（『壱岐名勝図誌』巻23　国立公文書館内閣文庫所蔵）
40 長州仙崎湾の浦々と鯨の進入路と主な網代（戸島昭「大津郡捕鯨争議（三）」『山口県文書館研究紀要』第20号　1993年）
41 鯨網につけられる桐網葉（『勇魚取繪詞』 東京大学附属図書館所蔵）

〔II巻〕
42 ハンフリー・ギルバートの思い描いたアメリカ大陸（Shirley, Rodney W. : *The Mapping of the World ; Early Printed World Maps 1472-1700*. London, New

Holland Publishers, 1993.)

43　ジョン・スミス作成のニューイングランドの地図（Smith, John : *The Genarall Historie of Virginia, New England, and the Summer Isles with the Names of the Adventureres, Planters, and Governours from their first Beginning An' 1584 to this present 1624*. London, I. D. and I. H. for Michael Sparkee.)

44　1546年頃のラブラドルでのインディアンの捕鯨の様子（Quinn, David B. : *New American World ; A Documentary History of North America to 1612*. (vol. 4). New York, Arno Press, 5vols.)

45　槍（ランス）でとどめをさす（Bullen, Frank Thomas : *The Cruise of the "Cachalot" ; Round the World after Sperm Whales*. London, Smith, Elder, 1901.)

46　ナンタケットの捕鯨者から見た中部大西洋（Sanderson, Ivan T. : *Follow the Whale ; with Maps and Charts by the Author*. Boston, Little Brown & Co., 1945.)

47　サミュエル・エンダービーから見た南太平洋（Sanderson, Ivan T. : *Follow the Whale ; with Maps and Charts by the Author*.)

48　捕鯨船の断面図（Creighton, Margaret S. : *Rites and Passages ; The Experience of American Whaling, 1830-1870*. Cambridge University Press, 1995.)

49　マッコウ鯨にボートが壊される（Creighton, Margaret S. : *Rites and Passages ; The Experience of American Whaling, 1830-1870*.)

50　マッコウ鯨の解体作業（Hohman, Elmo Paul : *The American Whaleman ; A Study of Life and Labor in the Whaling Industry*. New York, Longman, 1928 [Rep. 1972].)

51　フォクスルで戯れあう平水夫たち（Creighton, Margaret S. : *Rites and Passages ; The Experience of American Whaling, 1830-1870*.)

52　アメリカ捕鯨産業の組織構成（Hohman, Elmo Paul : *The American Whaleman*. 4～7章より著者作成）

53　船の入港を出迎えるカロリン諸島民（Lutke, Fedor Petrovich : *Voyage autour du monde, dans anness 1826-1829*. 4vols. Amsterdam, N. Israel, 1971.)

54　小笠原諸島に最初に住みついた二人の西洋人（Lutke, Fedor Petrovich : *Voyage autour du monde, dans anness 1826-1829*.)

55　浦賀に来航したマンハッタン号（神戸商船大学海事資料館所蔵）

56　束ねられたホッキョク鯨の鯨ヒゲ（Bockstoce, John R. : *Whales, Ice and Men ; The History of Whaling in the Western Arctic*. Seattle, University of Washington Press, 1985.)

57　油田発見を祝す鯨たちの大舞踏会（Bockstoce, John R. : *Whales, Ice and Men; The History of Whaling in the Western Arctic*.)

58　関沢明清が改良した捕鯨銃（吉原友吉『房南捕鯨　附鯨の墓』 相澤文庫　1982年）

59　ロケット式の捕鯨銛（吉原友吉『房南捕鯨　附鯨の墓』）

60　スヴェン・フォイン（Tonnessen, J. N. & A. O. Johnsen : *The History of Modern*

Whaling. London, C. Hurst, 1982.)

61 フォインが発明した爆発銛（*Tonnessen, J. N. & A. O. Johnsen : The History of Modern Whaling*.）

62 解剖場に引き揚げられたセミ鯨（吉岡高吉『土佐室戸浮津組捕鯨實録』より。この写真と同様のものが太地五郎作『熊野太地浦捕鯨乃話』に掲載されていて，さらに写真右下に「紀伊熊野太地浦の捕鯨」とタイプ印字されたものが他本に掲載されている。吉岡の著書には同場所での異なったもう一枚の写真も掲載されている）

63 サウスシェトランド諸島のデセプション島に投げ捨てられた鯨の残骸（1914年頃）（Tonnessen, J. N. & A. O. Johnsen : *The History of Modern Whaling*.）

64 最初のロス海捕鯨（Villiers, Alan John : *Whaling in the frozen south ; being the story of the 1923-24 Norwegian Whaling Expedition to the Antarctic*. Indianapolis, The Bobbs-Merrill Company, [1925].）

65 ドイツの油脂事情（Tonnessen, J. N. & A. O. Johnsen : *The History of Modern Whaling*. より著者作成）

66 ナチスの「油脂計画」（Tonnessen, J. N. & A. O. Johnsen : *The History of Modern Whaling*. より著者作成）

67 捕鯨再開を訴える日本のキャンペーン広告（2001年の新聞紙上掲載より）

表

〔I巻〕

1 バスク人の捕鯨装備一覧（*The Principall Navigations, Voyages, and Discoveries of the English Nation*. Vol. 3. より著者作成）

2 生島仁左衛門組の陣容（生島仁左衛門『鯨魚鑬笑録』より著者作成。生島仁左衛門『鯨絵巻』は写しが複数現存し，『鯨魚鑬笑録』はその一つ）

3 平戸藩の経常収入に占める鯨運上銀の割合（松下士朗「西海捕鯨業における運上銀について」をもとに著者作成）

〔II巻〕

4 ナンタケットの捕鯨船数と鯨油産出量の推移（Macy, Obed : *The History of Nantucet*. p. 226より著者作成）

5 鯨油1トンの価格の推移（Hohman, Elmo Paul : *The American Whaleman*. p. 31より著者作成）

6 ビーヴァー号の出費総額と主な船荷（Starbuck, Alexander : *The history of Nantucket*. p. 400より著者作成）

7 捕鯨船の乗組員（著者作成）

8 捕鯨船の航海中のワッチ（Hohman, Elmo Paul : *The American Whaleman*. p. 128より著者作成）

9 捕鯨船の定番メニュー（Hohman, Elmo Paul : *The American Whaleman*. p. 131

より著者作成）

10　アメリカの捕鯨船数の推移（Proulx, Jean-Pierre : *Whaling in the North Atlantic*. p. 68と Hohman, Elmo Paul : *The American Whaleman*. p. 45より著者作成）

11　マーケーター・クーパー船長の経歴（平尾信子『黒船前夜の出会い』p. 201-205より著者作成）

12　レイの一例（1807年のライオン号）（Starbuck, Alexander : *The history of Nantucket*. p. 371より著者作成）

13　賃金から差し引かれるもの（1844年のブライトン号の例）（Hohman, Elmo Paul : *The American Whaleman*. p. 244-245より著者作成）

14　日本の現代捕鯨の開始期（捕獲頭数の推移）（Tonnessen, J. N. & A. O. Johnsen : *The History of Modern Whaling*. p. 735および『本邦の諾威式捕鯨誌』，伊豆川浅吉『土佐捕鯨史』より著者作成）

15　世界中の捕鯨に対する南氷洋外洋捕鯨の占める比率（1926～39年）（Tonnessen, J. N. & A. O. Johnsen : *The History of Modern Whaling*. pp. 330, 346より著者作成）

16　南氷洋外洋捕鯨における労働効率の推移（1927～39年）（Tonnessen, J. N. & A. O. Johnsen : *The History of Modern Whaling*. p. 333より著者作成）

17　南氷洋外洋捕鯨の年次別割当および捕獲量その他（1945～78年）（Tonnessen, J. N. & A. O. Johnsen : *The History of Modern Whaling*. pp. 749-50より著者作成）

18　戦後日本の捕鯨拡張の動向（著者作成）

19　捕鯨規制の変遷（著者作成）

著者略歴

山下渉登（やました　しょうと）

1951年，岡山県生まれ．金沢大学法文学部卒業．編集者を経て，捕鯨史研究や小説の執筆活動に専念．著書に長編小説『青の暦　一九七〇』（北冬舎，泉鏡花記念金沢市民文学賞受賞），『四季の野鳥かんさつ』（あかね書房）など．捕鯨史に関しては，新聞連載「鯨と人間の歴史」（『東京新聞』夕刊，2003.9.8〜11.17）がある．

ものと人間の文化史120-Ⅰ・捕鯨（ほげい）Ⅰ

2004年6月1日　初版第1刷発行

発行所 財団法人 法政大学出版局

〒102-0073 東京都千代田区九段北3-2-7
電話03(5214)5540／振替00160-6-95814
印刷／平文社　製本／鈴木製本所

Printed in Japan

ISBN4-588-21201-X

ものと人間の文化史

★第9回梓会出版文化賞受賞

文化の基礎をなすと同時に人間のつくり上げたもっとも具体的な「かたち」である個々の「もの」について、その根源から問い直し、「もの」とのかかわりにおいて営々と築かれてきたくらしの具体相を通じて歴史を捉え直す

1 須藤利一編
船
海国日本では古来、漁業・水運・交易はもとより、大陸文化も船によって運ばれた。本書は造船技術、航海の模様の推移を中心に、漂流、船霊信仰、伝説の数々を語る。四六判368頁・'68

2 直良信夫
狩猟
人類の歴史は狩猟から始まった。本書は、わが国の遺跡に出土する獣骨、猟具の実証的考察をおこないながら、狩猟をつうじて発展した人間の知恵と生活の軌跡を辿る。四六判272頁・'68

3 立川昭二
からくり
〈からくり〉は自動機械であり、驚嘆すべき庶民の技術的創意がこめられている。本書は、日本と西洋のからくりを発掘・復元・遍歴し、埋もれた技術の水脈をさぐる。四六判410頁・'69

4 久下司
化粧
美を求める人間の心が生みだした化粧—その手法と道具に語らせた人間の欲望と本性、そして社会関係。歴史を遡り、全国を踏査して書かれた比類ない美と醜の文化史。四六判368頁・'70

5 大河直躬
番匠
番匠はわが国中世の建築工匠。地方・在地を舞台に開花した彼らの造型・装飾・工法等の諸技術、さらに信仰と生活等、職人以前の独自で多彩な工匠的世界を描き出す。四六判288頁・'71

6 額田巌
結び
〈結び〉の発達は人間の叡知の結晶である。本書はその諸形態および技法を作業・装飾・象徴の三つの系譜に辿り、〈結び〉のすべてを民俗学的・人類学的に考察する。四六判264頁・'72

7 平島裕正
塩
人類史に貴重な役割を果たしてきた塩をめぐって、発見から伝承・製造技術の発展過程にいたる総体を歴史的に描き出すとともに、その多彩な効用と味覚の秘密を解く。四六判272頁・'73

8 潮田鉄雄
はきもの
田下駄・かんじき・わらじなど、日本人の生活の礎となってきた伝統的はきものの成り立ちと変遷を、二〇年余の実地調査と細密な観察・描写によって辿る庶民生活史 四六判280頁・'73

9 井上宗和
城
古代城塞・城柵から近世代名の居城として集大成されるまでの日本の城の変遷を辿り、文化の各領野で果たしてきたその役割を再検討。あわせて世界城郭史に位置づける。四六判310頁・'73

10 室井綽
竹
食生活、建築、民芸、造園、信仰等々にわたって、竹と人間との交流史は驚くほど深く永い。その多岐にわたる発展の過程を個々に辿り、竹の特異な性格を浮彫にする。四六判３２４頁・'73

11 宮下章
海藻
古来日本人にとって生活必需品とされてきた海藻をめぐって、その採取・加工法の変遷、商品としての流通史および神事・祭事での役割に至るまでを歴史的に考証する。四六判３３０頁・'74

12 岩井宏實
絵馬
古くは祭礼における神への献馬にはじまり、民間信仰と絵画のみごとな結晶として民衆の手で描かれ祀り伝えられてきた各地の絵馬を豊富な写真と史料によってたどる。四六判３０２頁・'74

13 吉田光邦
機械
畜力・水力・風力などの自然のエネルギーを利用し、幾多の改良を経て形成された初期の機械の歩みを検証し、日本文化の形成における科学・技術の役割を再検討する。四六判２４２頁・'74

14 千葉徳爾
狩猟伝承
狩猟には古来、感謝と慰霊の祭祀がともない、人獣交渉の豊かで意味深い歴史があった。狩猟用具、巻物、儀式具、またけものたちの生態を通して語る狩猟文化の世界。四六判３４６頁・'75

15 田淵実夫
石垣
採石から運搬、加工、石積みに至るまで、石垣の造成をめぐって積み重ねられてきた石工たちの苦闘の足跡を掘り起こし、その独自な技術の形成過程と伝承を集成する。四六判２２４頁・'75

16 高嶋雄三郎
松
日本人の精神史に深く根をおろした松の伝承に光を当て、食用、薬用等の実用の松、祭祀・観賞用の松、さらに文学・芸能・美術に表現された松のシンボリズムを説く。四六判３４２頁・'75

17 直良信夫
釣針
人と魚との出会いから現在に至るまで、釣針がたどった一万有余年の変遷を、世界各地の遺跡出土物を通して実証しつつ、漁撈によって生きた人々の生活と文化を探る。四六判２７８頁・'76

18 吉川金次
鋸
鋸鍛冶の家に生まれ、鋸の研究を生涯の課題とする著者が、出土遺品や文献・絵画により各時代の鋸を復元・実験し、庶民の手仕事にみられる驚くべき合理性を実証する。四六判３６０頁・'76

19 飯沼二郎／堀尾尚志
農具
鍬と犂の交代・進化の歩みとして発達したわが国農耕文化の発展経過を世界史的視野において再検討しつつ、無名の農具たちによる驚くべき創意のかずかずを記録する。四六判２２０頁・'76

20 額田巌
包み
結びとともに文化の起源にかかわる〈包み〉の系譜を人類史的視野において捉え、衣・食・住をはじめ社会・経済史、信仰、祭事などにおけるその実際と役割とを描く。四六判354頁・'77

21 阪本祐二
蓮
仏教における蓮の象徴的位置の成立と深化、美術・文芸等に見る人間とのかかわりを歴史的に考察。また大賀蓮はじめ多様な品種とその来歴を紹介しつつその美を語る。四六判306頁・'77

22 小泉袈裟勝
ものさし
ものをつくる人間にとって最も基本的な道具であり、数千年にわたって社会生活を律してきたその変遷を実証的に追求し、歴史の中で果たしてきた役割を浮彫りにする。四六判314頁・'77

23-I 増川宏一
将棋I
その起源を古代インドに、我国への伝播の道すじを海のシルクロードに探り、また伝来後一千年におよぶ日本将棋の変化と発展を盤、駒、ルール等にわたって跡づける。四六判280頁・'77

23-II 増川宏一
将棋II
わが国伝来後の普及と変遷を貴族や武家・豪商の日記等に博捜し、遊戯者の歴史をあとづけると共に、中国伝来説の誤りを正し、将棋宗家の位置と役割を明らかにする。四六判346頁・'85

24 金井典美
湿原祭祀 第2版
古代日本の自然環境に着目し、各地の湿原聖地を稲作社会との関連において捉え直して古代国家成立の背景を浮彫にしつつ、水と植物にまつわる日本人の宇宙観を探る。四六判410頁・'77

25 三輪茂雄
臼
臼が人類の生活文化の中で果たしてきた役割を、各地に遺る貴重な民俗資料・伝承と実地調査にもとづいて解明。失われゆく道具のなかに、未来の生活文化の姿を探る。四六判412頁・'78

26 盛田嘉徳
河原巻物
中世末期以来の被差別部落民が生きる権利を守るために偽作し護り伝えてきた河原巻物を全国にわたって踏査し、そこに秘められた最底辺の人びとの叫びに耳を傾ける。四六判226頁・'78

27 山田憲太郎
香料 日本のにおい
焼香供養の香から趣味としての薫物へ、さらに沈香木を焚く香道へと変遷した日本の「匂い」の歴史を豊富な史料に基づいて辿り、我国風俗史の知られざる側面を描く。四六判370頁・'78

28 景山春樹
神像 神々の心と形
神仏習合によって変貌しつつも、常にその原型=自然を保持してきた日本の神々の造型を図像学的方法によって捉え直し、その多彩な形象に日本人の精神構造をさぐる。四六判342頁・'78

29 増川宏一
盤上遊戯
祭具・占具としての発生を『死者の書』をはじめとする古代の文献にさぐり、形状・遊戯法を分類しつつその〈進化〉の過程を考察。〈遊戯者たちの歴史〉をも跡づける。四六判326頁・'78

30 田淵実夫
筆
筆の里・熊野に筆づくりの現場を訪ねて、筆匠たちの境涯と製筆の由来を克明に記録しつつ、筆の発生と変遷、種類、製筆法、さらには筆塚、筆供養にまで説きおよぶ。四六判204頁・'78

31 橋本鉄男
ろくろ
日本の山野を漂移しつづけ、高度の技術文化と幾多の伝説とをもたらした特異な旅職集団=木地屋の生態を、その呼称、地名、伝承、文書等をもとに生き生きと描く。四六判460頁・'79

32 吉野裕子
蛇
日本古代信仰の根幹をなす蛇巫をめぐって、祭事におけるさまざまな蛇の「もどき」や各種の蛇の造型・伝承に鋭い考証を加え、忘れられたその呪性を大胆に暴き出す。四六判250頁・'79

33 岡本誠之
鋏（はさみ）
梃子の原理の発見から鋏の誕生に至る過程を推理し、日本鋏の特異な歴史的位置を明らかにするとともに、刀鍛冶等から転進した鋏職人たちの創意と苦闘の跡をたどる。四六判396頁・'79

34 廣瀬鎮
猿
嫌悪と愛玩、軽蔑と畏敬の交錯する日本人とサルとの関わりあいの歴史を、狩猟伝承や祭祀・風習、美術・工芸や芸能のなかに探り、日本人の動物観を浮彫りにする。四六判292頁・'79

35 矢野憲一
鮫
神話の時代から今日まで、津々浦々につたわるサメの伝承とサメをめぐる海の民俗を集成し、神饌、食用、薬用等に活用されてきたサメと人間のかかわりの変遷を描く。四六判292頁・'79

36 小泉袈裟勝
枡
米の経済の枢要をなす器として千年余にわたり日本人の生活の中に生きてきた枡の変遷をたどり、記録・伝承をもとにこの独特な計量器が果たした役割を再検討する。四六判322頁・'80

37 田中信清
経木
食品の包装材料として近年まで身近に存在した経木の起源を、こけら経や塔婆、木簡、屋根板等に遡って明らかにし、その製造・流通に携った人々の労苦の足跡を辿る。四六判288頁・'80

38 前田雨城
色 染と色彩
わが国古代の染色技術の復元と文献解読をもとに日本色彩史を体系づけ、赤・白・青・黒等におけるわが国独自の色彩感覚を探りつつ日本文化における色の構造を解明。四六判320頁・'80

39　吉野裕子
狐　陰陽五行と稲荷信仰
その伝承と文献を渉猟しつつ、中国古代哲学＝陰陽五行の原理の応用という独自の視点から、謎とされてきた稲荷信仰と狐との密接な結びつきを明快に解き明かす。　四六判２３２頁・'80

40-I　増川宏一
賭博I
時代、地域、階層を超えて連綿と行なわれてきた賭博。――その起源を古代の神判、スポーツ、遊戯等の中に探り、抑圧と許容の歴史を物語る。全III分冊の〈総説篇〉。　四六判２９８頁・'80

40-II　増川宏一
賭博II
古代インド文学の世界からラスベガスまで、賭博の形態・用具・方法の時代的特質を明らかにし、夥しい禁令に賭博の不滅のエネルギーを見る。全III分冊の〈外国篇〉。　四六判４５６頁・'82

40-III　増川宏一
賭博III
聞香、闘茶、笠附等、わが国独特の賭博を中心にその具体例を網羅し、方法の変遷に賭博の時代性を探りつつ禁令の改廃に時代の賭博観を追う。全III分冊の〈日本篇〉。　四六判３８８頁・'83

41-I　むしゃこうじ・みのる
地方仏I
古代から中世にかけて全国各地で作られた無銘の仏像を訪ね、素朴で多様なノミの跡に民衆の祈りと地域の願望を探る。宗教の伝播、文化の創造を考える異色の紀行。　四六判２５６頁・'80

41-II　むしゃこうじ・みのる
地方仏II
紀州や飛騨を中心に草の根の仏たちを訪ねて、その相好と像容の魅力を探り、技法を比較考証して仏像彫刻史に位置づけつつ、中世地域社会の形成と信仰の実態に迫る。　四六判２６０頁・'97

42　岡田芳朗
南部絵暦
田山・盛岡地方で「盲暦」として古くから親しまれてきた独得の絵解き暦を詳しく紹介しつつその全体像を復元する。その無類の生活暦は、南部農民の哀歓をつたえる。　四六判２８８頁・'80

43　青葉高
野菜　在来品種の系譜
蕪、大根、茄子等の日本在来野菜をめぐって、その渡来・伝播経路、品種分布と栽培のいきさつを各地の伝承や古記録をもとに辿り、畑作文化の源流とその風土を描く。　四六判３６８頁・'81

44　中沢厚
つぶて
弥生投弾、古代・中世の石戦と印地の様相、投石具の発達を展望しつつ、願かけの小石、正月つぶて、石こづみ等の習俗を辿り、石塊に託した民衆の願いや怒りを探る。　四六判３３８頁・'81

45　山田幸一
壁
弥生時代から明治期に至るわが国の壁の変遷を壁塗＝左官工事の側面から辿り直し、その技術的復元・考証を通じて建築史・文化史における壁の役割を浮き彫りにする。　四六判２９６頁・'81

46　小泉和子
簞笥（たんす）
★第II回江馬賞受賞
近世における簞笥の出現＝箱から抽斗への転換に着目し、以降近現代に至るその変遷を社会・経済・技術の側面からあとづける。著者自身による簞笥製作の記録を付す。四六判378頁・'82

47　松山利夫
木の実
山村の重要な食糧資源であった木の実をめぐる各地の記録・伝承を集成し、その採集・加工における幾多の試みを実地に検証しつつ、稲作農耕以前の食生活文化を復元。四六判384頁・'82

48　小泉袈裟勝
秤（はかり）
秤の起源を東西に探るとともに、わが国律令制下における中国制度の導入、近世商品経済の発展に伴う秤座の出現、明治期近代化政策による洋式秤受容等の経緯を描く。四六判326頁・'82

49　山口健児
鶏（にわとり）
神話・伝説をはじめ遠い歴史の中の鶏を古今東西の伝承・文献に探り、特に我国の信仰・絵画・文学等に遺された鶏の足跡を追って、鶏をめぐる民俗の記憶を蘇らせる。四六判346頁・'83

50　深津正
燈用植物
人類が燈火を得るために用いてきた多種多様な植物との出会いと個個の植物の来歴、特性及びはたらきを詳しく検証しつつ「あかり」の原点を問いなおす異色の植物誌。四六判442頁・'83

51　吉川金次
斧・鑿・鉋（おの・のみ・かんな）
古墳出土品や文献・絵画をもとに、古代から現代までの斧・鑿・鉋を復元・実験し、労働体験によって生まれた民衆の知恵と道具の変遷を蘇らせる異色の日本木工具史。四六判304頁・'84

52　額田巌
垣根
大和・山辺の道に神々と垣との関わりを探り、各地に垣の伝承を訪ねて、寺院の垣、民家の垣、露地の垣など、風土と生活に培われた生垣の独特のはたらきと美を描く。四六判234頁・'84

53-I　四手井綱英
森林I
森林生態学の立場から、森林のなりたちとその生活史を辿りつつ、産業の発展と消費社会の拡大により刻々と変貌する森林の現状を語り、未来への再生のみちをさぐる。四六判306頁・'85

53-II　四手井綱英
森林II
森林と人間との多様なかかわりを包括的に語り、人と自然が共生するための森や里山をいかにして創出するか、森林再生への具体的な方策を提示する21世紀への提言。四六判308頁・'98

53-III　四手井綱英
森林III
地球規模で進行しつつある森林破壊の現状を実地に踏査し、森と人が共存する日本人の伝統的自然観を未来へ伝えるために、いま何が必要なのかを具体的に提言する。四六判304頁・'00

54 酒向昇
海老（えび）
人類との出会いからエビの科学、漁法、さらには調理法を語り、めでたい姿態と色彩にまつわる多彩なエビの民俗を、地名や人名、詩歌・文学、絵画や芸能の中に探る。四六判428頁・'85

55-I 宮崎清
藁（わら）I
稲作農耕とともに二千年余の歴史をもち、日本人の全生活領域に生きてきた藁の文化を日本文化の原型として捉え、風土に根ざしたそのゆたかな遺産を詳細に検討する。四六判400頁・'85

55-II 宮崎清
藁（わら）II
床・畳から壁・屋根にいたる住居における藁の製作・使用のメカニズムを明らかにし、日本人の生活空間における藁の役割を見なおすとともに、藁の文化の復権を説く。四六判400頁・'85

56 松井魁
鮎
清楚な姿態と独特な味覚によって、日本人の目と舌を魅了しつづけてきたアユ――その形態と分布、生態、漁法等を詳述し、古今のアユ料理や文芸にみるアユにおよぶ。四六判296頁・'86

57 額田巌
ひも
物と物、人と物とを結びつける不思議な力を秘めた「ひも」の謎を追って、民俗学的視点から多角的なアプローチを試みる。『結び』、『包み』につづく三部作の完結篇。四六判250頁・'86

58 北垣聰一郎
石垣普請
近世石垣の技術者集団「穴太」の足跡を辿り、各地城郭の石垣遺構の実地調査と資料・文献をもとに石垣普請の歴史的系譜を復元しつつ石工たちの技術伝承を集成する。四六判438頁・'87

59 増川宏一
碁
その起源を古代の盤上遊戯に探ると共に、定着以来二千年の歴史を時代の状況や遊び手の社会環境との関わりにおいて跡づける。逸話や伝説を排して綴る初の囲碁全史。四六判366頁・'87

60 南波松太郎
日和山（ひよりやま）
千石船の時代、航海の安全のために観天望気した日和山――多くは忘れられ、あるいは失われた船舶・航海史の貴重な遺跡を追って、全国津々浦々におよんだ調査紀行。四六判382頁・'88

61 三輪茂雄
篩（ふるい）
臼とともに人類の生産活動に不可欠な道具であった篩、箕(み)、笊(ざる)の多彩な変遷を豊富な図解入りでたどり、現代技術の先端に再生するまでの歩みをえがく。四六判334頁・'89

62 矢野憲一
鮑（あわび）
縄文時代以来、貝肉の美味と貝殻の美しさによって日本人を魅了し続けてきたアワビ――その生態と養殖、神饌としての歴史、漁法、螺鈿の技法からアワビ料理に及ぶ。四六判344頁・'89

63 むしゃこうじ・みのる

絵師

日本古代の渡来画工から江戸前期の菱川師宣まで、時代の代表的絵師の列伝で辿る絵画制作の文化史。前近代社会における絵画の意味や芸術創造の社会的条件を考える。四六判２３０頁・'90

64 碓井益雄

蛙（かえる）

動物学の立場からその特異な生態を描き出すとともに、和漢洋の文献資料を駆使して故事・習俗・神事・民話・文芸・美術工芸にわたる蛙の多彩な活躍ぶりを活写する。四六判３８２頁・'89

65-I 竹内淳子

藍（あい）I 風土が生んだ色

全国各地の〈藍の里〉を訪ねて、藍栽培から染色・加工のすべてにわたり、藍とともに生きた人々の伝承を克明に描き、風土と人間が生んだ〈日本の色〉の秘密を探る。四六判４１６頁・'91

65-II 竹内淳子

藍（あい）II 暮らしが育てた色

日本の風土に生まれ、伝統に育てられた藍が、今なお暮らしの中で生き生きと活躍しているさまを、手わざに生きる人々との出会いを通じて描く。藍の里紀行の続篇。四六判４０６頁・'99

66 小山田了三

橋

丸木橋・舟橋・吊橋から板橋・アーチ型石橋まで、人々に親しまれてきた各地の橋を訪ねて、その来歴と築橋の技術伝承を辿り、土木文化の伝播・交流の足跡をえがく。四六判３１２頁・'91

67 宮内悊

★平成三年度日本技術史学会賞受賞

箱

日本の伝統的な箱（櫃）と西欧のチェストを比較文化史の視点から考察し、居住・収納・運搬・装飾の各分野における箱の重要な役割とその多彩な文化を浮彫りにする。四六判３９０頁・'91

68-I 伊藤智夫

絹 I

養蚕の起源を神話や説話に探り、伝来の時期とルートを跡づけ、記紀・万葉の時代から近世に至るまで、それぞれの時代・社会・階層が生み出した絹の文化を描き出す。四六判３０４頁・'92

68-II 伊藤智夫

絹 II

生糸と絹織物の生産と輸出が、わが国の近代化にはたした役割を描くと共に、養蚕の道具、信仰や庶民生活にわたる養蚕と絹の民俗、さらには蚕の種類と生態におよぶ。四六判２９４頁・'92

69 鈴木克美

鯛（たい）

古来「魚の王」とされてきた鯛をめぐって、その生態・味覚から漁法、祭り、工芸、文芸にわたる多彩な伝承文化を語りつつ、鯛と日本人とのかかわりの原点をさぐる。四六判４１８頁・'92

70 増川宏一

さいころ

古代神話の世界から近現代の博徒の動向まで、さいころの役割を各時代・社会に位置づけ、木の実や貝殻のさいころから投げ棒型や立方体のさいころへの変遷をたどる。四六判３７４頁・'92

71　樋口清之
木炭
炭の起源から炭焼、流通、経済、文化にわたる木炭の歩みを歴史・考古・民俗の知見を総合して描き出し、独自で多彩な文化を育んできた木炭の尽きせぬ魅力を語る。　四六判２９６頁・'93

72　朝岡康二
鍋・釜（なべ・かま）
日本をはじめ韓国、中国、インドネシアなど東アジアの各地を歩きながら鍋・釜の製作と使用の現場に立ち会い、調理をめぐる庶民生活の変遷とその交流の足跡を探る。　四六判３２６頁・'93

73　田辺悟
海女（あま）
その漁の実際と社会組織、風習、信仰、民具などを克明に描くとともに海女の起源・分布・交流を探り、わが国漁撈文化の古層としての海女の生活と文化をあとづける。　四六判２９４頁・'93

74　刀禰勇太郎
蛸（たこ）
蛸をめぐる信仰や多彩な民間伝承を紹介するとともに、その生態・分布・捕獲法・繁殖と保護・調理法などを集成し、日本人と蛸との知られざるかかわりの歴史を探る。　四六判３７０頁・'94

75　岩井宏實
曲物（まげもの）
桶・樽出現以前から伝承され、古来最も簡便・重宝な木製容器として愛用された曲物の加工技術と機能・利用形態の変遷をさぐり、手づくりの「木の文化」を見なおす。　四六判３１８頁・'94

76-I　石井謙治　★第49回毎日出版文化賞受賞
和船I
江戸時代の海運を担った千石船（弁才船）について、その構造と技術、帆走性能を綿密に調査し、通説の誤りを正すとともに、海難と信仰、船絵馬等の考察にもおよぶ。　四六判４３６頁・'95

76-II　石井謙治　★第49回毎日出版文化賞受賞
和船II
造船史から見た著名な船を紹介し、遣唐使船や遣欧使節船、幕末の洋式船における外国技術の導入について論じつつ、船の名称と船型を海船・川船にわたって解説する。　四六判３１６頁・'95

77-I　金子功
反射炉I
日本初の佐賀鍋島藩の反射炉と精練方＝理化学研究所、島津藩の反射炉と集成館＝近代工場群を軸に、日本の産業革命の時代における人と技術を現地に訪ねて発掘する。　四六判２４４頁・'95

77-II　金子功
反射炉II
伊豆韮山の反射炉をはじめ、全国各地の反射炉建設にかかわった有名無名の人々の足跡をたどり、開国か攘夷かに揺れる幕末の政治と社会の悲喜劇をも生き生きと描く。　四六判２２６頁・'95

78-I　竹内淳子
草木布（そうもくふ）I
風土に育まれた布を求めて全国各地を歩き、木綿普及以前に山野の草木を利用して豊かな衣生活文化を築き上げてきた庶民の知られざる知恵のかずかずを実地にさぐる。　四六判２８２頁・'95

78-II 竹内淳子
草木布（そうもくふ）II
アサ、クズ、シナ、コウゾ、カラムシ、フジなどの草木の繊維から、どのようにして糸を採り、布を織っていたのか――聞書きをもとに忘れられた技術と文化を発掘する。四六判282頁 '95

79-I 増川宏一
すごろくI
古代エジプトのセネト、ヨーロッパのバクギャモン、中近東のナルド、中国の双陸などの系譜に日本の盤雙六を位置づけ、遊戯・賭博としてのその数奇なる運命を辿る。四六判312頁 '95

79-II 増川宏一
すごろくII
ヨーロッパの鵞鳥のゲームから日本中世の浄土双六、近世の華麗な絵双六、さらには近現代の少年誌の附録まで、絵双六の変遷を追って時代の社会・文化を読みとる。四六判390頁 '95

80 安達巖
パン
古代オリエントに起ったパン食文化が中国・朝鮮を経て弥生時代の日本に伝えられたことを史料と伝承をもとに解明し、わが国パン食文化二〇〇〇年の足跡を描き出す。四六判260頁 '96

81 矢野憲一
枕（まくら）
神さまの枕・大嘗祭の枕から枕絵の世界まで、人生の三分の一を共に過す枕をめぐって、その材質の変遷を辿り、伝説と怪談、俗信と民俗、エピソードを興味深く語る。四六判252頁 '96

82-I 石村真一
桶・樽（おけ・たる）I
日本、中国、朝鮮、ヨーロッパにわたる厖大な資料を集成してその豊かな文化の系譜を探り、東西の木工技術史を比較しつつ世界史的視野から桶・樽の文化を描き出す。四六判388頁 '97

82-II 石村真一
桶・樽（おけ・たる）II
多数の調査資料と絵画・民俗資料をもとにその製作技術を復元し、東西の木工技術を比較考証しつつ、技術文化史の視点から桶・樽製作の実態とその変遷を跡づける。四六判372頁 '97

82-III 石村真一
桶・樽（おけ・たる）III
樹木と人間とのかかわり、製作者と消費者とのかかわりを通じて桶樽と生活文化の変遷を考察し、木材資源の有効利用という視点から桶樽の文化史的役割を浮彫にする。四六判352頁 '97

83-I 白井祥平
貝I
世界各地の現地調査と文献資料を駆使して、古来至高の財宝とされてきた宝貝のルーツとその変遷を探り、貝と人間とのかかわりの歴史を「貝貨」の文化史として描く。四六判386頁 '97

83-II 白井祥平
貝II
サザエ、アワビ、イモガイなど古来人類とかかわりの深い貝をめぐって、その生態・分布・地方名、装身具や貝貨としての利用法などを豊富なエピソードを交えて語る。四六判328頁 '97

83-Ⅲ 白井祥平
貝Ⅲ
シンジュガイ、ハマグリ、アカガイ、シャコガイなどをめぐって世界各地の民族誌を渉猟し、それらが人類文化に残した足跡を辿る。参考文献一覧／総索引を付す。四六判392頁 '97

84 有岡利幸
松茸（まつたけ）
秋の味覚として古来珍重されてきた松茸の由来を求めて、稲作文化と里山（松林）の生態系から説きおこし、日本人の伝統的生活文化の中に松茸流行の秘密をさぐる。四六判296頁 '97

85 朝岡康二
野鍛冶（のかじ）
鉄製農具の製作・修理・再生を担ってきた農鍛冶の歴史的役割を探り、近代化の大波の中で変貌する職人技術の実態をアジア各地のフィールドワークを通して描き出す。四六判280頁 '98

86 菅 洋
稲 品種改良の系譜
作物としての稲の誕生、稲の渡来と伝播の経緯から説きおこし、明治以降主として庄内地方の民間育種家の手によって飛躍的発展をとげたわが国品種改良の歩みを描く。四六判332頁 '98

87 吉武利文
橘（たちばな）
永遠のかぐわしい果実として日本の神話・伝説に特別の位置を占めて語り継がれてきた橘をめぐって、その育まれた風土とかずかずの伝承の中に日本文化の特質を探る。四六判286頁 '98

88 矢野憲一
杖（つえ）
神の依代としての杖や仏教の錫杖に杖と信仰とのかかわりを探り、人類が突きつつ歩んだその歴史と民俗を興味ぶかく語る。多彩な材質と用途を網羅した杖の博物誌。四六判314頁 '98

89 渡部忠世／深澤小百合
もち（糯・餅）
モチイネの栽培・育種から食品加工、民俗、儀礼にわたってそのルーツと伝承の足跡をたどり、アジア稲作文化という広範な視野からこの特異な食文化の謎を解明する。四六判330頁 '98

90 坂井健吉
さつまいも
その栽培の起源と伝播経路を跡づけるとともに、わが国伝来後四百年の経緯を詳細にたどり、世界に冠たる育種と栽培・利用法を築いた人々の知られざる足跡をえがく。四六判328頁 '99

91 鈴木克美
珊瑚（さんご）
海岸の自然保護に重要な役割を果たす岩石サンゴから宝飾品として知られる宝石サンゴまで、人間生活と深くかかわってきたサンゴの多彩な姿を人類文化史として描く。四六判370頁 '99

92-Ⅰ 有岡利幸
梅Ⅰ
万葉集、源氏物語、五山文学などの古典や天神信仰に表れた梅の足跡を克明に辿りつつ日本人の精神史に刻印された梅を浮彫にし、梅と日本人の二〇〇〇年史を描く。四六判274頁 '99

92-II 有岡利幸

梅II

その植生と栽培、伝承、梅の名所や鑑賞法の変遷から戦前の国定教科書に表れた梅まで、梅と日本人との多彩なかかわりを探り、桜との対比において梅の文化史を描く。四六判338頁・'99

93 福井貞子

木綿口伝（もめんくでん）第2版

老女たちからの聞書を経糸とし、厖大な遺品・資料を緯糸として、母から娘へと幾代にも伝えられた手づくりの木綿文化を掘り起し、近代の木綿の盛衰を描く。増補版 四六判336頁・'00

94 増川宏一

合せもの

「合せる」には古来、一致させるの他に、競う、闘う、比べる等の意味があった。貝合せや絵合せ等の遊戯・賭博を中心に、広範な人間の営みを「合せる」行為に辿る。四六判300頁・'00

95 福井貞子

野良着（のらぎ）

明治初期から昭和四〇年までの野良着を収集・分類・整理し、それらの用途と年代、形態、材質、重量、呼称などを精査して、働く庶民の創意にみちた生活史を描く。四六判292頁・'00

96 山内昶

食具（しょくぐ）

東西の食文化に関する資料を渉猟し、食法の違いを人間の自然に対するかかわり方の違いとして捉えつつ、食具を人間と自然をつなぐ基本的な媒介物として位置づける。四六判290頁・'00

97 宮下章

鰹節（かつおぶし）

黒潮からの贈り物・カツオの漁法から鰹節の製法や食法、商品としての流通までを歴史的に展望するとともに、沖縄やモルジブ諸島の調査をもとにそのルーツを探る。四六判382頁・'00

98 出口晶子

丸木舟（まるきぶね）

先史時代から現代の高度文明社会まで、もっとも長期にわたり使われてきた刳り舟に焦点を当て、その技術伝承を辿りつつ、森や水辺の文化の広がりと動態をえがく。四六判324頁・'01

99 有岡利幸

梅干（うめぼし）

日本人の食生活に不可欠の自然食品・梅干をつくりだした先人たちの知恵に学ぶとともに、健康増進に驚くべき薬効を発揮する、その知られざるパワーの秘密を探る。四六判300頁・'01

100 森郁夫

瓦（かわら）

仏教文化と共に中国・朝鮮から伝来し、一四〇〇年にわたり日本の建築を飾ってきた瓦をめぐって、発掘資料をもとにその製造技術、形態、文様などの変遷をたどる。四六判320頁・'01

101 長澤武

植物民俗

衣食住から子供の遊びまで、幾世代にも伝承された植物をめぐる暮らしの知恵を克明に記録し、高度経済成長期以前の農山村の豊かな生活文化を愛惜をこめて描き出す。四六判348頁・'01

102 向井由紀子／橋本慶子
箸（はし）
そのルーツを中国、朝鮮半島に探るとともに、日本人の食生活に不可欠の食具となり、日本文化のシンボルとされるまでに洗練された箸の文化の変遷を総合的に描く。四六判334頁・'01

103 赤羽正春
採集 ブナ林の恵み
縄文時代から今日に至る採集・狩猟民の暮らしを復元し、動物の生態系と採集生活の関連を明らかにしつつ、民俗学と考古学の両面から山に生かされた人々の姿を描く。四六判298頁・'01

104 秋田裕毅
下駄 神のはきもの
古墳や井戸等から出土する下駄に着目し、下駄が地上と地下の他界を結ぶ聖なるはきものであったという大胆な仮説を提出、日本の神々の忘れられた側面を浮彫にする。四六判304頁・'02

105 福井貞子
絣（かすり）
膨大な絣遺品を収集・分類し、絣産地を実地に調査して絣の技法と文様の変遷を地域別・時代別に跡づけ、明治・大正・昭和の手づくりの染織文化の盛衰を描き出す。四六判310頁・'02

106 田辺悟
網（あみ）
漁網を中心に、網に関する基本資料を網羅して網の変遷と網をめぐる民俗を体系的に描き出し、網の文化を集成する。「網に関する小事典」「網のある博物館」を付す。四六判316頁・'02

107 斎藤慎一郎
蜘蛛（くも）
「土蜘蛛」の呼称で畏怖される一方「クモ合戦」など子供の遊びとしても親しまれてきたクモと人間との長い交渉の歴史をその深層に遡って追究した異色のクモ文化論。四六判320頁・'02

108 むしゃこうじ・みのる
襖（ふすま）
襖の起源と変遷を建築史・絵画史の中に探りつつその用と美を浮彫にし、衝立・障子・屏風等と共に日本建築の空間構成に不可欠の建具となるまでの経緯を描き出す。四六判270頁・'02

109 川島秀一
漁撈伝承（ぎょろうでんしょう）
漁師たちからの聞き書きをもとに、寄り物、船霊、大漁旗など、漁撈にまつわる〈もの〉の伝承を集成し、海の道によって運ばれた習俗や信仰の民俗地図を描き出す。四六判334頁・'03

110 増川宏一
チェス
世界中に数億人の愛好者を持つチェスの起源と文化を、欧米における膨大な研究の蓄積を渉猟しつつ探り、日本への伝来の経緯から美術工芸品としてのチェスにおよぶ。四六判298頁・'03

111 宮下章
海苔（のり）
海苔の歴史は厳しい自然とのたたかいの歴史だった——採取から養殖、加工、流通、消費に至る先人たちの苦難の歩みを史料と実地調査によって浮彫にする食物文化史。四六判　頁・'03